U0482974

北京联合大学2022年度教育教学研究与改革重点项目《新文科视域下应用型大学经管类专业建设路径的研究与实践》(编号：JJ2022Z002)资助
北京市高等教育学会2022年面上课题《数字经济时代批判性思维教育融入商科人才培养过程的创新研究》(编号：MS2022252)资助

伦理困境中的批判性思考及路径选择案例选辑

郑丽 刘宇涵 郭彦丽 贾增艳 主编

中国商务出版社
CHINA COMMERCE AND TRADE PRESS

图书在版编目（CIP）数据

伦理困境中的批判性思考及路径选择案例选辑 / 郑丽等主编. —北京：中国商务出版社，2022.12
ISBN 978-7-5103-4563-0

Ⅰ.①伦… Ⅱ.①郑… Ⅲ.①思维方法—研究 Ⅳ.① B804

中国版本图书馆 CIP 数据核字 (2022) 第 220786 号

伦理困境中的批判性思考及路径选择案例选辑
LUNLI KUNJING ZHONG DE PIPANXING SIKAO JI LUJING XUANZE ANLI XUANJI

郑丽 刘宇涵 郭彦丽 贾增艳 主编

出　　版：	中国商务出版社
地　　址：	北京市东城区安定门外大街东后巷 28 号　邮　编：100710
责任部门：	教育事业部（010-64243016）
责任编辑：	刘姝辰
总 发 行：	中国商务出版社发行部（010-64208388　64515150）
网购零售：	中国商务出版社考培部（010-64286917）
网　　址：	http://www.cctpress.com
网　　店：	http://shop595663922.taobao.com
邮　　箱：	349183847@qq.com
开　　本：	710 毫米 × 1000 毫米　1/16
印　　张：	21.625　　　　　　　　　　　　字　数：334 千字
版　　次：	2023 年 2 月第 1 版　　　　　　　印　次：2023 年 2 月第 1 次印刷
书　　号：	ISBN 978-7-5103-4563-0
定　　价：	68.00 元

凡所购本版图书有印装质量问题，请与本社总编室联系。（电话：010-64212247）

CCTP 版权所有　盗版必究（盗版侵权举报可发邮件到此邮箱：1115086991@qq.com 或致电：010-64286917）

前　言

批判性思维的研究最早起源于哲学、心理学。迄今为止，关于批判性思维的定义在业界及学界并未完全统一，但这并不妨碍批判性思维日渐成为人才培养中的重要内容。1972年，美国教育委员会做了一个调查研究，发现在4万名从事教学的成员中，97%认为，"大学本科教育的最重要的目的，是培养学生的批判性思维的能力"。这在某种意义上反映出批判性思维能力的重要性，以及开设此类课程或在专业课程中渗透批判性思维内容的迫切性。

根据20世纪70年代美国教育家对其高等教育进行的充分调查和反思，他们发现美国学生解决实际问题的思考能力较低，于是开展了批判性思维运动，包括开展批判性思维研究、开设批判性思维课程、出版批判性思维教材等，极大地促进了美国大学生批判性思维能力的提升。在我国，虽然系统的批判性思维教育开展较晚，但目前呈现出如火如荼的发展态势，越来越多的高校甚至中小学陆续开展了批判性思维教育的尝试。2011年5月29日，由教育部高等学校文化素质教育指导委员会、华中科技大学、高等教育出版社主办，由华中科技大学国家大学生文化素质教育基地、启明学院、哲学系承办的全国首次批判性思维课程建设研讨会在华中科技大学隆重召开，成为推进我国高等学校批判性思维课程建设和教学工作，提升大学生的批判性思维和创新能力的重要里程碑。十余年来，教育部高等学校文化素质教育指导委员会下的"批判性思维与创新教育研究会"（筹）致力于将批判性思维和创新教育全面融入我国的教育观念、体系和实践中，为培育创新型人才和理性社会提供急需的血液和营养。

在这样的形势及背景下，北京联合大学商务学院自2016年9月起开设批判性思维通识教育必修课程，大二年级第二学期开设，16学时，1学分，全院所有专业的学生均要学习，其中国际经济与贸易专业校级全英语教学实验班采用英语教学，他们的作业、报告等也均要求用英语进行表达。开设此课程的目的主要有三：第一，培养学生批判性思维的技能和习惯，改善学生的思维品质；第二，培养学生掌握分析、评估论证的标准和技巧；第三，提高学生理性思考、合理决策并清晰表达的能力。从学院开展的AACSB（The Association to Advance Collegiate Schools of Business，国际精英商学院协会）国际商科认证标准的角度出发，该课程的教学目标可以归纳为如下两个方面：第一，能够辨识并确定关键问题；第二，能够通过分析论证做出合理判断。

通过几年的教育教学实践，我们惊喜地发现，同学们在面对社会现实问题时，少了些偏激、片面、盲信，不再急于给出结论，而是能够根据自身的知识背景和成长经历，深入观察，搜集更丰富的信息，提出问题，理解、澄清并确定问题。在小组研讨及头脑风暴的过程中，同学们能够尊重对方，认真思考其他同学所提不同意见的正确性、合理性，并在理性的基础上展开交流和反思，提升了共情能力及协作能力。同学们提交的报告虽然仍显稚嫩，但均在一定程度上展现出他们在努力客观、审慎地分析和反思问题等方面所做出的努力。在评估阶段，同学们能够考虑到正反两方面的意见，并在综合分析、比较的基础上，提出自己的意见或建议，同样也反映出他们在多角度全面探究问题方面的探索和进步。

本选辑得到北京联合大学2022年度教育教学研究与改革重点项目"新文科视域下应用型大学经管类专业建设路径的研究与实践"（编号：JJ2022Z002）、北京市高等教育学会2022年课题《数字经济时代批判性思维教育融入商科人才培养过程的创新研究》（编号：MS2022252）的资助支持，同时得到了中国商务出版社教育事业部刘姝辰主任和曹蕾编辑的热情帮助，在此表示衷心的感谢。选辑由商务学院批判性思维教学团队郑丽、刘宇涵、郭彦丽、贾增艳等四位教师精心选编，共包括36篇学生小组报告，每篇报告的后面均附有授课教师的点评，或简或繁，或深或浅，希望能给读者一定的启发。全面开展批判性思维教育，对于提升商科院校大学生的核心素养、培养大学生的理性思考及反思能力，无疑是重要而富有意义的。可以预见，在不远的将来，批判性思维与创新性思维终将成为推动知识社会前进的更重要的动力。从这一点上说，批判性思维教育任重而道远，我们仍将振奋精神，努力前行。

郑丽

2023年2月

目　录

自由、责任与道德，孰轻孰重？
　　——从汶川地震，教师是应该舍身救生，还是弃生先逃说起 …… 1
网络是否应实施实名制 …… 9
以人为本还是以新闻为本？
　　——职业操守与公共道德产生矛盾，记者该如何选择 …… 23
大学生短期支教，究竟是利大于弊，还是弊大于利？ …… 33
面对癌症晚期的家人，我们该不该将实情告诉他（她）？ …… 42
生命在乎精彩还是长短 …… 51
坚守还是逃离北上广，这是个问题——之一 …… 60
坚守还是逃离北上广，这是个问题——之二 …… 68
我在大城市有一份喜欢的工作，但父母逼我回家，我要不要妥协？ …… 78
作为来自小城市的普通大学毕业生，是选择大城床还是小城房？ …… 87
对"借"来的荣誉勇敢 SAY NO
　　——公平是每个人心中的那杆秤 …… 102
论冷门专业是否应该全部撤销
　　——从专业的价值和市场需求两方面谈起 …… 111
商业化是否有助于文化遗产保护 …… 122
当今社会，如何看待"网红"现象？ …… 134
中小企业资金投入重点：营销服务还是研发产品？ …… 144
社交电商对社会的利弊影响 …… 154

1

法律和道德冲突时，我们如何抉择？
　　——从海因兹盗药事件说起 ·················· 164
疫情期间生活物资是否应该涨价？ ·················· 170
商家在疫情期间高价卖菜到底该不该罚？ ·············· 176
公共电视台是否应该取消播放酒类产品广告？ ············ 184
不同省市的高考录取分数线不同，是否体现了教育公平？——之一 ··· 195
不同省市的高考录取分数线不同，是否体现了教育公平？——之二 ··· 203
线上教育是否可以完全代替线下教育 ·················· 212
线上教学和面对面授课，哪一种教学模式更胜一筹？ ········ 226
论减负是否对学生有好处 ························ 234
大学生是否应该积极参加校外兼职 ··················· 242
追星是否对粉丝有积极影响 ······················· 250
在街上是否要帮助身体有异样的陌生人 ················ 264
是否应该扩大人工智能的应用范围 ··················· 273
大数据时代人们生活是否更自由？ ··················· 283
表情包是否提高了人们的沟通能力？ ·················· 288
Is AI a Blessing or a Curse? ························ 294
Should Young Adults Live with Their Elderly Parents? ·········· 305
Should Young People Who Commit Serious Crimes Be Punished in the
　　Same Way as Adults? ························ 312
Should Men and Women Share Household Tasks Equally? ········ 320
Is Cloning a Blessing or a Curse ···················· 330

自由、责任与道德，孰轻孰重？

——从汶川地震，教师是应该舍身救生，还是弃生先逃说起

会计1801　张紫微　白洋　马钰佳　陈云洁　赵越

摘要：自由、责任与道德孰轻孰重，看似是一个简单的问题，但在危难之际如何抉择，却不得不让人展开激烈的讨论。本次小组作业以汶川地震中著名的"范美忠案例"为切入点，进一步详细阐述三者孰轻孰重。通过正面论证、反面辩驳以及正反两方面的比较评估，小组同学对在危难面前教师是应该舍身救生，还是弃生先逃做出了判断，表明了自己的观点。

关键词：汶川地震；教师；道德；责任；自由

引　言

2008年5月12日发生的汶川大地震可以说是中国近几十年当中最大的自然灾害之一。在灾难来临之际，发生了无数感动人心的事迹。面对灾难，很多人放弃自己，将生的希望留给了他人。然而，当时四川都江堰市光亚学校一名老师的行为，却引发了社会上激烈的讨论和争议。

老师的名字叫范美忠。汶川大地震发生的时候，范老师正在教室给学生们上课。他感觉到地面的震动，原本以为是轻微的地震，便告诉学生不要慌。然而还没等他把话说完，教学楼却猛烈颤动起来。范美忠想，地震爆发了，他立刻离开教室，向楼梯跑了过去。等到达操场，范美忠才发现自己是第一个到达的人，等了好一会儿他才看见学生来到操场，于是参加了组织学生疏散的工作，并没有离开学校。事后，范美忠在网上发表了一篇题为《那一刻地动山摇——"5·12"汶川地震亲历记》的文章。他提道，"在这种生死抉择的瞬间，只有为了女儿才可能考虑牺牲自我，其他人，哪怕是我母亲，在这种情况下我也不会管。因为成年人我抱不动，刻不容缓之际逃出一个是一

个。"这件事引起了轩然大波,很多人都不同意范美忠的做法,所以网友把他称为"范跑跑"。

道德是对人们的社会行为进行价值判断,形成道德观念。道德也是社会性的。如果这个世界上只有一个人,就不存在所谓道德与不道德了。而因为道德具有社会性,所以古今中外、各个民族的道德标准存在一定的差别。而今天我们讨论的自由,更多的是言论自由和行事自由。每个人都有相应的一定自由,我们无法否认范美忠的做法,因为这是属于他的自由。但是,在现代社会,道德、责任与自由又是密不可分的。经过探究,我们小组的观点是:从汶川地震说起,危难之际舍身救学生、承担责任以及正向引导学生是教师义不容辞的责任。无论从道德层面还是从责任担当,作为个人有保护自身安全的自由,但作为老师更应承担起保护学生、引导学生树立正确价值观的责任。

1. 正方观点

对于范美忠在地震发生时,全然不顾正在听课的学生而选择自行逃离这一事件,我们小组正方观点认为作为老师在危难时刻更应承担起保护学生、引导学生树立正确价值观的责任,道德与责任比自由更加重要。下面将从三个方面进行论证。

1.1 作为老师应该重视学生的安全

教师是一个较为特殊的职业群体,尤其是中小学教师,面对的是一群还未踏入社会甚至还未成年的学生。这群学生的思想还未成熟,尤其是在特殊情况下判断力还比较薄弱。然而,在灾难到来时,范美忠选择一声不吭,自行快速逃离,甚至连一声呼喊与警告都未发出,最终把一个班的孩子扔在班里不知所措,实在有违教师的道德与责任。在老师的独白里,当他询问为何学生不跑出来的时候,学生回答说:"我们一开始没反应过来,只看你一溜烟就跑得没影了,等反应过来我们都吓得躲到桌子下面去了!等剧烈地震平息的时候,我们才出来。"可想而知,学生们年纪尚小,对事情的判断和抉择能力都不够强，这种情况下倘若学生们真的因为没有人及时组织逃离教室而不幸遇难，很难想象将会是怎样惨烈的结果。

1.2 老师应该对学生进行正确的价值观引导

中小学生的思想还未成熟，所以教师的正确教育及价值引领是必须的。也就是说，学生在学校学习的过程中不仅仅要接受教师对知识的传授，同时还要通过教师的言传身教和正确教导形成正确的价值观，提升对各种事物、事件等的判断力。而作为教师，在学生们的心目中是有极大影响力和号召力的，他的一言一行都会对学生们起到潜移默化的影响作用。但是范美忠老师，在自述中提到他对学生说："我从来不是一个勇于献身的人，只关心自己的生命，你们不知道吗？""在这种生死抉择的瞬间，只有为了我的女儿我才可能考虑牺牲自我，其他的人，哪怕是我的母亲，在这种情况下我也不会管的。"范美忠公开发表的一些言论中亦有与上面内容类似之处。这些都不能算是一种合格的教师言论。但在接受采访时，范老师却口口声声地说他是最有资格的老师，是为了保证社会更好！可以想象，拥有如此价值观的老师面对的是一群学生呀！他们在学生时期就通过教师的言行见到了这世上所谓的真实，即自私自我，不知奉献，那他们会受到什么样的影响？又如何能够成为未来国家发展的栋梁呢？

1.3 老师应该发挥模范作用，从而促进我国教育事业的发展

前段时间广为流传的张丽莉老师不顾生命危险勇救学生的事迹受到了全国人民的关注，赢得了社会各界的尊重和广泛赞誉，再一次高扬了教师这一神圣职业的旗帜。张丽莉以实际行动践行了"学高为师、身正为范"的崇高师德。同时大学生道德贫困等话题成为教育界乃至全社会共同关注的焦点，这对大学生的道德发展提出了崇高的目标要求，也对教师应该培养孩子从小养成良好的道德观念提出了要求。

2. 反方观点

在汶川大地震中，范美忠在地震之时没有营救保护学生有序撤离而先行避难，从而引发了大家对他这种行为是否有违师德的巨大争议。有观点认为作为个人有保护自身安全的自由，也有不少人认为作为教师更应该承担起保护学生、引导学生树立正确价值观的责任。上面第1小节中我小组讨论了正方观点及论证，下面我们分析一下反方观点，即"老师有先行逃离的自由，不管是保护自身安全还是营救学生都是个人自我选择的权利"。同样地，我小组也将从以下三个方面来进行论述。

2.1 危难之际逃生是人的本能反应

在查阅很多关于讨论范美忠事件的文章后发现，总是有许多作者喜欢举例子，他们举例说明在大地震突然来临之时，短短的几秒时间内来不及反应，所以弃生先逃只是表现出老师求生的本能。人具有与生俱来的自由权利，这一自由包括很多种类，比如选择的自由权利。老师选择先行逃离抑或舍身救学生都是他的权利，我们应该尊重每个人的选择。

2.2 老师这一职业不应被"神圣化"

"春蚕到死丝方尽，蜡炬成灰泪始干""教师是人类灵魂的工程师"等诸如此类语句都是用来赞美老师高尚的品格的。诚然，老师是传道授业解惑者，其职业及职业行为是值得人们敬佩与学习的。但往往如此把老师推向了"神坛"，人们期望老师的一举一动都散发着伟大与圣人的光辉。但是实际上没有一个岗位一种职业应该被赋予如此伟大的光环，它们都应该被客观公正地对待。因为一旦被赋予伟大光环，该职业就被绑上了道德的枷锁。

2.3 舍己救人应先保证自己的安全

2008年修订的《中小学生职业道德规范》中明确指出，作为老师要保护学生安全，关心学生健康，维护学生权益。我们从来不否认老师应尽的义务，只是对其义务定义不同。没有一条法律或法规表明，舍己救人或者保护他人要建立在自身生命安全受到威胁的情况下。生命是无价的，不管是一个老师的生命或者是一个学生的生命，他们的价值都是同等的。从古至今我们都赞扬见义勇为的精神，当人们对于身边的事情变得冷漠之时，这个社会最后也会变得冰冷不堪。然而不论是见义勇为还是舍己为人，都还是要以保证自身安全为前提。

3. 评估和总结

3.1 教师的职业道德为从业之本

从道德层面来说，教师的职业道德是教师从事教育教学活动的基本行为规范，是教师自己对职业行为的自觉要求。具体要求有乐于奉献、诲人不倦、教书育人等。虽然"范跑跑"在社会中扮演多种角色：公民、儿子、丈夫、父亲、教师，但是在地震时，范美忠最主要的角色是一名人民教师。其在课堂教学进行的过程中，遇到地震抛下学生独自逃生，这种行为是不道德的，有辱人民教师的称号。虽然我们不能将岗位过于"神圣化"，但是身为一名老师，尤其是在上课期间，其职责决定了要对学生的安全负责。每一个神圣的岗位都是由平凡的人们去支撑的，正是有他们的无私奉献，才有了我们现在的美好生活。因此，此时过分强调教师的选择自由或者是本能所致，太过牵强。

3.2 保护学生是职责所在

范美忠在博客中将自己的行为辩护为公民在危难来临时的自由选择，但作为一名人民教师，其职业角色、职业性质决定了"有意识地扶助弱者""保护学生生命安全"应当是其良知与职业道德所在。"危险时逃生是本能"，这毫无疑问有一定道理，但在许许多多类似于"范跑跑"的事件中，那些老师们抑制了本能，做出了和范美忠不同的选择，充分彰显了教师的责任和担当。当谭千秋老师在地震时护住学生后，世人感其德，称其为"大爱无声铸师魂"；当张丽莉老师不顾生命危险勇救学生时，人们记住的是老师的崇高与勇敢。因此，"范跑跑"临危逃跑事件，也许是从另一方面告诉我们，在关键时刻责任是何等重要。

3.3 老师的一言一行都在影响学生

从社会方面的作用来看，老师的一言一行都在潜移默化地影响着他的学生们，直接、间接或以无形的方式对学生发生作用，促进他们改变和成长。如今他们的老师在危难时不顾他人，那么等他们将来长大后会成为一个向他人伸出援手的人吗？显而易见，如果学生以他们的老师为榜样，那么在社会上就又多了一批冷漠的人。一个职业道德有问题的教师，又怎么能期望通过自己的教育提升学生们的道德修养呢？但同样我们需要思考的是，每个人的生命都是平等的，每个人也都有选择生的权利。没有一项义务可以让人放弃自己的生命而去先救其他人。无论身处什么岗位，生命价值都是一样的。因此在见义勇为之前，我们首先要保护好自己的生命，在自己的生命得到保障之后再去做力所能及的事情。

3.4 责任与道德应置于自由之上

总体来看，当我们面对选择时，自由和本能不能成为我们自私的理由，我们所承担的责任与道德是位于这一切之上的。我们每个人都不是孤立地在社会中存在着，都需要他人的关心、爱护、支持和帮助。这也就意味着，当他人发生不幸、出现困难时，需要我们向他人伸出援手。这样，当不幸降临到我们身边时，也会有其他人给予我们帮助。我们要知道，赠人玫瑰，手有余香。所以从"范跑跑"事件来看，作为独立的个人我们有保护自身安全的自由，但作为一名人民教师，则更应该承担起保护学生安全、引导学生树立正确价值观的责任。

结　论

人有选择生的权利，没有一项法律条文规定一个人必须舍弃生命去救他人，生命是平等的，每个生命是等价的。但是人有与生俱来的权利就伴随着与生俱来的义务。"在其位谋其职"，作为正在授课的教师就应该担负起组织学生的责任。学生在校期间，其家长的监护权也就随之转移给学校了，按照法律规定，监护人有对未成年人进行监管和保护的义务。其次，老师是成年人，在遇到地震的时候成年人对属于未成年人的学生保护是社会公德，也是《中小学生职业道德规范》所倡导的人民教师的职业道德。

因此再次强调本小组针对上述问题的最终结论：在汶川地震中，或者其他教育教学过程中，教师于危难之际舍身救学生、承担责任以及正向引导组织学生比弃生先逃更重要。生命诚可贵，但是在责任面前，教师勇于担责，积极作为，更能彰显教师的风采以及教师的道德示范作用，也更能将损失降至最低。

参考文献：

[1] 大爱之举诠释崇高师德——向最美女教师张丽莉学习 [J]. 教书育人，2012（19）：81.

[2] 柏欢欢. 试析"范跑跑"事件中的师德问题 [J]. 学理论，2010（35）：275-276.

[3] 刘欢. 责任、选择与道德——"范跑跑"事件的道德启示 [J]. 教育教学论坛，2014（33）：248-249.

[4] 刘倩. 德育叙事在高校德育中的价值及应用策略研究 [D]. 济南：山东师范大学，2019.

教师评语

该小组讨论的问题是"自由、责任与道德，孰轻孰重？"在当今社会具有很强的现实意义。该报告对主题的介绍以及对问题的定义清晰、明确；在进行正方论述时，从"作为老师应该重视学生的安全、老师应该对学生进行正确的价值观引导、老师应该发挥模范作用从而促进我国教育事业的发展"等三个方面进行了论证，理由较为充分；在进行反方论证时，考虑到了问题的复杂性,提出了"危难之际逃生是人的本能反应、老师这一职业不应被'神圣化'、舍己救人应先保证自己的安全"等证据进行支撑;在评估和总结部分,该组同学针对正方论证和反方论证进行比较分析、全面评估,客观公正地明确了自由、责任和道德的关系,强化了自己的观点,水到渠成地得出结论。

该报告整体架构合理,论证逻辑比较清晰,评估全面合理,文章格式规范。对"自由、责任与道德,孰轻孰重?"问题的探讨与剖析,不仅对从事教书育人工作的教师具有一定的借鉴意义,而且也会引发其他人群的深入思考。该组同学在完成报告的过程中,进行了多次讨论与思想碰撞,较好地运用批判性思维的技能与方法对问题进行了多角度审视及评价,既完成了作业,同时也对他们所应承担的社会责任有了更加清晰的认识。相信他们会在未来面对类似问题的抉择时能够更加理智、更富有责任意识和担当精神。

值得注意的是,范美忠事件是一个个例,同学们讨论的内容也都依据当时的新闻报道,后续可以继续给予关注。本文要讨论的是一般意义上的问题,所以在阐述及论证时要有过渡,将典型案例与一般情况的联系和区别结合起来,这样会使得论证更有意义、更有力量。另外,关于张丽莉老师的引出比较突兀,在文章中应增加一些背景介绍。同样是老师,同样是在危难处境中,其他老师是怎么做的,有什么好的效果?如何促进对学生的培养?这些都可以论述得再充分、扎实一些。

(点评教师:郑丽)

网络是否应实施实名制

金融1801　陈奕君　齐悦　刘丹　郑慧丽　薛笑雪

摘要： 在如今的互联网时代，网民数量增长迅速，网民的组成结构越加复杂，年龄、学历、职业都不尽相同。同时，随着互联网用途的不断发展，电商行业成了最大的网络经济体。在这样的背景下，网络安全和网络环境成了人民群众和国家层面都高度重视的问题。现如今，网络暴力、谣言泛滥、网络诈骗等网络负面现象的出现，给人们带来了很大的威胁和伤害。网络实名制这一对网络进行监督管理的举措引起了人们的热议。本组以"是否应实施网络实名制"作为论题进行多方面的辩论。主要从三个角度出发，即人的角度、网络的角度和社会的角度进行分析论证，对网络实名制实行的利弊、外部控制及自身限制进行分析，并得出评估与总结。

关键词： 互联网时代；网民；网络社会；网络实名制；控制；限制

引　言

截至2018年1月，中国网民已经达到7.22亿，仅从数据上看，网络对于我国有着不可小觑的影响力。网络除了具有庞大信息量、超快速传播能力以及强大的公众参与性的特征之外，虚拟性和匿名性也是它的显著特征，甚至长期以来被认为是网络的代名词。

在匿名性的特征之下，人们畅所欲言，任意发表自己的看法和观点，揭露和批评各种社会上的不良现象和负面现象。但与此同时，在如此言论自由的网络之下，匿名也成了不法分子以及恶意散播谣言之人的避难所，网络暴力、网络欺诈、散播谣言等一系列负面现象接踵而至。网民的安全在网络上没有保障，网络是一把"双刃剑"，每个人都可以是信息的传播者，也可以是网络上的受害者。由于匿名，不法分子和恶意的谣言传播者很难被追究责任。网络发展至今，已经融入我们生活的方方面面。网络的危险不仅紧贴我们的现实生活，同时也对我们的经济、人身安全、信息隐私都有所涉及和产生影响。因此，对于网络的管控和监督是在互联网时代发展进程中不可忽视的一个关键问题。

网络实名制作为一种以用户实名为基础的互联网管理方式，可以成为保护、引导互联网用户的重要手段和制度，并保护青少年免受网络不良因素影响。但是在该条件下，如何保证网民的监督权和言论空间，也产生了很大争议。本文以对是否应该实行网络实名制进行了具体的正反分析论证，并且得出了评估和结论，提出了本组的观点和看法。

1. 问题陈述

互联网作为一种新媒体，已经日渐成为人们生活中不可缺少的一部分，1997年10月，中国网民数量仅有62万，过20年后，2017年中国网民已经达到了2.53亿，中国成为世界上网民最多的国家。截至2018年1月，中国网民已经达到7.22亿，由图1可明显看出，1997年12月到2017年12月中国网民增长趋势之迅速（刘立荣，2018）。

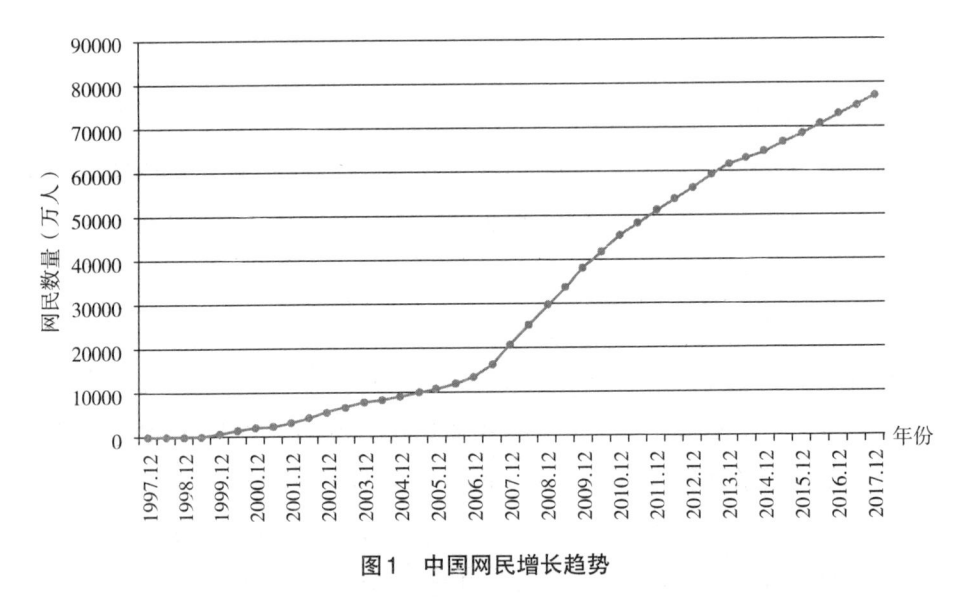

图1 中国网民增长趋势

在中国网民增长如此迅速的趋势下，网络形势也非常复杂。

首先，使用网络的人群十分广泛，网络的使用不限年龄，不限学历，而且操作简单，只需一部手机就可以进行信息的搜索、发布和浏览。

其次，网络具有良好的互动性，信息传播无边界。

最后，电子商务的发展与普及使网络交易量飞速增长，电商交易已经成为我国新的经济增长点和主要推动力。《2017年中国网络经济年度报告》显示，在2016年网络经济营业收入中，电商营业总收入达到8946.2亿元，占比超过60%，是推动网络经济增长的主要力量。电商交易拥有如此大的经济规模和用户数量，如果管理不当，不仅会对个人的经济财产安全造成损失，甚至会对整体的经济运行造成不利影响。

互联网是一把"双刃剑"，每个网民都是信息的发布者，同时也可能是不良信息的受害者，在当前网络匿名的情况下，由于缺乏有效的制度保障与管理措施，形成了很多网络虚拟空间的问题，甚至造成了无法挽回的伤害。网络实名制，作为一种重要的管理和监督方法是否应该实施，引起了很大的争议。

一方面，有研究认为网络的发展与开放破坏了信息的集中控制，同时也屏蔽了网民呼声（顾丽梅，2010）。此外，网络实名制也限制了网民的匿名表达自由、互联网表达自由及隐私权（庹继光，2014）。

另一方面，有研究认为网络实名制有利于保护公民的权利，比如刘星指出建立网络实名制有利于保障受害人在网络虚拟财产权受到侵害后获得合理的权利救济（刘星，2012）；而李丽指出实行实名制会使网络世界有法可依，能够规范网络秩序，反而有利于保障公民的言论自由权利与隐私权（李丽，2009）。

本组探讨此问题所围绕的视角有三个。第一，人的视角，是否有利于人的发展。第二，社会视角，是否有利于社会的发展。第三，网络视角，是否有利于互联网的长远发展。

本组立场：在如今的网络虚拟空间中，网民如同处于一个新的虚拟世界，必须要有良好的监管才可以让网络秩序稳定，网络实名制是有效的管理和监督措施，应该实施。

2. 正方观点论述——支持网络实名制的实施

2.1 观点一：网络实名制有利于控制网络暴力

2007年底曾发生一起被称为网络暴力第一案的"死亡博客"案，在该案件中女白领姜某因"婚姻失败"跳楼自杀前，在网络上写下了自己的"死亡博客"，控诉丈夫王某的不忠。2008年初，姜某的博客被网友疯狂转发，引发了"人肉搜索"。很快这一事件就从网络延伸到了现实生活，网民除了对王某及其家人进行短信、邮件威胁外，还发生了现实生活中的骚扰，如在王某家门口用油漆写下"逼死贤妻"的字样等。2008年3月，王某将北飞的候鸟、大旗网、天涯社区三网站告上法庭，成为全国反"人肉搜索第一案"。

在此案例中，事实的原委广大网民不得而知，信息的发布者可以在事件上肆意添加细节以歪曲事情的真相，浏览者却可以根据几篇文章对此事件进行评论和人身攻击，其他网民肆意猜测，跟风评论，甚至从网上的言论攻击进一步成为"人肉搜索"，成为现实中的威胁。这样的网络自由带来的网络暴力不仅仅使受害者的名誉受到伤害，同时也对其身心造成了很大的伤害。但是，造成这些伤害的网民却可以在电脑屏幕前若无其事，无须承担任何责任。这不仅是对他人的不负责，更是对自己的言行不负责。

网络具有虚拟的特性，但网络是真实的客观存在，是现实生活的延伸。作为现实生活的重要组成部分，网络"虚拟世界"的任何活动都必须遵守现行社会规范。网络实名制的实施，是让网民对自己在网络上的言行承担责任，提升网民的责任感和坦诚度，保护每个网民的个人隐私，进而减少网络暴力事件的发生。

2.2 观点二：防止网络诈骗，净化网络生态

如今网络的用途十分广泛，其中网上交易成了推动网络经济的重要力量。电商拥有极大的经济规模和用户数量，在推动经济发展，让人们的交易更为方便的同时，也给不法分子提供了窃利的可乘之机。

一则公告中指出："跨境赌博'十赌九输'，电信网络诈骗全是'陷阱'。

警方提醒市民，要认清其骗人本质和严重危害，自觉抵制赴境外或在网上参赌，高度警惕电信网络诈骗的新手法新特点，不断提高防范意识和能力。"

从这则公告中可以看出，网络诈骗会以多种形式出现，甚至针对不同群众的需求有不同的诈骗手段。因此在使网民提高自己的警觉意识的同时，网络实名制也是很好的预防手段，相当于交易双方多了一层经济保障。

按照预设，网络实名制可以确保交易双方身份的真实性，从而防止网络交易中的身份欺诈，保障交易安全，进而促进网络和电子商务产业的健康发展。同时，网络实名制可以减少有害信息的产生，对其加以管理，从而使得网络生态更加干净。

2.3 观点三：维护国家安全和社会稳定

目前，我国经济社会取得了迅猛发展，但由于我国处于社会转型时期，各种深层次的社会矛盾层出不穷，在如此特殊的历史时期，网络谣言往往成为现实中各种突发事件、群体性事件的诱发因素，一些不负责任的网络谣言可能引发更大的社会矛盾，甚至导致社会动荡，对公共安全造成严重威胁。

某些社会转型时期特有的社会矛盾，通常容易成为网络上谣言的"策划点"，比如资源分配不均、贫富两极分化、腐败问题等，这些问题在社会现实生活中一定程度上是存在的，但是经过别有用心的或者不经意的网络扩大化宣传、虚假宣传之后，将博取更多的点击率，产生更大的负面传播效应。而且，此类谣言能够迎合当前我国转型时期某些内心具有不安全感、不确定性的人的心理弱点，引起社会公众更为广泛的关注，最终引发严重的社会危机。

比如，在湖北省石首事件当中，有谣言称死者是因为知道了当地法院院长夫人、公安局局长同永隆大酒店老板走私贩毒的事情之后被谋杀的；在贵州省瓮安事件中，有谣言称瓮安事件的3名犯罪嫌疑人均为当地领导的亲戚，死者的叔叔被带到公安局问话之时被打死；等等。

这些网络谣言借助一定的社会矛盾引发的具体事件，充分利用广大网民的猎奇心理、仇视社会的心理，以谣言方式掩盖事件的真相，对社会信任体系产生极大的撕裂作用。

网络谣言偏好于社会上的负面信息，所谓"好事不出门，坏事传千里"，负面信息更加容易引起网民的关注，瞬间被大量转载，对事情的真相进行瓦解。所以，往往发生这样的事情，网络谣言通常被社会公众误认为就是事情的真相而被广泛传播，后来即便政府或者相关机构、个人出来澄清，但澄清之后的事实无法引起人们的普遍关注，许多民众的头脑中始终记忆的是谣言而非事实的真相。

因此，网络实名制的实施十分必要，不仅仅对谣言的发布者和传播者有了一定的约束，同时也可以让事实客观性更强，广大网民了解到的事实也不会偏差得很严重。言论的绝对自由反而助长了那些谣言散播者的胆量，很多跟风者没有自主的批判思考能力，如此传播下去会对社会甚至国家稳定造成一定影响。谣言止于"治"者，没有良好的监督管理，就无法让网络环境变得更加有序。网络实名制就是有效措施之一。

2.4 观点四：实名制的现行实施与成果

在新浪微博实行实名制之后有一项调查统计可供参考，从463份有效问卷中得出如下统计结论（谭海波、梁榕蓉，2018）。

由图2、图3可以看出，微博实施实名制对打击虚假网络营销活动、遏制谣言等虚假信息的传播、清理大量网络水军、抑制网络暴力等方面都有一定的控制作用，这无疑为建设更好的网络环境提供了有效的帮助。对于采取这

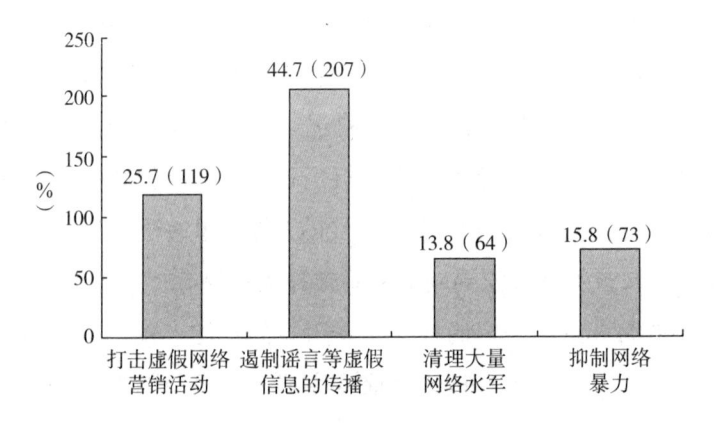

图2 实名制最大优点

样的措施，52%的用户持赞成态度，19%的用户表示无所谓，因此，网络实名制的真正实施并未受到过多的阻碍和反对，反响也良好。

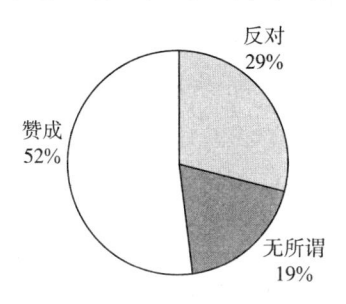

图3 用户对实名制的态度

2.5 正方观点总结

根据以上四个观点来论述本组对于网络实名制实施的立场。

从人的角度：可以对网络暴力有一定的控制，让网民、信息发布者和传播者对自己的言论负责，提高网民责任感和诚实度，并且一定程度上保护了个人隐私。

从网络的角度：防止网络诈骗，净化网络生态环境，为交易双方提供更好的交易平台和更多一份保障，从而可以推进电商的发展和经济的提升。

从社会的角度：维护国家安全和社会稳定，让谣言止于"治"者，不误导众多网民，让大家都尽量接近每件事情的客观事实，从而有更加真实思辨的视角；网络实名制在新浪微博的初始实施有向好作用，并且大部分用户都持正向态度。

所以，本组认为，网络实名制应该实施。

3. 反方观点及论述——不支持网络实名制

3.1 观点一：限制了网民的言论自由

正方观点一指出，实名制可以让每个人的言论都有所署名，但也有人提出，网络实名制限制了网民的匿名表达自由、互联网表达自由及隐私权。人们可能会因为实名制而无法表达出自己的真实看法,对自己的言论自由有了很大的限制。

众网多媒体中心副主任、大众社区论坛管理员周传金讲到反对实施网络实名制时说:"实名制肯定会大大削弱正常网络民意的表达。我们国家要建设法治社会,目前离真正意义上的法治社会还有相当的距离。我做论坛管理员这么多年来,很多网民在网上反映问题的时候,相关部门或单位的第一反应就是想查发帖者是谁,只有很少一部分人关心和关注帖子所反映的问题的真伪,很多人本能地认为,只要找到发帖者,对发帖者进行批评教育,那自然就解决问题了。我觉得这真是一个悲哀的事情。"

周传金这段话指出现如今网络上存在的一些问题,即如果实施实名制,在控制了一定的谣言舆论之外,也让人们减少了对问题的反馈,无法让网民表达民意。所以实名制的实施还是有待考量。

3.2 观点二:实名制的实施容易导致信息泄露

在网络实名制的落实过程中可以发现这样一个问题,就是工作中需要在互联网下载一些表格和相关的数据资料,但是网络实名制就会限制下载。首先需要人们在网络中完成实名制,在实名制的过程中需要上传自己的手机号、姓名和照片等,在完成了实名认证之后,才可以利用互联网开展其他一系列的工作。完成了网络实名制后,人们的个人隐私信息就上传到了相关的信息管理公司,虽然说信息管理公司会严格地管理保护用户的实名信息,但是由于利益的驱使,出现了网络黑客的攻击和公司内部人员的"内幕交易",也就是说其实人们的个人信息不上传是最好的,这样就没有人来窃取自己的个人信息。但是从信息管理公司泄露之后,公民的个人信息就相当于在网络中暴露无遗,房地产商、保险公司、传销组织、保健品销售公司等,都会得到用户的个人手机号,最后导致的情况就是公民没日没夜地受到骚扰电话的侵害,严重地影响了人们的生活和工作。

在这样信息泄露的情况下,实名制的实施反而会给用户们造成损失和困扰,用户们的信息一旦实名制给出,这些信息去向的不确定性就非常大。因此，反方认为，正方观点二提出身份的实名制为双方利益提供一定保障从而减少经济损失，但在不能保障用户个人信息安全的情况下，实名制的实施并不能保证用户的经济安全甚至是现实生活中的安全和稳定。因此，电商及网络经济的发展环境不会因实名制的实施而得到很大改善。

3.3 观点三：网络实名制可行性低，实施难度大

在现实空间中，个人在办理金融、电信、保险等业务过程中，一般会被要求出示身份证。但由于人们在观念和法律上把身份证信息视为个人隐私，强调其保密性，立法缺乏对身份证使用过程中比对环节的规范要求，因此，在办理各种业务时，商家往往不会严格比对持证人和身份证信息是否一致，大多是简单地让业务办理者提供身份证复印件并以保留的身份证复印件作为比对的证据。这种做法不仅为很多假冒和盗用他人身份证办理电信、手机、保险等业务埋下了隐患，而且也使后来以此为基础的网络实名制的实施效果大打折扣。

即便实施网络实名制，对如此大量的网民进行网络实名制认证并核对确认每个网民的身份将会是一项十分巨大且复杂的工程。这不仅仅涉及很大的成本问题，而且网络上信息的采集并不能进行实时的更新处理。因此，即便要实施网络实名制，可行性也是十分低的。

3.4 观点四：并未统一民意

毋庸置疑，网络实名制的提出并没有得到民众的普遍认可。

与正方在"2.4观点四"中提到的新浪微博调查结果显示"52%的用户赞成实名制"所不同，在天极网一项关于网络实名制的调查中显示，64%的网民不支持网络实名，36%的网民表示支持，59%的网民认为网络实名制会限制网络自由，31%的网民认为会净化网络环境，78%的网民担心实名制带来个人隐私的泄露，10%的网民担心收到骚扰信息（赵金，等，2009）。图4是与正方观点四中所提及的同一调查中所得出的用户对实名制的担忧（谭海波、梁榕睿，2018）。

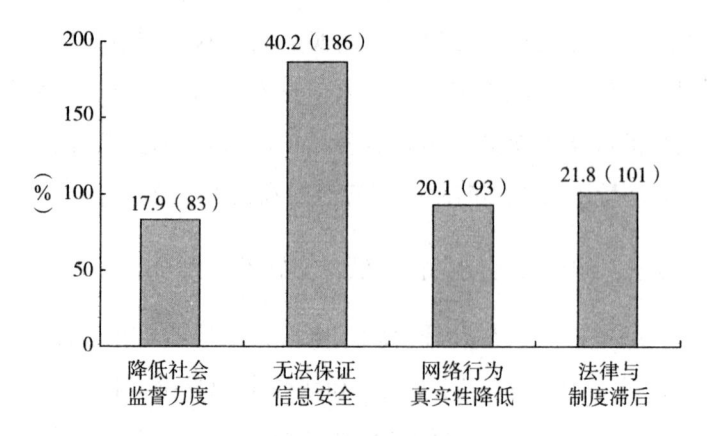

```
         200 ┐        40.2 (186)
         150 ┤           ┌──┐
      (%) 100┤  17.9(83) │  │  20.1(93)  21.8(101)
          50 ┤   ┌──┐    │  │   ┌──┐     ┌──┐
           0 ┴───┴──┴────┴──┴───┴──┴─────┴──┴───
              降低社会  无法保证  网络行为  法律与
              监督力度  信息安全  真实性降低 制度滞后
```

图4　用户对实名制的担忧

从以上数据可以看出，网民对网络实名制带来的后果存在很大的担忧，同时对网络实名制也抱有很大的怀疑态度。因此，在民意如此的情况下，实名制的实施仍然存在一定的阻碍。

3.5 反方观点总结

根据以上反方观点可知：

从人的角度，人们的言论自由一定程度上可能会受到限制，虽然可以控制谣言的散布和对当事人造成伤害的肆意评论，但也会因此让人们无法自由表达民意，对人们的权益也有所影响。

从网络的角度，如果个人信息泄露，不仅无法保障电商和客户的经济利益，还会因为信息的泄露造成经济损失甚至为用户带来生活上的困扰。

从社会的角度看，若要实行网络实名制，会花费很大的成本，实施效果并不一定显著。同时，网络实名制并未得到广大民意认可，虽然在正方观点四中显示出大部分人并不反对，但是很多网民仍会对网络的实名制持有怀疑和担忧的态度。

综上，网络实名制的实施还是有一定难度的。

4. 评估

虽然网络实名制的实施会带来诸多好处，但同时也带来了很多隐患，通过上述正反方的观点论证，我们可以得出以下评估。

4.1 评估一：关于个人信息

正方观点提出，网络实名制的实施可以让每个人对其所发表的观点和看法负责，从而控制网络暴力，还可以相对保护网民的隐私（正方论点一）。同时可以减少网络诈骗的发生，保护网民交易的权益，从而可以让电商行业进一步得到发展（正方论点二）。但是反方观点指出，网络实名制在控制了网络暴力的同时，由于现如今网络监管技术不够完善，可能会造成个人隐私的泄露（反方观点二）。此外也会限制网民的言论自由，这是对网民权利的一种损害（反方观点一）。

评估：对比而言，个人隐私的泄露确实是非常值得注意的问题，但这可以通过政府和相关技术部门的网络监管完善而得以解决。网络暴力和网络诈骗这一问题更为广泛，造成的后果也更加严重，在没有建成完备的关于网络的法律时，网络实名制会是一个非常有效的管控措施。

网民有言论自由的权利，但有所约束的自由才是真正的自由。如果每个网民都不需要对自己所说的话负责，也不需要对自己发表的看法和网上其他行为所造成的后果负责，那么在这些人无约束的言论之下所带来的伤害会远远大于反映民意所带来的益处。对网络环境不加以控制更会给那些还未形成足够思辨能力的青少年一种不好的引导。实施网络实名制不是要约束每个网民的网络行为，而是限定一个合理化的范围，让每个网民在网上发表言论时对自己的所言所行有最基本的责任感和道德底线，本组认为，这不但不是约束和限制，反而是让网络在绿色的环境下向更好的方向发展。

4.2 评估二：关于网络实名制的实施状况

反方观点提出，网络实名制在现实中实施并不容易，现实中都可以假冒，网络上的实名制更是徒有其表，而且会耗费大量的成本（反方观点三）。与此同时，网民的担忧和不赞同比比皆是，在如此民意不统一的情况下实施网络实名制也是一件难事（反方观点四）。而正方观点提出，虽然担忧确实很多，但在真正实施的结果上来看效果很好，绝大多数人都持有赞同和无所谓的态度（正方观点四），而且进一步来讲，实行网络实名制不仅可以保护网民，更是对国家安全、社会稳定的一种保障（正方观点三）。

评估：网络实名制确实存在很大的争议，反方观点不可忽视，所以实行网络实名制一定要有一定的前提作为保证。在制定网络实名制制度时，也应该将社会中不同行政管理单位和对应的网络监察机关进行明确的责任划分，以此保证网络实名制的有效实行。

同时，对于民意这一问题，从统计结果我们可以看出，网民结构是非常多样且复杂的。我们应该对一些无网络意识的网民进行网络知识的普及，让其有一定的网络安全意识，认识到网络实名制的真正用途，并且通过技术的完善和网络实名制制度的实施完善来解决网民的担忧和疑惑。

值得注意的问题有很多，但是不应该成为拒绝实行网络实名制的理由。在如今可以称为"互联网时代"的世界里，网络已经融入了我们生活的方方面面，我们甚至可以"以网络看世界"。那么我们所得到的信息，所看到的舆论带给我们对世界的认知都会多有不同。所以，有效的网络监管是必要的，正如正方观点三而言，这甚至是对国家安全、社会稳定的一种保障。网络实名制可以是有力的网络监管的开始，也可以是更加客观、更加绿色的网络环境的开始。所以，本组认为，反方观点为实行网络实名制带来了更多的思考，并且给出了诸多实施前提，但并不应该成为阻止实施的理由。

结　论

从正方观点和反方观点可以得出，绝对的网络实名制实施是一定会带有争议的。无论是从人的角度出发，还是从网络、社会的角度出发，网络实名制的实施都有好处，也有限制。因此，本组经此论证过程得出结论，支持网络实名制的实施，但同时，在实行网络实名制时也要有一定的前提保障。

在网络实名制的实施过程中需要对该政策的利弊进行系统全面的评估和预测，比如前文指出的在实施网络实名制之后，人们的个人隐私被暴露在互联网中，以及在实名制后人们不敢也不愿说出自己内心的真实想法。因此在网络实名制的落实中还需要对网络民意进行调研，从而了解到人民群众的真实想法，制定出更好的实名制制度。不仅可以有效地保护人民的网络安全权益，还可以对网络中的一些违法犯罪活动进行有效的打击。

同时，在制定网络实名制制度的过程中，要将社会中不同行政管理单位和对应的网络监察机关进行明确的责任划分，还有就是为了避免网络实名制和我国的民法典产生一定的冲突，要寻找合理的调节方式，从而解决网民上网的一些实际问题。

综上，在互联网科技的发展背景下，为了更好地提高人们的生活水平和网络安全意识，网络实名制的制度落实还需要更多部门的支持和全国网民的拥护，以及网络技术的不断完善和进一步发展，从而建立一个更加完善的网络安全系统。

参考文献：

[1] 顾丽梅.网络参与与政府治理创新之思考[J].中国行政管理，2010（07）：11-14.

[2] 李丽."秩序"还是"自由"——有关网络实名制的思考[J].法制与社会，2009（23）：103-104.DOI：10.19387/j.cnki.1009-0592.2009.23.059.

[3] 刘立荣.中国网民二十年发展变化趋势研究——基于《中国互联网络发展状况统计报告》及《中国统计年鉴》的分析[J].新闻战线，2018（10）：34-37.

[4] 刘星.论网络实名制在我国的实施[J].法制与社会，2012（03）：161-162.DOI：10.19387.

[5] 谭海波，梁榕蓉.我国网络实名制的实施困境及其对策——基于新浪微博用户的调查[J].数字治理评论，2018（00）：102-124.

[6] 庹继光.网络实名制：义务与权利的平衡——以实名网络反腐为例[J].

新闻界,2014(01):59-62.DOI:10.15897

[7] 王高峰.网络实名制的必要性与可行性探析[J].传媒观察,2010(07):42-43.

[8] 吴限.聚力信用监管让网络谣言止于"治"者[J].中国信用,2019(12):28-29.

[9] 赵金,于国富,刘津,等.网络实名制之前思后想[J].青年记者,2009(07):43-45.

[10] 张少龙.从法学角度看网络实名制问题[J].法制博览,2019(01):266.

教师评语

首先,网络实名制曾引起社会热议,是一个有争议性的话题。选择"是否应该实施网络实名制"这一话题进行讨论,具有可探讨性,也具有一定的现实意义。选题符合要求。此外,在第一部分进行了问题和立场的陈述,陈述清晰,且充分使用数据进行了论证支撑。

其次,在正反方观点陈述和论证分析方面,小标题标示清晰,观点明确,且多处引用数据和事例进行论证,正反论证均有超过两个以上的论证观点和论据分析,在论证分析过程中,引用了新浪微博上有关网络实名制的调查统计结果作为论据支撑,符合评价指标的要求。

再次,在评估部分,分别从个人隐私保护和网络实名制的实施两个方面对反方观点进行了回应和辩驳,结论明确。

最后,呈现内容有一定的逻辑结构,并提供了参考文献。

存在的不足有:引用数据过于陈旧,如网民规模数据,可以使用CNNIC第45次《中国互联网络发展状况统计报告》中截至2020年3月的最新数据;且后续还可以在书面语言表达及陈述的逻辑性、清晰性和规范性方面进一步提升,如图表数据来源的文献标注等。

(点评教师:郭彦丽)

以人为本还是以新闻为本？

——职业操守与公共道德产生矛盾，记者该如何选择

会计1801　张雨洋　赵子煜　郭盈

摘要：相信大家都听过一个被说烂了的笑话：女人会为了明确自己在男人心中的地位，追问男人，"你妈和我落水你先救谁？"这让男人颇为为难。但有人总结出比较科学的答案：谁离得近，谁最好救，先救谁。其实，类似的选择也一直摆在新闻记录者面前，尤其是摆在面对危及生命的新闻现场的新闻记者面前：是应该坚持报道，还是应该先救人？在新闻价值和生命价值面前，新闻从业者无论怎样选择，总会受到人们的抨击。因此为了论述记者在地震现场应该先救人还是先拍摄这个论题，我们采用正反正的论证方法对此论题进行论述。正方观点认为既然职业为记者，应以恪守职业道德为先，并且救人并不是一件简单的事情，冲锋陷阵反而会适得其反，与其这样还不如做好分内的事，笔和照片也是他们施救的方式之一。但反方观点认为记者首先是人，所以无论新闻价值如何重要，人命大过天，救人才是最重要的任务。最终，由于灾区现场情况复杂，盲目行动只会给现场的救助人员带来麻烦，而记者拍摄的内容和发表的文章带来的影响远比其忽略自己的本职工作加入救助的作用大得多。因此我们的观点支持正方：记者应该先拍摄。新闻传播者只有将规范维度和道德维度的责任完美结合才能真正实现健康传播、责任传播，成为社会正能量的传播者，为社会带来更大的贡献。

关键词：记者；突发灾难性现场；职责；人性

引　言

在2020年这个特殊的新冠肺炎疫情暴发的日子里，百姓不仅对疫情的进程十分关心，也有感于2020年国内及周边地区地震频发。面对这种突发性的

灾难，记者成了连接灾难现场和大众的唯一渠道。我们只有通过记者的及时报道才能了解到灾区的境况。因此，在灾难面前，记者应该先救人还是先拍摄的问题也成了人们关注的话题。似乎两个方向无论选择哪个都会受到网友的指责和抨击，这给新闻记录者带来了不小的压力和困惑。恪守职业精神仿佛成了没良心没人性的表现，救助灾区人民也会被扣上作秀的帽子。对于这一问题，进退两难的记者手足无措，但不可否认的是：报道是一名记者分内的事情，救人也是人们心中的本能反应。

本文着重论述记者在第一现场首先应该做什么才是对社会最有贡献的，同时结合一名记者自身各项因素和对灾区情况的说明，辩证地分析外界对记者们所作所为的评论，论证我们提出的观点。

1. 问题定义及立场陈述

记者在地震现场，是应该先救人还是应该先拍摄？这个问题将我们论述的大前提固定在地震现场，记者是因人性的呼唤先救人还是恪守职责先拍摄报道。

众所周知，地震又称地动、地振动，是地壳快速释放能量过程中造成的震动，其间会产生地震波的一种自然现象。地球上板块与板块之间相互挤压碰撞，造成板块边沿及板块内部产生错动和破裂，是引起地震的主要原因。本文论证中我们将问题扩展，不仅是在地震等灾区现场，更多的是在突发灾难性现场的情况下，分析并评估记者的做法。

救人需要具备专业知识和一定程度上的医护能力，记者作为新闻报道人员并不具备上述能力。而且，我们小组经讨论后认为，人们应该各司其职才能使灾难造成的严重后果尽快消除。所以在这里我们认为：记者应该履行好其岗位职责，先拍摄，先报道。

1.1 问题背景

记者，是代替广大民众前往事情发生的现场，或是接触新闻事件的当事人，并将事情的真相及其代表的意义通过报道呈现于大众媒体之上，协助媒体达成守望、教育、讨论、娱乐等功能。由于记者拥有阅听人即媒介受众赋予的权力，所以也被冠以无冕之王的雅称。但近些年，新闻工作者在灾难第一现场，面对千载难逢甚至可一举成名的拍摄机会，到底是先救人还是先拍摄？责任和良心同时考问着记者，这是一个不易回答的两难抉择。站在不同的立场和角度，会有不同的看法。实际上，在新闻实践中，不同的记者也给出了不同的答案。

1.2 论点陈述

本小组认为：因为记者不具备专业的能力去抢险救灾，所以坚守岗位是一名记者最应该做的事。相比记者的手，他们手中的相机和笔能有更大的力量。新闻记者履行专业职责是最终目的。

例如前往灾区进行采访的记者，他们把活生生的灾区实况和救助进程如实呈现，还原灾难来临时的原貌，解说在各方支援人员的努力抢救下，人员伤亡的情况和当地物资的需求。在灾难来临的时候，那已不是个人力量可以改变或扭转的事实，在这样的时候他们唯一能够做的就是拿起摄像机对准目标，把一个个真实境况展现给世界。

2. 正方观点：记者在地震等灾害现场，应先报道

2.1 正一论述：从职责角度

首先，记者的职责是真实且客观地记录已经发生的灾难的真实情况并向广大人民群众报道。记者只是记录者，不是专业的医护人员。记者的职责应是竭尽所能记录和报道真相，所以，记者只要尽了自己的职责，就是对社会最大的贡献。他们需要做好自己的本职工作，这才是他们应该履行的义务。正如一个医生只要尽心尽力去救治病人就可以了，大家不会要求他去抓犯罪团伙，不会要求他去指挥交通，不会要求他去维护世界和平，他只要做个合格的医生，就是对社会最大的贡献。不要觉得记者只是个拍摄者，拍摄完了就没事干了。其实，记者还需要写文章来让更多的人通过文字的形式了解灾

区的情况。

当然，记者需要有爱心，因为他首先是一个人，但记者有他发挥爱的方式。相比记者的手，他们手中的相机和笔能有更大的力量。新闻记者履行专业职责是最终目的，归根到底还是为了社会系统的有效运行和人民的生命安全与健康。记者需要博爱，"能容天下"才能容现实。我想西方的一位记者凯文的话是很有道理的："上帝呀，我必须工作，不然我不该来这里。"

确实，作为一名记者，他的工作就是记录这里发生的真实情况，不然他一个非专业人员来到情况紧急的灾区是毫无意义的。相比双手，记者的相机和笔能有更大的力量。真正合格的记者不是干涉者而是记录者。记者要像法官而不是带有倾向性的律师。当记者在危急中时应该给他们一些宽容，让他们去完成职责，去真实地记录下事实，善的或恶的。不会有人希望自己看到的现实都是经过"英雄记者"们参与干涉的。普利策曾这样描述记者：记者是社会这艘大船居于船桥上的瞭望者，因此他的职责就是观察地平线上的细小情况与变化。当甲板上有情况时，我们不能要求瞭望者放弃职责。在残酷的灾难中，记者只是记录者，不是残忍的创造者。

2.2 正二论述：从记者能带来的影响角度

报道卡特丽娜飓风灾害的《华盛顿邮报》记者安妮·赫尔说："在报道巨灾和苦难时，我们必须努力记住，我们是努力报道新闻的记者。那是我们在世界上的角色，我们如果做得好，这绝对是一种独一无二的服务：帮助世界了解有什么事情发生。"

照片是永恒的，照片带给大众和政府的影响力是不容小觑的，当记者奔赴前线记录下最真实的那一幕，远比他去亲身参与救援带来的贡献要大很多。正是因为他的记录，让更多关心灾区的人们了解到了当地的情况，还可以真实地反映给国家和相关部门，及时进行因地制宜的支持与帮助，这样才能做到对最真实的情况进行最有效的解决。而且记者记录下的并非都是灾难和痛苦，也是警示和提醒人们的警钟，告诫人们灾难的严重后果，在一定程度上可以激励群众对此现象的重视和积极改革。都是基于记者在灾难的第一现场真实记录的情况下，我们才能看到灾难带给人的绝望和痛苦。

数十年前，美国黑人民权领袖马丁·路德·金在亚拉巴马州的塞尔马组织了一场争取公民权利的游行。其间，县治安官派出的执法人员将儿童随手扔在地上，某杂志的一名摄影记者见状停止拍摄而去帮助孩子们。马丁·路德·金却提醒这位摄影师说："全世界并不知道这件事情发生了，因为你没有拍下它。我不是对此冷血的人，但是你拍一张我们的人被殴打的照片要比你成为加入争斗的人重要得多。"由此说明真实报道不是见死不救，而是要呼唤更多的人来解救当时正处在困难时期的人们。灾区照片带给人们的不只有惋惜，更多的是唤起人们心中的正义感和为了和平去努力奋斗的决心。

3. 反方观点：记者在地震等灾害现场，应先救人

3.1 反一论述：人性的道德，首先是一个人，其次才是一个记者

新闻界内外普遍认为，道德同情应当优先，记者首先是人类的一分子，其次才是新闻记者。我们知道，生命原则在五条伦理原则中是第一位的。美国全国新闻摄影师协会前会长威廉·桑德斯的一句话深入人心："你首先是人类的一分子，其次才是新闻记者。"美国全国新闻摄影师协会伦理委员会主席约翰朗说："你在道义上有义务伸出援手，而不是去拍摄照片。"曹爱文说，"要做个好的记者，首先要做一个好人"，"如果非要在救人和采访中二选一的话，我还会选择救人"。也有舆论从道义论与专业主义两个角度提出了看法，认为应该不留余地地服从基本的社会道义，挽救损失，并在选择的过程中选择带来收益最大的那一种。没人愿意要一个顺从讨好、逃避争论、听任恶行大行其道的新闻界，但是这并不意味着我们不能要求建立一个富有同情心、尊重公众和避免无谓伤害的新闻界。

《北京青年报》在一篇关于曹爱文的评论中说："新闻是给人看的，在面对突发事件时，应该遵循的原则永远是以人为本，而不是以新闻为本。违反人伦底线的以新闻为本，导致的将会是一种冷漠的新闻，是一种毫无人性也毫无人情味的新闻，即使记者的本职工作是报道新闻，但另一方面，记者首

先是一个活生生的、有人性的人,而不是一台机器,人在面对同类遭遇困难的时候,救人才是第一位的。记者在其职业操守和社会的公共道德发生冲突时,无疑应该遵循和服从后者,否则,就是以对人性道德的践踏来换取所谓的新闻价值,这样的新闻传达出的将是一种丑恶的价值观,还有什么价值可言吗?"

3.2 反二论述:不能逃避眼前

一位媒体人写道:大千世界,芸芸众生,哪一个没有属于自己的"分内之事"?当灾难和不幸降临时,难道都要冷眼旁观、漠然视之?在这一点上记者比别人更特殊吗?如果说有点特殊的话,那就是所谓"铁肩担道义,妙手著文章",比一般人承载了更多的社会责任和道德责任,更应当为人表率,起到楷模的作用。记者在履行自己的工作职责时,绝不应忽视、放弃了自己的社会责任、公德良心,更不能以娱乐心态、看客心理拿别人的不幸制造新闻,遇到紧急情况先救人,这本是一件天经地义的事。在可以预见的风险和隐患面前,新闻记者是该先施救还是"抢抓"新闻?面对可遇而不可求的突发新闻,面对许多人颇感兴趣的跳楼新闻,面对一条可能会让记者获奖、出名的现场报道,记者该如何抉择?当这一切面对生命至高无上的尊严时,在危难之际不施以援手,任何理由都会成为逃避责任的借口,一切辩解都显得苍白无力、不堪一击,哪怕它再冠冕堂皇、头头是道。救人难道还需要什么理由吗?

1998年2月,俄亥俄州的《莱马新闻报》记者克里斯·德维特在公路上偶遇一起车祸,一辆小车底朝天翻倒,一位妇女被困在车里,头向下吊着。德维特说:"我的第一个本能是去帮助她。"他赶到出事的车旁,看到那位妇女伤得不重,并被告知已经有人给护理中心打过电话时,这才拿来相机,拍了几张照片。德维特事后在谈到他的心情时说:"我先做了应该做的,才拿起相机。"

2005年,毕业于天津师范大学广播电视新闻专业22岁的曹爱文,进入河南电视台都市频道做记者。2006年7月10日下午5时许,有观众给电视台热线打来电话，说在郑州花园口黄河游览区附近，有一名13岁的女孩落水。接到线索十几分钟，曹爱文、摄像师和司机赶到了现场。当时消防人员、营救人员和村民都在进行打捞。此后，女孩被救上岸来，但她发现没有急救车到场，想到生命比新闻重要，于是赶快给120打电话，结果黄河区域这一块信号不是太好。当时除了几家媒体的记者外，大部分都是村民。由于父母是医生，曹爱文认为她多少懂一点医学常识。在现场无人懂得急救知识的情况下，她放弃报道，对小女孩实施急救。她运用胸部按压、人工呼吸等急救手段，但是很遗憾没能挽回女孩的生命，曹爱文为此流下眼泪。她事后承认："有网友说我姿势不对，我也很自责，因为自己并没有做到最好。我知道自己的能力有限，急救知识也有点匮乏。或许如果我懂得多一点，可能小女孩生还希望会大一些。"曹爱文的故事，由当地的《东方今报》做了报道。7月12日16时，一篇题为《河南电视台都市频道女记者曹爱义流泪伤心模样》的帖子出现在河南日报社大河网"网闻天下"栏中，该帖图文并茂地讲述了曹爱文救助落水女孩的过程。帖子中写道："她不顾女孩身上和面部的呕吐物，做出了一个让一名摄影记者一生都难忘的动作，用红润滚烫的嘴唇和一张冰冷的青紫的嘴唇牢牢对接在一起。这是一个生命向另一个生命的呼唤，这是一个生命对另一个生命的拯救。"曹爱文救人场景在多种媒体刊播后，多数民众赞扬她的举动，有人将她誉为"中国最美丽的女记者"。

4. 观点评估

正反两方的观点都十分明确，正方认为灾难性现场优先报道；反方认为灾难性现场优先救人。

正方的辩论观点是"相比双手，记者的相机和笔有更强大的力量"，其理由是记者并非是专业的援救人员，如果他不做好自己的本职工作——记录现场真实发生的情况，那么他一个非专业人员来到情况紧急的灾情现场是毫无意义的。正方以对"记录最真实的一幕远比参与其中重要"这一观点的论述，对主要观点进行补充，使主要观点更加丰满。

反方的辩论观点是"职业操守和社会的公共道德冲突时，应选择后者"，反方认为记者先是人，其次才是记者，应该以人为本而不是以新闻报道为本。反方举"发生车祸先救人，再报道"和"在得知有人落水的消息后，应优先救人"两个典型例子来支持和论证其观点，观点与论据契合。

本小组经过认真讨论、分析，认为反方的观点和举例都没有问题，但是不足以反驳正方观点。

首先，灾情并不会因为多一个或者少一个非专业援救人员发生很大转变，但是真实的灾情由一个专业的记者呈现给公众，给社会带来的效益是远大于记者自身参与其中的。也就是说，记者的职业操守和社会的公共道德其实是没有根本冲突的。

再者，反方举例中，举了"中国最美丽的女记者"这个例子。案例中，虽然曹爱文一个记者没有选择报道新闻而是选择了救人，但正是因为有其他的记者记录下了这真实而又震撼人心的一幕，这位中国最美丽的女记者才被我们熟知。我们假设一下，如果这些记者没有一人选择报道新闻，而是作为非专业的援救人员手忙脚乱地想救人却不知道怎么救人，那么这个事件中我们就不仅仅失去了一个年轻的生命，我们也无从得知这样一位巾帼英雄，更甚者，我们可能对这个事件都一无所知。

我们不能只因为一个记者做出的壮举就忽视了记者本身的重要性，从而认为不救人的记者就不是好记者，这样未免过于以偏概全了，记者的职业操守和社会的公共道德从来都不是冲突的。

结 论

根据以上分析论证，我们可以得知，新闻传播者只有将规范维度和道德维度的责任完美结合，才能实现真正的健康传播和责任传播，从而做到为社会传播正能量，给社会带来更大的贡献。

相信大家都知道凯文·卡特的《饥饿的小女孩》，这位知名记者和他所拍摄的知名照片。凯文·卡特的照片帮助了千千万万"饥饿的小女孩"，他无疑是一个好记者，但在社会无止境的指责和考问下，他也成了"秃鹰"注视下的"饥饿的小女孩"，可是这一次似乎没有一位"凯文·卡特"为他拍下照片。

凯文·卡特的做法是正确的，将自己的食物分给这些饥饿的孩子确实可以让他们吃一顿饱饭，但是下一顿呢？如果没有这些深刻的照片，人们又怎么会知晓在遥远的苏丹还有这样一群吃不饱饭的孩子们，又怎么会集资解决这些孩子们的温饱问题？

盲目放弃本职工作参与救援，坚持本职工作而泯灭人性，一味地指责他人，这些都是不可取的。正如曹爱文案例中的记者们，曹爱文在经过认真思考后认为自己比起在场对急救知识全然不知的其他人来说，更有希望能从死神手中抢下一条生命，所以她选择放弃报道救人。而在场的其他记者，在无力提供其他帮助的情况下选择了将这感人肺腑的一幕用相机记录下来，用文字和图片来告诉社会大众，有这样一位伟大的人物。

我们不可以以偏概全地认为不去救人的就是没有人性、没有公共道德的记者，首先记者的职业操守和社会的公共道德是不冲突的，两者若是相背离则无法做到为社会传播正能量和给社会带来更大的贡献。其次，非专业的援救人员盲目参与救助，很可能会适得其反，所以不救人未必就是没有人性。最后，记者的双手的力量，远远不如其相机和笔的力量强大。综合以上所有的分析，我们支持和肯定正方的观点。

参考文献：

[1] 陈力丹，胡森林. 记者职业行为的边界何在 [J]. 新闻记者，2005（7）.

[2]Ron F. Smith.Groping for Ethics in Journalisnm, Ames[J].Iowa：Iowa State University，1999，pp. 245-247.

[3] 李艳. "中国最美女记者"否认救人作秀 [N]. 新京报，2006-07-25.

[4]Ron F. Smith, Ethics in Journalism, Malden[J]. MA：Wiley-Blackwell Publishing，2008.

教师评语

本小组选择探究的问题是"以人为本还是以新闻为本？——职业操守与公共道德产生矛盾时记者该如何选择"，这同样是一个社会热点问题，也常常使记者陷入矛盾和纠结的两难境地。在面对上述问题的讨论中，该组同学充分运用了批判性思维的论证方法。首先介绍了问题的背景，进行了观点陈述；其次，通过"记者职责、记者所能带来的影响"两个方面进行了正方论证，支持自己的观点；再次，通过"人性的道德、不能逃避眼前"提出反方论证，将人们对记者职责和行为的关注引入更广的空间；文章最后一部分是对正反两方面的比较和评估，通过逐一分析、评价，对问题的认识更加深入，也比较客观地加强了对本小组所持观点的支持，并随之得出结论。

本小组报告思路清晰，文章框架结构符合要求。但是在论证时所给出的支撑证据尚显不足，用个案作为说理的依据虽然具有一定的代表意义，但是不够充分。就本文题目而言，可以先就一般意义进行阐述，再以地震现场、救援现场等作为案例提供论据或说明。文章的语言还需要进一步雕琢，使其在论证时更加准确有力。其次，摘要写得有些冗长，不符合摘要的规范写法，可以将其凝练为200字左右的文字，概要介绍本文的主要内容和通过论证得出的观点。另外，在文中出现了类似曹爱文这样的名字，她是谁？读者并不清楚，所以要在名字出现之前做些介绍。后面关于曹爱文的内容要前移，否则前面说到该人，读者们会一头雾水，不了解她是谁，也不清楚事情的原委，这样会影响文章的论证力度。

（点评教师：郑丽）

大学生短期支教，究竟是利大于弊，还是弊大于利？

会计1801　郭晨雷　金雨欣　郝梦圆　靳淼桦　王雅萱

摘要：近几年来，有一类公益项目发展很快，即以在校大学生为志愿者、农村中小学生为受助对象的短期互动型公益项目。以大学生短期支教为代表，也包括乡村冬夏令营、乡村学校或社区寒暑假读书会等其他形式。对于这类项目，一直以来，"旁观者"的批评声和"行动者"的反省声都不绝于耳，但这类项目却始终顽强生存乃至蓬勃发展。

关键词：短期支教；大学生；利弊

引　言

提到"支教"，人们脑海中浮现的总是荒远的山村、艰苦的生活，即使是孩子灿烂的笑脸也难以抵消大多数大学生对"苦日子"的抗拒。而短期支教的出现似乎是一个完美的方案，既能实现支教的目的，又能打消大学生们对于长期艰苦生活的畏惧。正因如此，越来越多的大学生开始投身短期支教，然而社会大众对他们的评价却褒贬不一。反对的声音渐渐出现：不到一个星期的支教并不能让孩子真正学到什么知识。支持者也同样有自己的理由：不那么艰苦的短期支教能够带动更多的大学生投身于支教事业。正如一句英国谚语所说，每一枚硬币都有正反两个面。短期支教自然也是利弊共存。

1. 正方论证

我方认为，大学生短期支教之所以能蓬勃发展，其存在的优点是不能忽视的。

短期支教是相对于时长一年及以上的长期支教，是近年来逐渐兴起的新的支教模式，通常是一种民间自发组织，也有学校或志愿服务团队有序组织，由大学生主体利用周末或寒暑假时间前往边远地区支教的行为。大学生短期支教，一般时间从两周到一个月不等，在这期间，这批充满活力和阳光的大学生用自己的青春和热情去熏陶孩子们，能够将自己的所学所得用到实处。同时，在大学生支教前期，很多大学生可能也会组织一些公益捐助活动，比如一些文具、玩具之类的，在去支教的过程中带给这些孩子。还可以募捐到一些衣物或儿童读物，这些对于山区里的孩子来说是非常有用的。对于大学生自身而言，既能让自己的长处得到发挥，又能拥有一个参与社会实践的机会，能够让自己去亲身体会艰苦的生活，这会让同学们更加珍惜现在的生活，更加努力地学习。

1.1 从大学生的视角看

大学生短期支教作为一种社会实践活动，能够帮助大学生锻炼自己的能力、提升自己的社会实践水平；同时支教活动还能够让大学生体验不同的生活环境与生活方式，从而拓宽大学生的眼界，帮助大学生形成对于这个社会乃至于这个世界的正确认知；支教活动也是一种难忘的经历，在实践活动中，贫困的生活能够磨炼人的意志，能够培养大学生良好的品格、领导力和实干精神。举例来说：李名松，毕业于华中农业大学信息与计算科学专业，在校假期期间，他加入了"三支一扶"的队伍，希望通过另一种途径站在讲台上，为学生们授业解惑，能够用知识的泉水滋润那些贫困地区的祖国幼苗，为他们洒下精神的阳光。"即使跟孩子们相处了短短的一段时间，他们也一定会改变，会变得发自内心地想要去教育孩子们，想要分享孩子们的快乐，想要孩子们成才，并为此全力以赴。"当记者问到对"别有居心"去支教的人抱有什么看法时，李名松如是说道。他也一再表示："快乐、成长和感动是支教赠予我的最大财富。如今跟我以前的同学再相聚，他们大多都有了一种成功人士才有的气质，变得社会化，也成熟了。我跟他们最大的不同在于，我还保有青春年少的感觉。"在短期支教生活中，李名松深刻地认识到，遇到困难时，只要肯想肯干肯实践，那么方法总是多于困难的。他不再是当初那个容易冲动的少年，变得更加稳重、踏实。

1.2 从被支教地区的视角看

短期支教能带给孩子什么？当然不只是知识。对于很贫困的地方，短时间内教授的一点点知识并不是最重要的。只是希望能给那些处于闭塞环境下的小孩子一点点"走出去，看世界"的希望和动力，而不是捂上他们的双眼让他们安于现状。大学生短期支教能够带来丰富的教师资源，快速而直接地缓解被支教地区的教育资源匮乏问题；同时，被支教的对象大多是中小学生，而考上大学正是他们的重要学习目标之一。我们作为大学生，正好是站在大学这一彼岸现成的榜样，对于被支教地区学生有着毋庸置疑的激励作用，为孩子们树立榜样，让孩子们知道社会的发展方向，拓展孩子们的视野，扩展兴趣爱好，增强学习动力，充分认识到学习的重要性。前些年，成都某大学生支教社团曾到云南支教。那里建了很多小机场，有一个机场已经建成三年了。孩子们的村庄离那里不远，但一直没有人带他们去看过。志愿者问孩子们的愿望，他们有一个共同的愿望就是去看飞机。于是，大学生就用了半天的时间，领着孩子们，带着干粮、水，走了两三个小时的山路到了机场。他们运气很好，当时正好有飞机起飞。看到飞机起飞的一刹那，所有孩子的脸上都洋溢出幸福灿烂的表情。这会成为孩子们难得的体验，在很多年以后他们会想到，曾有大哥哥大姐姐来了，实现了他们期盼三年的愿望。大学生支教，能够让孩子获得更多的体验和快乐，开拓他们的视野。在支教过程中，志愿者或许不能给孩子们带去很多知识，但最重要的是能给孩子带去一份信心，一份激励，让孩子们更加自信自爱自立，起到"精神支教，启迪心智"的作用，帮孩子树立远大的理想，打开他们心灵的窗户。

1.3 从整个社会的视角看

我们承认大学生短期支教是一种"快餐"。麦当劳没营养，烂大街，但那么多人从麦当劳才了解了美式西餐，我们不能否认它的传播意义。短期支教由于其特性而更容易成为大多数大学生实现关爱教育贫乏的手段，从而形成热点。对于现在的中国，热点的问题才更容易得到和引起关注，才能让更多人去考虑参与、改善短期支教，从而实现长期的、多方面的对口援助。另外，短期支教志愿者能进行家访，收集第一手资料，由于支教周期短，他们能够更快速地带出资料，并向慈善机构提供信息，也能够更好地实现物质援助。对于教育资源贫乏的中国中西部，短期支教也许不是雪中送炭，但无疑仍具有重大意义。大学生短期支教是促进改善教育资源贫乏问题、实现关爱教育贫乏的手段，其实施可以提高全社会对教育贫困地区的关注度，让更好的教育、更深厚的知识传递到祖国大地的每一个角落。除此之外，短期支教能够让大学生真真切切地意识到公益是每个人的责任，时间久了，可能一部分人会将支教志愿工作或其他公益事业纳入自己所承担的责任中，这才是真正意义深远的事业。大学生群体将来会成为公益事业很重要的力量，等到他们积累起足够的实力，校园中积累的公益意识会让他们拿出更多的行动，产生更大的影响，这影响将不是一个学校的小支教团体所能做到的。大学生短期支教，体现着社会责任的担当和可贵的奉献精神，为社会输送正向能量。支教作为一种公益活动，要是能够有大学生的普遍参与，想必对于全民向善风气的形成，一定能够产生积极的作用；同时，大学生短期支教对于大学生的成长亦有益处，大学生作为未来社会的重要劳动力，其水平的提升对于社会的积极作用也是显而易见的。

所以我方认为大学生短期支教带来的影响总的来说是利大于弊的。

2. 反方论证

短期支教固然有其积极的一面，但在客观上也存在一些不尽如人意的地方，诸如服务时间短、缺乏系统性教学、缺乏传递机制、志愿者水平参差不齐等。接下来我们对短期支教所存在的问题及其对学生学习效果的影响进行分析。

2.1 短期支教时间短，缺乏系统性、连贯性

首先，最大的问题在于支教时间短，缺乏系统性、连贯性。短期支教之所以深受大学生的欢迎，就在于时间灵活，只要跟发起组织及所服务的学校领导提前做好沟通，时间长短完全由志愿者自己把控。在云南有一支来自新

加坡某大学大一的短期支教队伍。他们与其说是支教队伍，倒不如说是旅游团，整个队伍有 20 多个年轻人，在云南停留两周，其中一周用于体验式支教，一周用来游玩。这群年轻学生中大多数人都是第一次来到中国，对中国特别是西部欠发达地区的课程设置、学情都不太了解，通过几天的体验式英语教学，对学生的学习水平和习惯稍微有点了解时，支教却结束了。这些志愿者在前三天的英语课上花了大部分时间纠正学生的发音，接下来的两天才开始教新的单词。由于许多游学支教团不以支教和学生学习利益为首要目的，造成了支教行为缺乏持续性，志愿者无法以先进的知识对山区孩子进行持续的教育和影响。这样短暂的熟悉之后又离开，然后又有新的一批志愿者支教团体到来，重复熟悉和离开的过程，孩子们只能学习一些片段性的、零碎的知识，无法成功构建起某门课的整体知识架构。

短期支教的模式根本不能为学生的知识水平带来质的改变，除了教学欠缺系统性以外，还缺少了学科知识的传递机制。就好比新加坡大学的这一批志愿者在学生的知识系统里添砖加瓦，搭建了一座英语的城堡，快要完工的时候便离开了；第二批志愿者可能因为不满意第一批志愿者的成果，又由于没有传递机制作为参考标准，就把英语城堡全部拆掉，重新建造一个城堡；第三批志愿者到来，又会按照自己的想法开展支教活动——如此循环往复地推倒重来，城堡的砖瓦已经被破坏得不成样子，日后再来一批能力很强的志愿者，恐怕也都搭建不起雄伟的大楼了。

2.2 志愿者水平参差不齐

第二个大问题就是志愿者水平参差不齐。志愿者水平参差不齐主要表现在品德和专业能力方面。根据对某镇试验学校的支教团队的个例分析发现：大部分的学生还是抱着以传播知识和教学交流的目的来支教，但仍然有小部分大学生态度不够端正——他们参与支教是为了评优加分，而且敷衍了事，随意退出支教活动——对支教团队整体形象造成了影响，并打乱了团队的教学安排计划。在专业能力方面，有的支教团队并未经过培训和专业筛选就上岗执教。发起人是否具备相应的资质，参与者是否具备相关的从业经验、是否有相关的岗前培训等，这些都是未知数。实际上，大多数学生并没有经过有关权威部门的严格认证。志愿者筛选标准不规范、不专业，远未达到官方派遣支教人员的标准；同时，由于缺乏第三方的监管，无论在支教前还是支教中，志愿者的教学质量和师德方面都是无法保障的；又因为志愿者的真实身份和背景无法考核，志愿者和学生经常在一起相处，学生的安全问题也可能存在隐患。曾有一名大学生在"青海西海固地区"支教过两次，发了一个关于自己支教经历的帖子，将问题都抛给了当地的老师和学生们。他在帖子里写到，第一次当地老师告诉他："其实大学生来支教挺好的，锻炼自己还可以帮忙照看留守儿童，但负面影响也有，如你们教学方式太先进，你们走后，孩子厌学，原来的老师在孩子们心目中的评价下降，影响义务教育的后续工作。"第二次参加时，一位学校旁的老先生告诉他："你们是扰民之举。"从此，他不再参与直接的支教活动。其实这些都是问题的表面，这位去了两次西海固，每次去两个月的大学生，居然不知道西海固在宁夏，不在青海，西海固的西面是甘肃，它甚至完全不和青海接壤！他为了完成假期任务选择了支教，但没有经过认真的准备，导致在支教过程中向当地学生传授了很多错误知识。此外，还有很多同学反映这个大学生总是带着一些学生吸烟，带来了很不好的影响。

　　这种良莠不齐的民间支教活动，往往很受偏远山区学校的青睐。但事实上许多民间团队教学水平根本无法达到应有的教学水准，导致学生接受错误知识的情况时有发生。就像第一个案例中新加坡支教团队用了将近三天的时间来纠正学生们错误的英语发音，经询问才得知，因为小学里没有配备英语老师，他们的英语课都是隔三岔五由来自各地的志愿者老师轮流教的，所以学生的发音也自然带有各地浓浓的方言口音。除了自身的专业水平，支教对志愿老师的道德素质方面也有一定的要求。山区的孩子们大多淳朴活泼，学习模仿能力很强，所以在面对他们的时候，一些同学的陋习，如抽烟、说脏话或者一些不雅的动作，会给山区的孩子带来不好的影响。

结　论

我们承认大学生短期支教存在着一些问题，比如：教学效果不佳、后期工作不足、增加支教方与被支教方的经济负担，以及部分学生的支教行为存在向功利化发展的弊端，等等。但是，这些弊端的影响是可以被有效的手段减小甚至避免的。反方认为短期支教的效果不长久，支教时间短，缺乏系统连贯性。其实我们可以通过短期支教建立一个长效的体系，比如通过加大对短期支教的支持、建立培训机制等方法建立长效完善的短期支教体系。这样我们就可以和被支教者保持长期的联系从而消除情感上的落差、可以在同一个地方接力支教，避免效果的不长久等因素。长效体制的建立不仅克服了大学生经验不足、教学盲目等弊端，同时被支教的孩子们也可以连续地、系统地享受支教所带来的益处。另外，对于反方提出的志愿者水平参差不齐，我们也可以通过严格筛选大学生短期支教的志愿者和规范化管理来避免。这些措施规定避免了给被支教地的老师、家长带来疑惑，使他们放心地让孩子去接受、配合支教。

另外，对孩子来讲，在他们的成长过程中，需要有长时间陪伴的人，也需要那些和他短期接触的人。有一种说法叫"心理弹性"，在儿童成长过程中，心理弹性是很重要的心理发育。心理弹性好的儿童将来内心更加强大，更容易幸福，更容易成功，心理弹性差的儿童则会差一些。为了让儿童在成长过程中获得更大的心理弹性，有一个方法就是让他接触更多的人和事情，尤其是有意思的人。目前，大部分去支教的大学生都是千挑万选出来的，必须身体强壮、勤劳朴实、温柔可爱……在与这些大哥哥大姐姐们一起学习交流的过程中，孩子的内心能够充分地发育和成长，这对于孩子们的成长是更有利的，这样的成长是我们更愿意看到的。

我们还会发现，短期支教会引起社会上对于被支教地区的关注，让更多的人投身到支教的行列中去。举个例子，萤火助学的短期支教带来了社会的关注，使更多的孩子得到了帮助。这样一来短期支教的力量不断壮大，问题也就会不断地得到解决。我们要知道，让被支教地区获得更多的社会支持，会给孩子们带来一种希望，这样短期支教所带来的就不仅仅是社会对于被支教地的关注，同样也会让孩子们感受到社会的温暖，从而更有利于他们的成长。这对于他们来说不正是一笔财富吗？爱一个人或事，要看他给了你怎样的感动，一份来自全社会的感动，难道不值得铭记吗？

当然我们不否认短期支教当中存在的问题以及体制机制等的不完善，我们也应当去正视这些问题，可是我们今天的目的不就是倡导社会在抓住关键的利好的同时不断克服弊端，让大学生短期支教活动朝着更高远的方向发展，让社会多一些关怀吗？

仁者见仁，每个人的追求与理解都不同。有时，我们可以选择不支持，但我们可以给出自己的那份尊重。尊重每一位愿意为公益付出时间、精力和努力的人。

参考文献

[1] 刘权. 批判性思维培养的实践路径分析 [J]. 物理教师, 2020, 41 (02): 37-40.

[2] 张洋子, 康彦. 思想政治教育视角下大学生批判性思维培养 [J]. 中国冶金教育, 2019 (06): 78-81.

教师评语

大学生短期支教究竟是利大于弊，还是弊大于利？这是困扰很多大学生以及学生管理部门老师的问题。一方面，学生的社会实践活动是一个增进大学生认识社会、了解社会，并努力以自己的学识能力服务社会的绝好机会；另一方面，由于种种原因，大学生的短期社会实践活动，特别是短期支教也引发了社会上多种不同的观点。在这样的背景下，该组同学选择了这一热点问题进行探究，从正反两个方面进行了论证和反证，既体现出同学们对现实问题的关注，也反映出同学们对如何更好地践行社会责任等方面的思考。

在论证中，该组同学主要探讨了大学生短期支教对于大学生本人、对于被支教地区以及对于整个社会的积极意义,论证逻辑清晰且比较全面;在反证中,小组同学也进行了深入剖析,提出了"支教时间短,缺乏系统性、连贯性以及志愿者水平参差不齐"几方面的理由,并提供论据进行支撑。总体来说,论证比较充分,考虑问题比较全面。

但是本文缺少对正面论证和反面观点的详尽的比较分析和评估,虽然在结论中有所涉及,但对正反观点及其论证内容的剖析、评价尚显不足,需要进一步改进。值得赞扬的是,本小组在文章的总结即结论部分,对短期支教的运行机制进行了一定探讨,所提出的见解颇具操作价值,可以供学校各级管理部门参考借鉴。

(点评教师:郑丽)

面对癌症晚期的家人，我们该不该将实情告诉他（她）？

会计1802　王千祎　许硕　王诗捷

摘要： 本文论证目的在于探究是否应将实际病情告知癌症晚期病人。分析了阻碍家属告知患者真实病情的原因，同时也阐述了病人知情权及维护其个人尊严的重要性。积极的心理建设有助于医生对患者进行更好的治疗。知情患者通过专业护理可以稳定情绪。但是否告知患者，应充分考虑到患者自身的心理状态和承受能力，并且家属应该告知病人相应的支持环境和条件。医护人员和家属应充分了解病人的知情需要，切实履行自身责任，正确引导病人了解真实病情并积极配合治疗。

关键词： 知情权；癌症晚期；病人家属；态度；情绪；心理压力

引 言

世界卫生组织和国际抗癌联盟统计数据表明，全球每年约有1100万新增确诊癌症患者，其中800万人因癌症致死。而我国每年新增癌症患者近200万，每年因癌症死亡约150万人，发病率呈现逐年上升趋势。而"患者是否应该被告知真实病情"一直都是人们争论的焦点。随着西方"个人知情论"和"自主决策权"思想的影响，以及公民维权意识的增强，国内肿瘤患者的知情意识正不断增强，许多癌症患者希望能够了解自己的病情。但在我国受传统思想禁锢、社会大环境限制的条件下，癌症患者知情权的需求往往无法得到满足。本文从癌症患者及其家属的角度出发，探讨面对癌症晚期的家人，我们该不该将实情告诉他（她）。

1. 正方观点——告知患者

1.1 患者自身感受的需要

一方面，身体状况的好坏往往患者自己最为清楚。例如，经久不愈的干咳或痰中带血，伴有胸痛，有长期吸烟史，应怀疑是否患有肺癌；消瘦、长期消化不良、肝区疼痛、大便发黑等症状出现，应怀疑有无肝癌、胃癌等。在病情加重的情况下，隐瞒往往会不攻自破。并且，随着健康知识的普及和全社会的重视，大部分人会保证对身体一年一次的检查，甚至有的人会半年检查一次。很多企业单位也都会定时给员工安排体检，为的就是及时了解员工的身体状况，做到及时预防，及时治疗。

另一方面，告诉患者实情也是对他（她）的尊重。2017年3月12日，即将步入80岁高龄的琼瑶在Facebook平台上公开了一封写给儿子和儿媳的信。信中提到："不论我生了什么病，不动大手术，让我死得快最重要。在我能做主时让我做主，万一我不能做主时，照我的叮嘱去做！人生最无奈的事，是不能选择生，也不能选择死！好多习俗和牢不可破的生死观念锁住了我们，时代在不停进步，是开始改变观念的时候了！"琼瑶阿姨的信在提醒我们，不要忽视患者自己的选择。我们需要给生命走到最后的人一个选择，至少他们应该被赋予决定自己生命中最后的时光如何度过的权利。

1.2 家属的心理负担

癌症患者在存活期间，绝大部分日子是在家中度过的。不少癌症患者家属要面对癌症病人的医疗、护理等问题，其中最为严峻的是家属的心理承受力。若家中有人患了癌症，家属往往都难以正确面对现实，尤其是不知道如何面对癌症病人的痛苦和病情变化，会陷入忧虑与悲戚中难以自拔。

面对最亲近的人，说着"最善良"的谎言，不是一件容易的事情。癌症患者的亲属之所以会考虑这个事情是因为他们觉得患者无法面对死亡、会害怕，无法理性对待。但是无论如何，死亡是藏不住的。而且当疾病与死亡来临时，患者真的无法勇敢面对吗？一时的情绪失控不代表患者真的无法理性面对，这都是一定程度的暂时性状况。随着时间的流逝，他们或许可以慢慢接受这个消息，并逐步对治疗和未来生活做出自己理性的判断和选择。

实际上，真正无法面对、不敢面对的人是亲属，尤其是在中国这样一个对死亡避而不谈的国家。白岩松曾说："中国人谈论死亡的时候简直就是小学生，因为中国从来没有真正的死亡教育。"在中国，很少有人会公开谈论死亡，人们总是用"去了""走了"等词语来代替"死了"，以此减少"死"这个字眼带来的冲击。然而事实是，生是偶然，死是必然。

1.3 利于患者治疗

治疗是一个配合与互动的过程，医生与患者的直接交流很重要。如果病情被隐瞒，医生和患者之间就缺乏了最基本的交流基础，可能会造成患者对治疗方案的否定、排斥，甚至拒绝，这也绝不是患者和亲属所希望的。

另外，这个问题也在很多学术研究中被多次探讨。2002年10月至2017年6月，研究人员共招募了29 825名肺癌患者，对影响其肺癌生存期的潜在因素进行了登记，包括癌症诊断情况、年龄、性别、类型、分期、是否知晓诊断结果等。并且，研究人员每6个月就会对他们进行一次随访，了解肺癌患者的生存期是否被影响。最终，随访结束时，有23.1%的癌症患者生存了下来。分析结果显示，知晓自己诊断结果的肺癌患者比不知道诊断结果的患者生存时间更长。知晓诊断结果的患者中位生存时间为18.33个月，而不知道诊断结果的患者中位生存时间为8.77个月。在四川大学华西医学院的另一项调查中显示，90.8%的被调查癌症患者认为应该让早期癌症患者知道病情真相，60.5%的被调查癌症患者认为应该让晚期癌症患者知道病情真相。

虽然患者在知道自己的真实病情后，思想可能会进入一个波动期，但从长期来看，患者被告知真实病情反而有助于其调整心态，积极配合治疗。同时，告知真实病情也有助于患者做好心理准备，预备后续事情。

1.4 知情权

知情同意权是患者自身的法定权利，受法律保护。在2010年中国开始实施的《侵权责任法》中，患者被界定为医疗关系中知情同意权的主体。并且，知情权代理并不符合患者的主观意愿。

在一项调查结果中显示（见表1），即使癌症患者家属不愿让患者知晓疾病的预后（剩余时间），绝大多数癌症患者也希望医务人员告知真实结果。通过对患者疾病知情权和相关知识需求的比较（P<0.01）[①]可知，有61.1%的癌症患者希望疼痛缓解（除了1例患者疼痛时因害怕使用阿片类药物成瘾而抗拒止痛治疗，经过反复多次讲解病情后患者逐渐接受缓解疼痛的治疗方式），有97.2%的癌症患者需要帮助解决焦虑，有80.6%的癌症患者需要解决阿片类药物引起的便秘症状，有72.2%的癌症患者希望解决睡眠障碍等需要。所以，患者对于病情应当有知情权，这样医生才能对症下药。

表1 患者疾病知情权需求统计

内容	疾病知情权需求	
	非常必要	不必要
您是否想被告知疾病的预后（剩余时间）	31（86.1）	5（13.9）
告知与疼痛相关的问题	22（61.1）	1（2.8）
告知与阿片类止痛药引起便秘相关的问题	29（80.6）	10（27.8）
告知您最近是否存在焦虑的问题	35（97.2）	14（38.9）
告知您最近是否有睡眠障碍的问题	26（72.2）	11（30.6）
当家属不愿意让您知道疾病预后时，您是否仍坚持被告知	25（69.4）	7（19.4）

1.5 针对知情患者的专业护理

应激免疫干预是20世纪70年代发展起来的一种应对技巧疗法，旨在让个体通过审视环境来估量自己的能力，从而对应激源做出反应，进而调整行为。有专业人员的研究表明，它会通过语言诱导和想象进行训练，研究对象较易获得放松后愉快感觉的体验，从而改善既往的不良情绪和躯体不适。此外，通过一段时间的练习后，干预组配偶的焦虑情绪也能得到明显改善，并逐步建立起一种新的健康行为模式——在遇到应激事件时，患者能够根据习得的

---

① P值即概率，反映某一事件发生的可能性大小。统计学根据显著性检验方法所得到的P值，一般以P＜0.05表示有统计学差异，P＜0.01表示有显著统计学差异。

方法进行自我调节,从而稳定情绪。并且对照组在干预后,焦虑程度也有所下降。研究人员分析其原因可能主要是患者经过医护人员的常规健康教育后,其配偶对疾病知识有所了解,从而使焦虑情绪得到了部分缓解。最终研究结果显示,疲乏各维度及总体状况的组间效应、时间效应及交互作用均有统计学意义($P<0.05$),说明通过对癌症患者配偶进行应激免疫干预,也同样能对降低其疲乏症状起到一定的作用。

2. 反方观点——不告知患者

2.1 患者自身的接受能力不够

其实,家属选择不告诉患者真实病情的绝大多数原因都是怕患者自己接受不了,知道真相后造成过度的情绪波动和情绪刺激,反而加重病情。事实上,生活中也确实存在部分案例。2004年8月,江苏某市的王老太被确诊为恶性肿瘤,但医生和家属并未将病情告诉王老太。而手术前由于一位女麻醉师的无意透露,让王老太意识到自己的病情很严重,需要做好思想准备。孰料,从不知道自身病情的王老太听医生这么一说,突发猝死。这个案例证明了无法接受自己真实病情的患者是存在的,并且由于得知真实病情所造成的严重后果是我们无法估计的。所以,家属不告诉患者真实病情也是有自己的考虑的。

另外,如果是晚期癌症患者或者是医生建议回家的癌症患者,那么告知他(她)真实病情的必要性也就可能没有了。在这种情况下,心情愉悦就会极大程度地延缓患者的生存时间。此时,若家属能多多陪伴患者,尽可能地帮助患者完成一些还未完成的心愿,那么患者也能在临终前感受到满满的爱。同时,若有家属的陪伴,患者也能在一定程度上得到保护,更好地预防意外发生。

2.2 缺乏告知的支持环境

事实上,癌症相关知识的缺乏会影响患者家属是否告知的决定。因为家属往往缺乏癌症治疗、精神支持等各方面的知识，所以他们不能确保患者在治疗过程中接受自己的真实病情，由此就会选择不告知患者真实病情来保护患者。并且，家属经常会从媒体、书报等平台获得癌症的相关信息，而这些信息有时是错误的，或者信息易被外行人所误解。在对于癌症的传统认识的影响下（往往夸大癌症的可怕性），病人获取的是错误信息，加重病人心理负担，产生极大的负面影响，家属也就更不敢告知患者真实病情了。

除此以外，在现实生活中还有一部分人更可怜。他们得病后不是不想治疗，而是看不起病，索性就装作不知。2018年4月，有一位年仅14岁的男孩身患白血病，但家里很贫穷，甚至由于给孩子治病欠下几十万元的外债。无奈之下，父母打算把孩子带回家，但又因为实在没钱，穷得连雇车的费用都没有。于是，男孩的父母亲就用爬犁步行了15公里将儿子拉回家。在这种现实情况的"打压"下，他们没有选择的权利，只能放弃治疗，在这种情境下告知没有任何意义。

3. 总结评估

3.1 道德层面

正方论证中同时考虑到了病人自身感受和家属的心理负担。在病人自身感受方面，大部分患者都会对自己身体的健康程度有所估量。并且，由于现在医疗水平的进步和社会福利水平的提高，大部分人都会对自己的身体状况有所把握，所以在病情加重的情况下，隐瞒的意义不大。况且，受西方"自主决策权"等思想的影响，人们一般很注重个人尊严，所以我们最好不要忽视患者的选择，患者的有些权利是需要被尊重的。在家属心理负担方面，病人家属往往要面对患者的医疗和护理的问题，所以家属的心理负担也是不可忽视的。

而反方论证则提到，家属选择不告诉患者真实病情的理由是怕患者产生过度的情绪波动、受到过度的情绪刺激，并且对于部分特殊情况告知的必要性可能就不存在了，心情愉悦反而会延长患者的生存时间。但正如正方一直强调的，癌症病人是最赞同被告知的，而且他们也最希望了解自己的真实病情。病人是患病的主体，有着比他人更强烈的生存愿望。他们对生命的渴望会驱使他们不断探求自己的病因。并且，绝大部分的癌症病人也都能够从本身的病情、治疗方法、医护人员和亲属的言谈等方面意识到疾病的严重性。"谎言政策"和"隔离式"保护只是让癌症病人、家属和医护人员彼此心照不宣、互相演戏，并不能让癌症病人得到实质性的帮助。他们无法交流内心的感受，最终导致孤军作战。这种情形，尤其对晚期癌症病人来说，是残忍的、不人道的。这反驳了反方所持的观点。

3.2 科学层面

正方论证中展示了多项相关研究，能够佐证其观点。事实上，医学领域也一直致力于研究针对癌症患者的心理疗法，旨在减轻患者的焦虑心理，促进医患沟通，从而对疾病治疗产生正向的促进作用。除了应激免疫干预疗法，正念减压疗法（MBSR）也在一直推进，其核心是协助患者通过正念禅修来平衡或抵消压力、疼痛和疾病所造成的负面影响，从而使患者回归到较为正常的心理状态，进而加强自身对上述负性状态或结局的应对或面对的内生能力。这种疗法的有效性也在类癌症治疗程序中得到了验证。

另外，针对反方提出的家属告知患者真实病情的支持环境，也在正方观点中提到过。随着社会的不断发展，人们逐渐重视起个人身体情况的检查，再加上健康知识的普及和观念的改变，大部分人已经具备对各类疾病的基本判断能力。简而言之，就是人们逐渐变得聪明，愿意选择相信医生，崇尚科学对待疾病。并且，针对个别贫困家庭选择隐瞒病情以防止拖累家人和后代的情况，于情合理，但于理不符。实际上，医疗保险政策一直在完善，并且现在网络上也有很多类似"水滴筹"的众筹平台。所以，这一点也许会是家属告知病人真实病情的限制条件，但不能以此为理由而决定对癌症病人隐瞒真实病情。况且，针对癌症患者的家属，也有各类心理疗法，通过这些心理疗法和正确引导，家属能够以恰当的方式告知癌症患者真实病情。在减轻家人心理负担的同时，也会让患者更好地接受自己的病情，能够促进医患之间及时、准确地交流，让家属为患者提供更符合患者自身需求的护理和照顾，有利于病情减轻和疾病康复。

结　论

癌症病人对自身真实病情的知悉程度关系到整个癌症诊治和护理过程中的"生理—心理—社会"医疗模式的实施，而患者家属在中间起到了至关重要的作用。患者家属对病人知情权的尊重是维系良好医患关系、合理使用医疗资源的关键。这既是广大癌症病人的迫切需要，也是现代医学、法律和伦理道德的需要。家属们需要跨越癌症告知的障碍，突破传统观念，真诚地与癌症病人沟通和交流，配合医护人员充分认识癌症病人的知情需要，根据对患者的了解，切实履行自身的责任，正确引导患者接受自己的真实病情。

参考文献：

[1] 马方．常见癌症的早期症状 [J]．社区医学杂志，2006（02）：68-69．

[2] 堂吉伟德．对患者隐瞒病情 弊大于利 [N]．健康报，2014-07-31（005）．

[3] 周工霞，陈黎．36例晚期癌症患者知情权需求的调查及对策 [J]．世界最新医学信息文摘，2018，18（15）：172-173．

[4] 孟丽娜，胡静超，姚大志，等．应激免疫下预对癌症患者配偶照顾者心身健康的影响 [J]．解放军护理杂志，2013，30（13）：14-17．

[5] 张荣，赵秋利．不告知癌症患者真实病情的原因分析及展望 [J]．护理学报，2012，19（23）：16-20．

[6] 皮远萍，田旭，唐玲，等．正念减压疗法在癌症患者心理困扰中的应用进展 [J]．临床与病理杂志，2020，40（02）：480-486．

[7] 曾铁英，李巧玲，吴明珑，等．癌症病情告知态度的影响因素分析 [J]．护理研究，2009，23（08）：670-672．

[8] 曾铁英，周敏，冯丽娟，等．癌症病人对重症病情告知态度的调查研

究[J]. 护理研究, 2008（17）: 1522-1523.

教师评语

  如果有家人患上癌症，是否把病情如实告诉患者，常常是病人家属犹豫再三、万分纠结的事情。本小组选题来源于实际生活，也经过了小组同学的头脑风暴才最终确定，对选题的探究具有很强的现实意义。

  在引言中，通过引用世界卫生组织和国际抗癌联盟的统计数据，间接地反映出该选题的实用价值以及开展研究的必要性和重要性。本文论证遵循批判性思维的论证方法，从正面论证、反面辩驳、综合比较评估等方面，全面地对选题进行了剖析和研究。

  文章结构清晰，论证全面，推理合乎逻辑。在正面论证时，从"患者自身的感受、家属的心理负担、利于患者治疗、知情权、针对知情患者的专业护理"等5个方面对所阐述的观点进行支撑，论据充分；在反面论证时，则考虑了"患者自身的接受能力不够"以及"缺乏告知的支持环境"等两方面的情况，此处稍显单薄。文章比较精彩的在于其总结评估部分。既考虑了正反两方面的理由及强弱，又结合我国实际情况，并且从发展的角度出发，分析了医学领域在关注患者心理健康方面所做的积极探索。评估比较时该组同学能够保持客观理智的态度及中立的立场，经正—反—正论证探究后得出的结论比较合理，对患者及其家属确有一定的参考价值。

  本文的主要不足之处：摘要的写法不完全符合规范，需要进一步修改；结论部分还可以进一步完善；采用证据应注明可靠的来源。在参考文献的引用和标注上不够规范，需要改正。另外，可以追踪最新的研究成果，并将其运用于自身的研究和探索之中，用于对结论进行更充分的论证及支撑。

（点评教师：郑丽）

生命在乎精彩还是长短

金融1801　杜嘉桐　贾宇倩　李茜雯　张雪盟

摘要：本文目的在于探讨生命到底应该在乎长短还是精彩，通过对主题的介绍，从问题的含义入手，解释概念，考虑多种层面的问题，融合他人观点，对不同立场做出论证及说明理由，并通过合理推理去反驳，最后再对论证和反证充分比较总结，得出结论——生命应该在乎精彩。

关键词：生命的意义；长短；精彩；不同立场；合理推理

引　言

人生只有一次，本文要研究的问题是我们更应该追求生命的短暂而绚烂，还是追求长寿而平庸，生命到底更应该在乎长短还是精彩？如果说生命的长短是生命的长度。那么，生命是否精彩就是生命的宽度。生命的意义不在于它的长度，而在于它的宽度。本文会从不同观点进行论证，并通过合理推理进行反驳，最终通过充分分析，得出结论——生命应该在乎精彩。

1. 问题定义及立场描述

1.1 何为生命

生命是指在宇宙发展变化过程中自然出现的，存在一定的自我生长、繁衍、感觉、意识、意志、进化、互动等现象的行为。在大自然中的生命包括植物、动物等，当然也包括人类。但是人类和大自然的其他生物是有区别的。例如：动物只会适应环境，利用环境去生存，并没有思想。但是人类不仅仅会适应环境，他们会试图用哲学、艺术、科学、神话等方面的知识来解释自然界的现象，甚至还会通过自己的思想创新和实践去尝试改变他们身边的环境。

1.1.1 生命的长短

生命只有一次，失去了就不能再回来，每一个人都是父母爱的结晶、血脉的延续，如果活着只在乎生命的精彩而不在乎生命的长短，就是对父母和家人的不负责任。但是人生在世只是短短的一段时间，死是每个人都必须面对的。当我们站在生命的尽头，回首过去的时候，我们该怎样评价我们的一生呢？是心安理得地告诉自己没有对不起父母给予的生命，还是历数自己这一生的精彩事件呢？活着就要活出生命的价值，这样的人生才是超越生死的人生。任何事物都有最终的结果，但走向结果都有个过程，这个过程就是活的过程。事物存在的意义就在于过程，而不在于结果。否则，既然地球最终是要毁灭的，那是不是一切就不要再继续存在和发展了呢？所以人不仅仅是为了活着而活着，而是更要在乎活着的过程，在乎这个期限的长短。

1.1.2 生命的精彩

臧克家曾说过，"有的人活着他已经死了，有的人死了他还活着"。例如：在现实生活中，有的人一生坏事做绝，损人利己，算计亲人朋友，唯利是图，甚至危害社会和国家，被世人唾弃。这种人虽生犹死。有的人为国为民着想，甚至不惜牺牲自己的生命去保全他人、社会和国家。这种人往往为世人所敬仰，流芳千古，所以他们虽死犹生！所以，人活着就是要做点什么，给世界留下一份美丽。岳飞留下了"待从头，收拾旧山河"的忠心；文天祥留下了"留取丹心照汗青"的志向；于谦发出了"粉骨碎身浑不怕，要留清白在人间"的呐喊。他们的人生都是有意义的。生与死对他们来说已经不重要了。所以人活着，就要好好地生活，活出生命的价值。人生在世，不必去计较得失，而是要在有限的时间里，创造无限的可能，努力活出生命的价值，记住生活的灿烂。这样的人生才会超越生死的界限，因而精彩，这样的人生才是人类真正存在的意义。

1.2 立场描述

生命的长短指的是时间的长和短。生命的精彩代表活出了生命的价值，超越生死的界限。不同的人对"生命在乎精彩还是长短"的答案存在争议，所以我们决定讨论一下这个问题。对于"生命在乎精彩还是长短"，我们的观点是：生命在乎精彩。

2. 正方观点：生命在乎精彩

2.1 正方观点一：生命的意义在于精彩

生命的意义在于精彩而不是长短。如果一个人活到了100岁，但是他活得很简单，就是一天三顿饭，睡一觉，每天工作干活没有兴趣爱好，没有朋友，平平庸庸、碌碌无为，也会得到人们的羡慕。如果一个人只活到了50岁，但是在他的有生之年学到了很多的知识，结交了很多的朋友，还有许多的兴趣爱好，创造了很多的财富，而且事业家庭两不误，得到大家的赞赏、尊敬和社会的承认，他离开人世后人们都会惋惜。就像我们熟知的大探险家——贝尔·格里尔斯。我们知道他是因为看了他的探险节目《荒野求生》。我们惊讶于他在节目中为了生存而选择去吃各种我们难以入口的食物，去攀登我们不敢想象的高峰。我们会想他吃那些东西会不会得病，会不会感染，会不会对他的生命造成危险。我们总是站在自己生命安全的角度去思考，所以我们断不会像他那样去冒险。但是他作为冒险家，在乎的只是能不能挑战自己的极限，在自己有限的生命里去挑战自己想要完成的事情。如果他只在乎自己的生命安全，肯定不会去选择这样的职业，去创办这样一个危险重重的节目。他敢于做别人不敢做的事情，敢于挑战自己，正因为如此，他才有了如此精彩的人生。

2.2 正方观点二：只有做有价值的事情，生命才能真正地延长

孟德斯鸠曾经说过一句话："能将自己的生命寄托在他人记忆中，生命仿佛就加长了一些；光荣是我们获得的新生命，其可珍可贵，实不下于天赋的生命。"这句话告诉我们，生命表面的长短延长不了我们生命价值的长度。只有做有价值的事情，我们的生命才能真正地延长。就比如在2020年初，我国

遭受了新型冠状病毒的暴发,时至今日,有一些白衣天使和前线的工作人员死在了这场疾病中,他们为国家贡献了自己最宝贵的生命。他们不求回报,无私奉献了自己的一生,有的是国家的医学界栋梁,也有刚刚参与医务工作的年轻人,还有的是比我们大不了多少、自愿去前线帮忙的志愿者。根据中国世卫组织联合考察专家组调查:截至2020年2月24日,全国共有476家医疗机构3387例医务人员感染新冠肺炎(2055例确诊病例、1070例临床诊断病例和157例疑似病例,见图5);90%以上的医务人员(3062例)来自湖北。前线的医护人员为拯救更多的人,而付出了自己的健康和生命。如果他们在乎的只是自己的生命安危,又怎会义无反顾奔赴于前线,去成全别人生命的精彩。所以,我们认为追求生命的精彩的价值就在于追求自己的目标与梦想,帮助更多的人。

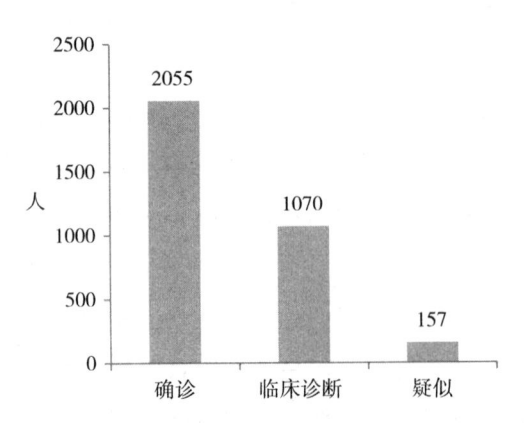

图5 医务人员感染新冠肺炎数量图

2.3 正方观点三:人要活出生命的价值和精彩

"好死不如赖活着"是对的吗?这让我想起新中国成立前,被国民党抓到渣滓洞囚禁的江姐,国民党为了从江姐等地下党员的嘴里套出我党的情报,在监狱中对他们实施了无数的酷刑,并以生命要挟他们招认。而江姐即便是面对十指连心之痛也没有透露秘密,最后,她英勇就义也毫无惧色。由此可以看出,人活着也要有尊严地活着,有信仰地活着。如果江姐只在乎生命的长短,应该就毫不犹豫地出卖了自己的党,但是江姐更看重自己生命的价值,坚决守护自己的信仰和尊严，即使代价是付出生命，最终换来了新中国的成立。仔细想来，如果没有这些舍生取义的先烈们的努力，又怎么会有我们现在美好的生活和繁荣昌盛的国家呢？所以我们认为，人要活出生命的价值和精彩，并非苟活而追求长久的生命。

3. 反方观点：生命在乎长短

3.1 反方观点一：有太多的人，因为追求这所谓的精彩而死在了最美好的年岁

冒险挑战的人确实活得很精彩，可有太多的人，因为追求所谓的精彩而死在了最美好的年岁。追求精彩真的有意义吗？近年来，很多的年轻人喜欢上了高空摄影或是高空极限运动，他们在乎的只是能不能挑战自己的极限，在自己有限的生命里去挑战自己想要完成的事情。可是这样的追求真的有意义吗？2014年初，刚结婚两个星期的新婚夫妇不顾公园规定爬上基奈萨瓦山，在大雪封顶的高峰跳下。28岁的妻子因为降落伞未打开，不幸身亡。在妻子去世后的第十一个月，丈夫巴特勒在挑战滑翔伞时，因设备故障不幸遇难。明明刚开始享受人生的一个新阶段，明明已经有了妻子的先例，丈夫却依旧因为冒险而死，因为可以避免的意外而去世，这样的人生很愚蠢，结束得毫无意义。美国加州的特级蹦极表演家、拥有上千次蹦极经验的史蒂夫·费特克认为，跳蹦极的危险相当于驾驶时速160公里的汽车急速冲刺，虽然从理论上讲，死亡概率只有五十万分之一，但也不是没有可能。假如自己就赶上了这样的意外，就算真的满足了自己想要的精彩，却也因此丢了性命，值吗？

3.2 反方观点二：生命应在乎长短，如果连自己的生命都没有了的话，那再说什么都是无用

援鄂医生们每一个固然都是伟大的，他们之中一些人为了别人献出了自己的生命。山东省第一批援鄂医疗队员、山东大学齐鲁医院呼吸与危重症医

学科主管护师张静静，在结束援鄂任务，回到山东按规定集中隔离医学观察期满，即将返回家中时，突发心脏骤停，经全力救治无效，于2020年4月6日晚不幸逝世。我们不否认她的伟大，但我们只是为她的伟大感叹一时，她的去世却给爱她的家人、朋友留下了无法弥补的悲伤。在职场，没有谁离不开谁，人走茶凉再正常不过了，一个人离开，公司可能会惆怅一下招人问题；在家里，一个人的作用无可替代，可能这个家从此就不再是家，孩子会失去父母，老人会失去子女。所以，生命应在乎长短，如果连自己的生命都没有了，那再说什么都是无用。

3.3 反方观点三：活着才有意义

俗话说得好，"好死不如赖活着"，活着才会有生命，才会有意义，如果连生命都没有，何谈意义？如果说江姐为了革命事业不在乎生命的长短，那么，卧薪尝胆这个典故就说明了生命的长短更重要。春秋末年，吴国和越国因战争结下仇怨。吴王夫差为父报仇，在伍子胥的辅佐下日夜勤兵。而后勾践大败。为保留一线复国的机会，勾践接受了范蠡的意见，降吴为奴。勾践从此为吴王养马、拉车，为了复国的大志受尽屈辱，在苟且偷生中，默默等待着。勾践的谨慎行事，使得吴王渐渐地放松了警惕。勾践和范蠡在暗中逐渐看到了转机，并被夫差准予回越国。回国后勾践仍然谨慎行事，一点一滴地积蓄力量，休养生息。伍子胥一再阻拦意欲北进做霸主的吴王，最终却被夫差赐死，吴国实力被削弱。勾践终于得到了机会，举兵复国。若是勾践只为了生命的精彩，那他在被捕时大概率就会选择死亡，而他一直忍辱负重地活着才能找到机会，最终反败为胜。笑到最后的才是胜利者，所以生命的长短更重要。

4. 评估（反对反方观点）

4.1 评估一：生命的长度我们决定不了，但我们可以决定生命的宽度

在现实生活里，生命的长短和精彩其实都是我们在乎的，二者也是相辅

相成的，但关于到底更应该追求生命的长度还是宽度，或许每个人都会更渴望自己所缺少的。正方观点一说贝尔总是在挑战自己的极限，没有选择过安逸的生活，他的人生因此更加精彩。反方观点一说有一部分人因为冒险而去世，因为追求所谓的精彩丧失了生命，从此一无所有，这样的精彩不值得追求。实际上，生命的长度我们决定不了，但我们可以决定生命的宽度，过怎样的人生都是自己选择的，既然是自己选的，那就说明他已经做好了决定，无论结果如何，他都是接受的。所以做自己喜欢的事，不要有所顾虑，追求自己想要的，过自己喜欢的人生。

4.2 评估二：生命虽短，有价值就精彩

正方观点二说在这次疫情中很多医护人员冲在第一线，有的甚至献出了自己的生命，这是为人民服务的精神，他们的生命虽短，却是有价值的，那就是精彩的。反方观点二说他们的牺牲给自己的亲人带来了伤害，并且自己也不能再救治更多的人，这是一种损失，生命也得在意长短。实际上，虽然医护人员牺牲是人民的一种损失，他们自己也没有享受到由于自己的付出带来的美好生活，可如果人人都只顾自己，没有人站出来，人人都因为危险远离病例，那么也许最后会有越来越多的人感染此病，最后没有人能幸免，就会造成更大的损失。虽然我们不知道他们是谁，但我们知道他们是为了谁，我们的后人都会铭记他们为人类做出的贡献，他们会被人民所记住、所感激，生命还是更应该在乎精彩。

4.3 评估三：当一个人无法决定生命的长短时，依旧可以让自己的生命变得精彩，而这种精彩也成就了他生命的另一种延续

反方观点三说勾践是忍辱负重活了下来，先保证了生命的长短，才有了反败为胜的机会，铸就了生命之精彩。但是人死后也可以通过捐献器官，以器官移植去救活另一个正在病危中的人，捐献者虽然已经死亡，但是他给了另外一个人活的希望，这又何尝不是他自己生命的第二次延续呢，这也是生命的一种精彩。目前，我国每年仍然约有30万患者因器官功能衰竭等待着器

官移植，而每年器官移植手术仅为1.6万余例，捐献器官数量同需要器官移植治疗的患者数量相比，两者之间存在着巨大差距。实际上，当一个人无法决定生命的长短时，依旧可以让自己的生命变得精彩，而这种精彩也成就了他生命的另一种延续。

结　论

生命不在于长短，在于你是否让自己过得开心，是否活得有意义，也就是精彩。我们应该去感受色彩斑斓的世界，履行生命的意义，让生命像烟花一般绽放，不枉在尘世走这一遭，让自己的人生多一些精彩，少一些遗憾。在长度一定的情况下，只有把宽度过好了才不会浪费长度。生命虽短，但可重于泰山。在科技发达、技术进步的今天，我们更应该找到自己的发光发热点，实现自己的价值。环卫工人的起早贪黑换来城市的干净整洁，快递小哥的马不停蹄带来购物的方便快捷，交通警察的日夜坚守换来车辆的安全出行。无论多么平凡的岗位，只要有了尽职尽责的坚持，都会显得不平凡。这些为了实现自己价值的劳动者都值得尊敬，他们是美好生活的创造者和守护者，他们的生命凸显了不一般的价值，他们的生命都是一种精彩。其实每个人都有自己的价值，关键在于是否敢于奋斗。停止抱怨现在的困境，享受生命赐予的每时每刻的感动，并努力活成你期待的样子，就是精彩。

参考文献：

[1] 杨刚. 为延续生命精彩而接力 [J]. 当代贵州，2018（35）：26-27.

[2] 邹太龙. 公共危机事件下的生命教育：反思与重构 [J]. 思想政治课教学，2020（03）：8-12.

[3] 戴景平，张玉荣. 生命的意义：教学与探索 [J]. 韩山师范学院学报，2020，41（01）：78-82.

备注：因编撰《伦理困境中的批判性思考及路径选择》的需要，为了提高可读性，本论证作业2、3、4中的小标题是任课教师在原文中提炼出来的，但标题中的原话均在原文中可见。例如原标题为"2.1正方观点1"，教师修改后为"2.1正方观点一：生命在于精彩"。

教师评语

首先，"生命在乎精彩还是长短"的选题是非常具有探讨性的，尤其在2020年春季新冠肺炎疫情暴发期间，该议题显得更具有社会意义，促使人们更多地思考生命的意义所在。本报告问题定义和立场陈述明确。

其次，正反观点陈述明确，提供了两个以上的论证和理由，尤其是正方观点二的论证过程中，使用了医务人员为抗击疫情而感染新冠肺炎的数据作为论据来支撑"生命在乎精彩"，强调追求人生的价值，非常具有现实意义。

再次，本报告在评估部分对反方观点进行了有针对性的一一回应和辩驳，结论明确。在文中谈到了"生命的长度我们决定不了，但我们可以决定生命的宽度"，以及"当一个人无法决定生命的长短时，依旧可以让自己的生命变得精彩，而这种精彩也成就了他生命的另一种延续"等观点。论证分析过程中使用案例、数据等进行论据支撑。文后交代了参考文献，行文结构和表达符合要求。

（点评教师：郭彦丽）

坚守还是逃离北上广，这是个问题——之一

会计 1802　庞励宸　胡景生　苗子康　刘博涵　蒋晨

摘要： 在不在北上广生活，反映出两种不同的生活态度和生活选择。是选择北上广这样机会多、物质条件相对富足，但竞争大压力大的快节奏生活，还是去寻求一份北上广以外的踏实、稳定或者安逸的慢节奏生活，依然能发光发热，做有价值的事情，过有意义的生活。在理想与现实之间，每个人都有不同的选择。坚守下去，还会有把握机会的能力和实现梦想的机会，但是逃离了，就连一丝实现梦想的可能都触摸不到了。

关键词： 北上广；逃离；坚守；机遇；追求；理想与现实

引　言

长期以来，北上广等一线城市是国人的向往之地，特别是大学毕业生把工作生活在一线城市作为自己的首选。但在北京、上海、广州等一线城市打拼数年后，因为生活和事业的压力过大，不少人重新选择到二、三线城市发展，这种现象被称为"逃离北上广"。面对压力，有的人选择了逃离，有的人选择了坚守。无论他们怎么选择，不外乎是为了追求幸福。

1. 正面论证：坚守北上广更好

1.1 这里是机遇的天堂，有更多的机会成功

北上广深为许多人提供了工作岗位和实现梦想的机会。想要赚钱，这里有很多机会，这里还有很多你想不到的职业。在这里英雄不问出处，只要你是金子，总会有发光的一天。有了机遇，会有更多的机会取得成功，当然这是在把握好机遇的情况下。没有机遇，也会获取成功，这当然更需要为之付

出艰辛的努力。相信自己，但不要自大。待在北上广可能会有更多的加班情况，加班是为了什么，对于有情怀的年轻人来说，是为了成长。但对于其他很多人来讲，就是为了钱。只有股东才会自愿长期加班，毕竟没有人是自虐狂。如果加班不能让员工产生认同感，不能让员工成长，不能在利益上给予额外补偿，那么加班会让员工开始厌恶公司，最后导致有才能的人统统远走高飞。你不一定会在北上广深收获幸福，但你可以在这里得到足够的尊重和理解。

一线城市更加开放，机会很多，有能力的人也很多，所以大家互相制衡，彼此只能遵守规则。这里有严格的职场规则，付出终会有回报，一线城市的职场都是按规矩做事的，不需要麻烦的人情世故，如果想不劳而获那是不可能的，在这里我们的努力不会白费，只要我们业绩突出就会被人看到，就会得到应得的回报。在这里，一切都是公平的，我们可以通过自己的努力来获得成功。

1.2 人往高处走，水往低处流

社会发展本身就是一个人口不断流动的过程，也就是说，人口在城市之间自由流动，是现代社会的应有之义。一个人应该趁年轻的时候到各地去走一走、看一看，哪怕最后遭遇失败，两手空空地回来，这段经历在你的人生旅途中也将是一笔宝贵的财富。事实上，到大城市去，到资源最集中、机会最多的地方去，是每一个时代的永恒主题。在唐朝，是去长安；在宋朝，是去汴梁；在民国，是去北京。在我们这个时代，就是去"北上广"。

相对而言，美国人的流动更频繁。从一个城市到另一个城市，从一个州到另一个州，甚至从西海岸到东海岸去工作，在美国人看来都是很简单的事情。"哪里有面包，哪里就是我的家园。"据说，一个美国人一生要搬家十多次，真是"生命不息，折腾不止"。言及于此，不难看出一种困顿——留在北上广地区，难逃高房价、交通拥堵及大城市门槛限制等现实困难，但回到中小城市或者基层，又会遭遇"小地方"潜规则、机会匮乏、发展空间不足等难题，面对这一尴尬局面，毕业生可谓去留两难，北上广也成为毕业生集体的两难之选。快节奏的生活让我们不会虚度光阴,纵然一线城市生活压力大、节奏快,即便是你不想快跑都会有人推着你前进,除非你想逃离。一线城市夜晚10点以后的地铁都是挤满了人的,一线城市的办公大楼凌晨还有多个办公室在亮灯,一线城市的街道整夜都是车水马龙的,在这里没有人会允许你虚度光阴,这个城市里没有人认识我们,但是我们却不是在孤军奋战。无论我们的梦想是否可以实现,这里都是我们逐梦的舞台,来到这儿的青年人都是怀揣着梦想、斗志昂扬的,最终有人成功,也有人失败。都说没有梦想的人是一个躯壳,没有奋斗过的青春不叫年轻过。这里会为每一个人提供舞台,在一线城市每天都有着无数的人获得成功,一战成名。正是这样的故事让越来越多的人迷恋这里。人们身在北上广,视野更开阔,就会有更长远的目标,并期望通过自己的努力实现自己的人生抱负。

2. 反面论证:逃离北上广更好

2.1 更好的生活体验

首先,逃离北上广去往二、三线城市可以给人们更好的生活体验,不难发现的是,选择"逃离"北上广的人大多是在打拼几年后选择的逃离。因为他们在北上广打拼的时间里发现,以北上广为代表的中国超一线城市生活成本、生活压力远远大于其他城市。

在越来越注重生活质量的当下社会,北上广的"高压高收益"生活会透支年轻人的健康,繁重的工作压力折磨着人们的神经,没日没夜为了绩效、工资、贷款而忙于奔波,挤占了用来自我提升、改善生活的时间和资源。常见的加班和早出晚归甚至干脆通宵的上班作息使得年轻人过早地患上了各种疾病,对于一些人来说,这种生活得不偿失,所以应该逃离北上广来获得更好的生活体验。

基于上文的论证,我们认为应该有一个最低限度的生活保证,而这种生活促使人们逃离北上广,选择二线或者一线周边城市,例如杭州、青岛。这种城市既有相对成熟的基础建设,又没有北上广的生活压力。当然,最重要的是我们应该明确，人们的生活体验和心情应该"有滋有味"，不能物质生活小康以上，精神世界还是贫困户。生活体验的重要程度应该高于在北上广大城市的机遇和待遇。

当然，并不是所有情况都适合于此。凡事皆有两面性，在北上广也可以有多姿多彩的生活，若你是成功人士，身上的资产和本领足够支撑你在北上广城市里有着自己良好的生活体验；抑或你是一个佛系少年，不去追求什么豪车好房，也可以在大城市中有着自己的"小确幸生活"。

不仅如此，即使你向往二线城市惬意的生活，但是去了以后却发现，自己又怀念在北上广的种种，也许是在看见北上广的朋友们晒在朋友圈的美好生活，兴许是一封入职offer，一顿精致晚餐，也许是其他，在二线城市无法触及的事物。如果这些促使你后悔离开北上广，那么说明你不适合"逃离"北上广。逃离北上广的人应该是没有过多奢侈追求的人。

2.2 全新的机遇和发展

其次，逃离北上广可以给人们带来全新的机遇和发展，越来越多的大企业选择在二线城市设立基地，这些地区有着更廉价的地皮，有着更宽松的政策。随着各种企业的入驻，二线城市的机遇也越来越多。所以对逃离北上广的人们也有一个选择，去二线城市寻求全新的发展和机遇。

在有十四亿多人的中国，人才济济。而北上广作为中国最具有代表性的城市，来自全国的人才都汇集于此。此处的竞争远高于其他地方，不能苛求所有人都适应和追求高强度的竞争生活。对于一些人来说，不如在二线城市重新发展。

基于上文的支撑，逃离北上广，去往二线城市也是在"转移战场"，这种思想促使人们远离北上广，选择二线或者一线周边城市，例如杭州、青岛等城市，既有相对成熟的基础建设，又有可能入职网易等大型企业的机遇。所以应该逃离北上广，转移战场重新发展。

当然也并不是所有情况都适合于此。凡事皆有两面性，北上广的格局代表了更多的机会，更好的待遇，虽然二线城市人少，但是机会也较小。同样，好的机会只留给有准备的人，良好的机会同样竞争激烈。

不仅如此，即使你做好心理准备，如果自己没有过人的本领，单纯想依靠"人文地理"优势获得机会的话，恐怕不会有一个好的生活。逃离北上广的人应该是有一定本领，想要在其他城市另辟蹊径的人。

3. 综合论证

经过了前面正面论证与反面论证，我们都更加清楚了解了坚守或逃离北上广这个问题背后不同人的不同看法。北上广，爱！留不留呢？这是很多人所考虑的问题。这是两个选择，在不在北上广并不重要，但坚守和逃离二字却天差地别。

3.1 坚守的人更具理想

北上广，爱！留不留？留！正面论证中选择坚守北上广的人无疑是更加理想派一些。坚守北上广的人，最为重要的是应该明白自己坚守的是什么。多少"漂族"来到北上广无非是想在更大的舞台上展现自己，让自己的才能能够更好地发挥，让生活能够更加幸福美满。很多人来到北上广是为了最初的梦想与改变命运的决心。著名国内摇滚歌手汪峰就是一个北漂族，他曾经写下过一首《北京北京》，这样一首作品，充分体现了北京是一个可以给人梦想的地方。虽然北漂生活比较苦，但是汪峰凭借着坚守最初的对音乐的梦想，坚持了下来也获得了成功。北上广确实可以给人们更多的机会，提供更丰富的物质，但北上广从来都不是优越的代名词。曾经在2017年流传着这样一句话："坚守北上广的年轻人都是虚荣心作祟。"这句话说得过于绝对，但也不排除有一部分人具有这类想法的现象。如果你心中认为坚守北上广是为了满足内心的优越感或者幻想着能够拥有最富足的生活却不脚踏实地，没有足够的能力，那么这样的坚守没有意义，或者说这类人并不适合坚守北上广，这样的坚守只会给你带来伤害。因为幻想太多，为了物质的坚持也决不会比为了梦想的坚持而长久。因为只为了满足虚荣心的人通常是急功近利的，幻想得很多却不踏踏实实地做，更没有足以匹配的能力，那么就会更加得不到物质的满足，那样的落差感、失落感会让所谓坚守的人崩溃。因此，坚守北上广很好，但在坚守前一定要想好自己坚守的到底是什么。

3.2 逃离的人更现实

北上广，爱！留不留？不留！反证中选择逃离北上广的人无疑是更加现实派一些，或者说可能是被现实打磨得更务实了。不选择在北上广生活并没有错，适合自己的才是最好的。但逃离意味着逃避，意味着自己当初许下的诺言、憧憬的理想化为泡影。北上广并没有那么可怕，坚守虽然很苦，但有了梦想，有了坚持下去实现自我价值的动力，便不会想着逃离。逃离很容易，但我们在逃离前应该捍卫自己追逐梦想的权利。逃离并不代表着对生活的妥协或放弃，并不代表着要浑浑噩噩过一生。如果一个人没有理想，没有学习奋斗的精神，没有足够的能力而只想着一味地逃离，那么不止北上广，你以后不论待在哪里，哪里都会继续成为所谓的北上广。因为一个没有能力，不懂学习奋斗，不懂如何在平凡的世界中过不平凡的人生的人，在任何地方都待不下去，因为这种人没有最基本的生存能力。还记得《朗读者》节目里，有一个人令我们印象最为深刻。耶鲁大学毕业的秦玥飞，毕业后毅然回国，回到一个贫穷的村子里当"大学生村官"，带领那里的人们致富。他本可以依靠那份无数人羡慕的高学历在北上广这样的地方找到一份高薪工作，然而他并没有这样做。不在北上广，照样可以实现人生的价值。我们可以为了坚定的向往不留在北上广，我们可以不在北上广实现价值，但我们不是逃离，而是主动追求。

3.3 坚守强于逃离

北上广，爱！留不留呢？这真的是我们应该思考的问题。在不在北上广生活，体现了不同的生活态度。是选择北上广这样机会多、物质条件相对富足，但竞争大、压力大的快节奏生活，还是去寻求一份北上广以外的踏实稳定或者安逸的慢节奏生活，依然能发光发热，做有价值的事情，过有意义的生活。不论在哪里生活，我们都不要选择逃离。北上广代表的是一种艰难，有这样或那样的困难，现实中的难题也会一阵一阵袭来，但逃离还是坚守是一种态度。坚守代表着希望，不论在哪里，哪怕是北上广这样的有很多考验的地方，坚守下去，提升自我，有了这种精神，在哪里都会活得很好。坚守不意味着幻想，不意味着不切实际、看不清现实的残酷。当你想选择坚守时，在追求理想之余脚踏实地一点。北上广的户口难办，你该怎么做？北上广的房价如天价一般，你该住在哪里？你的能力是否匹配你的理想？你是否有足够的对梦想的坚持和学习奋斗精神？有一个视频中说得特别好，也是关于北上广留不留的话题，是北大才子中央电视台主持人撒贝宁在脱口秀大会的一段视频。他举了个例子，他有一次在收快递时问快递员里面的产品是否完好，当时那个快递员竟然用量子力学里面的一个著名定理薛定谔的猫来回答他，不禁让他感慨在北上广这样的城市里学习的重要。

结　论

坚守北上广胜过逃离北上广。有准备地坚守下去，你会有把握机会的能力和实现梦想的机会。但是逃离了，就连一丝梦想实现的可能都触摸不到了。如果人生处处是北上广，那么逃离了就连生存下去都将会举步维艰。因此，要坚守北上广，坚守每一个生活的阵地。

教师评语

对青年学生而言，如何选择未来之路是一个需要深入思考并理性抉择的问题。本文从是否坚守北上广说开来，但实际意义并不止于此。这在同学的论述中进行了清晰的表达，与其说是坚守北上广，还不如说是一种对生活态度和生活方式的选择与坚守。

在正面论证时，该篇文章从更多的成功机会和人们对理想的追求、对奋斗的崇尚、对未来的憧憬等方面提供了支撑证据；在反面论证时，则从更好的生活体验和全新的机遇及发展两个方面进行了分析。论证展现出学生们看待问题的角度更全面了，对问题的理解及剖析更加深刻。在对正反两方面的观点进行比较和评估时，小组同学对坚守的人更理想和逃离的人更现实进行了比较深入的剖析，并据此支撑自己的主张。

　　总体而言，该文思路基本清晰，文章整体架构合理，分析论证比较充分。但是值得注意的是，该文在论证时有些地方还存在一定的混乱和模糊，还可以参考更多的资料，有理有力有节地论证自己的观点，使证据更加充分，分析比较更加深刻。在文字的表达方面，建议作者能更多地借鉴论证文章的写法，减少口语化表达，使文字表述更加规范，更有力量。另外，结论部分应该是对上面论证及评估的总结，应该在原有基础上归纳和提高，而不是对前面内容的简单重复。这一点也要注意改进。

　　本选辑中收录了另一篇同样主题的报告，不同的是这组同学的正方观点恰恰与此篇相反。哪一种观点/主张更为正确？读者可以认真阅读两个小组的报告，并深入思考。事实上，很多选择都是没有最好，只有更好，大家可以根据多方因素选择最适合自己的那条道路。但不管今后如何选择，对青年人而言，始终保持积极向上的心态和奋斗精神，一定是难能可贵且值得弘扬的。

（点评教师：郑丽）

坚守还是逃离北上广，这是个问题——之二

会计2001/02　马潇玄　高涵　王菁　刘宛亭　王雅茹

摘要：越来越多的人挤破脑袋也想到北上广去工作、生活，但是在这些大城市中普遍存在的症状是人口膨胀、交通拥挤、住房困难、环境恶化、资源紧张……对于每个个体，这些问题对于生活质量的威胁或轻或重，但都严重影响着大家的生存状态。逃离还是留下，这是个选择题。那些选择逃离的人，或许是因为实在不堪重负，那些选择留下的人，或许是为了追逐一份理想，用自己的努力去寻找自己的机遇。但在这道选择题上，我们会选择逃离。

关键词：北上广；逃离；坚守

引　言

长期以来，北上广（北京、上海、广州）等一线城市是国人的向往之地，很多高校毕业生更是把在一线城市工作当作目标，但在北京、上海、广州等一线城市打拼数年后，不少年轻人重新选择到二、三线城市发展，被舆论称为"逃离北上广"，与多年来人才流动的"奔向北上广"形成鲜明对比。

许多人认为一线城市的经济水平高，发展速度快，有良好的工作机会，但又怀疑自己能否适应这样的社会环境，担心自己会在过度膨胀的城市失去竞争力，年纪轻轻就被生活和工作压力压垮。面对这样艰难的抉择，很多人无法衡量其中利弊。为讨论出最合理的答案，本小组采用正反正论证方法进行论证，认为"逃离北上广"才是正确的选择。

1. 正方观点

1.1 消费水平高

中国的富人大多数都存在于北上广，北上广藏龙卧虎的同时也造就了大

量漂泊、群租的人。为什么会有群租呢？无疑是北上广飞涨的房价让就业的人入不敷出，买不起房便只能租房，除此之外，由于紧缩的户籍政策，外地人无法享受到许多福利资源，同时，这也直接关系到下一代的教育问题。没有当地户口的家庭，孩子想要入学就比登天还难。

下表为2021年全球各城市的生活成本排名，从表中可以看出上海和北京进入了前10，分别位于第6和第9，而深圳和广州也在前20名内。这进一步说明，北上广昂贵的生活成本大大降低了生活质量，同样的工资在其他城市可以过上舒适甚至滋润的生活，但在北上广除去房租、水电网费、生活费、纳税，每月薪水基本等于白领，也就只能勉强过日子。

表2 城市消费排名

2020年排名	2021年排名	城市	排名变化
1	2	香港	-1
7	6	上海	1
10	9	北京	1
13	12	深圳	1
20	17	广州	3
28	22	台北	6
38	26	天津	12
34	27	南京	7
40	28	成都	12
43	34	青岛	9
63	61	沈阳	2

数据来源：美世2019—2021年 *Mercer Cost of Living Survey*。

1.2 竞争激烈，生活压力巨大

事实上，北上广作为我国发展最好的一批一线城市，在拥有最好的资源的同时，竞争的激烈程度也可见一斑。以北京为例，从就业方面来讲，北京绝大多数公司对于应聘人员的学历要求较高。北京具有优越的教育资源，北京的"985"和"211"高校数量明显高于全国城市的平均水平，这也造成求职时在学历要求方面的竞争愈加激烈。找到工作只是社会竞争的一个开端，接下来不仅要面临很多困难，比如没有补助的严重的加班，甚至还要担心是否会被裁员。而这只是就业方面的竞争。事实上，北上广作为一线城市，人口众多，工作、家庭、孩子的教育……方方面面的竞争使得人们的身体与心灵受到了巨大的压力，让人感到身心疲惫，于是越来越多的人选择"逃离北上广"。

1.3 环境质量差

在北上广唯一平等的事情，莫过于所有人都呼吸着一样被污染的空气。当人们越来越注重生活品质，就会对蓝天白云产生向往，也会越发诟病严重的雾霾等造成的环境污染。

以空气质量指数（AQI）为指标，0~50为一级优，51~100为二级良，101~150为三级轻度污染，151~200为四级中度污染，201~300为五级重度污染，图6为2022年3月北京的空气质量情况。

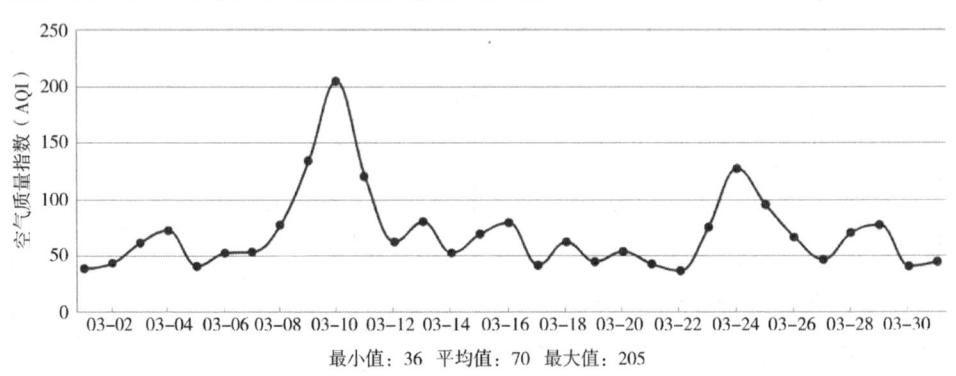

最小值：36 平均值：70 最大值：205

图6 北京2022年3月空气质量指数变化趋势

数据来源：中国空气质量在线监测分析平台。

当AQI小于100时，人们可以正常活动；当AQI在100~200时，健康人群会出现刺激症状，心脏病和呼吸系统病患者就要减少体力消耗和户外运动；当AQI达到200~300时，健康人群也会出现症状，老年人、心脏病和肺病患者都应停留在室内，并减少体力活动。

从上图可以看出，北京的平均空气质量为良，但平均AQI接近100，且出现了五级重度污染的情况，极大地影响了人们的健康和出行。

1.4 新兴城市、地区正在发展

世界是不断发展变化的，而许多二三线的新兴城市、地区正在蓬勃发展，比如天津、厦门、雄安新区等地。正在发展的二三线新兴城市意味着新的机遇。与已经发展成熟的一线城市相比，新兴城市生活压力比较小，物价便宜，房价较低，生活成本低，相同的工资却可以让人更好地享受生活。

虽然可能公共设施部分没有"北上广"建设得那么完备，但是新兴城市设施也都是比较完善的，可以满足人们的生活需求，"北上广"有的地铁、公园，新兴城市也有。齐全的城市设施可以让人们更充分地享受生活。

正在发展的新兴城市面临着建设城市的人才缺口，人们获得心仪工作的可能性大大提升，就业的竞争压力也随竞争人数减少而下降。

相比于"北上广"，新兴城市大多没有交通堵塞、空气污染的烦恼。人们可以不用"上班996"，"通勤三小时"，被迫变成"雾霾净化器"。对于个人而言，生活质量的提高也是新兴城市的优势所在。

2. 反方观点

2.1 北上广的高等教育资源丰富

首先，北京作为我国的科教中心，高等教育资源当然是极其丰富的，尤其是在北京海淀区，汇聚了我国众多高等学府。除了清华、北大外，还有人大、北航、北师大、北理工、中国农人和中央民族大学，它们在人文科学、航空航天、师范教育、农业、民族学等领域均代表着顶尖水准。

其次，上海拥有的高等教育资源仅次于北京，作为我国的经济中心，上海不仅有复旦和上海交大两所顶级学府坐镇，而且在财经、医学、师范、语言等领域均是国内高校的佼佼者。

最后，广州虽然高等教育水平可能和北京、上海相比稍微弱一些，但是也同样极具实力。有中山大学和华南理工大学坐镇，加之素有"中国第一侨校"之称的暨南大学，以及华南师范大学、广州中医药大学等都是很不错的学校。城市极具开放性，对外交流频繁，发展很有活力。

所以，在这样三个拥有优质高等教育资源的大城市中求学、工作，视野将会更加开阔。

2.2 北上广的医疗资源极为充裕

当人们不幸患有疑难杂症时，很多人都愿意前往北上广这样的大城市寻找治疗方法，当然也有很多人在小城市中没办法用到优质的医疗资源而被迫转到北上广这样的大城市。在复旦大学医院管理研究所发布的"2020年度中国医院排行榜"中，全国综合百强医院北上广包揽了51所，占半壁江山。

北京的三甲医院中，不少已有上百年历史，北京协和医学院以及协和医院、同仁医院、北京医院以及普仁医院等，都是由一百多年前的"洋诊所"发展而来。对于这些城市而言，在医疗、公共卫生领域已经有了较好的积累，包括顶级医院的发展，而且医学院也在源源不断地培养医学人才。所以说，坚守在北上广这样的城市对治疗疾病等有更好的保障。

2.3 北上广的交通发达

坚守北上广是因为这里的交通四通八达，是全国的样板城市，可以提供更广阔的平台。北上广城市内部有发达的交通网络，使人们的出行更加便捷。更加重要的是国家目前正在构建以北京、上海、广州为极点，连接京津冀、长三角和粤港澳大湾区的"黄金三角"交通骨架，城市从单打独斗到都市圈、城市群的群组协同，这种交通地位是其他新兴城市难以超越的。作为三个端点，北上广可以享受到极大的交通便利。人们在跨城旅游时更加便捷，不仅节省了路途奔波的时间，同时也降低了一部分旅游成本。交通的便利同时也会带来生活上的便利，交通不仅代表着人们的出行，还代表着物流业的发展，交通的便利可以降低物流的成本进而使物价降低，而且也能带来更加丰富的商品，提高人们的生活幸福感。

2.4 就业机会多

坚守北上广能够提供更多、更好的就业机会，以及更大的职业发展空间。很多人之所以想着逃离北上广，就是因为他们潜意识里有一个前提条件，即自己能够在其他城市成为收入顶尖的那一部分，但事实上他们真的能做到吗？其他城市没有北上广发达，能提供的就业岗位和种类也少，比如一些高新技术的岗位在小城市根本没有需求。而且不得不承认的是，中国自古以来就是一个人情社会，越是落后的地方人情关系就越是重要，一些好的岗位很可能要拼关系走后门。

现在流行一种说法叫"新一线城市"，事实上这并不是一种官方说法，我国的城市划分中根本没有这个概念，这些城市实际上和北上广还是有很大差距，北上广的地位难以撼动。北上广经济发达，公司为了获得更大的竞争优势，会更注重员工的个人能力而非后台关系，相当于大家都站在同一起跑线上，更加公平。同时，北上广能够提供更大的职业发展空间。很多城市经济体量不够大，公司规模有限，有些人工作几十年一个总经理就算到头了，没有上升空间。升职时，主要也是看资历而非能力，并且要等到你的顶头上司升迁或退休才能有机会，破格提拔基本上是不存在的。在北上广，这里有很多大公司，你可以凭着自己的能力一步步提升，最后甚至可以成为公司的股东之一，实现阶层的跨越。

2.5 在北上广有利于发展个人能力

北上广人才竞争激烈，但激烈的竞争在某种程度上也能够激发个人潜能，更容易提升个人能力。当你在二三线城市取得一些小成就时，你可能已经成了当地的人中龙凤，那么这时你的上升空间就非常有限，你的能力就更难得到进一步发展。但是在北上广这样的大城市，你的发展舞台是非常宽广的。因为大多数大中型企业在设立总部时，首选的地点就是北上广这样的大城市，为了获得这样的优质资源，你也应该选择坚守在这样有利于自身能力发展的一线城市。

2.6 有利于精神成长

北上广拥有着一种包容的精神文化，在这里你可以获得精神上的成长，得到精神上的磨砺。北上广都是国际都市，尤其以上海为代表。在这里不仅有来自全国各地的奋斗者，也有很多来华工作的外国友人。海纳百川，逐渐形成了一种包容开放的城市文化，在这里你可以体会到其他地区和国家的文化差异，不断拓宽你的国际视野，这是一座城市带给人们精神上的温养。很多人都为自己能够在北上广打拼出一席之地而自豪，这种带给人们精神上的自信是其他城市难以匹敌的。

逃离北上广，从另一种角度来讲，是一种精神上的败北，虽然说这是为了选择更好的生活，但本质上是为了逃离竞争所带来的压力，很多人只是怀揣美好的梦想来到北上广，没有做好奋斗的准备，当他们发现实现自己的梦想要面临巨大的压力，选择了逃避。但事实上，在生活中的竞争是不可避免的，哪怕他们离开北上广也依然无法避免竞争，一旦面临巨大的压力就选择逃避，这样的人在哪里都无法获得更好的发展。坚守北上广，也代表着勇于面对困难，选择了拼搏，你会发现在一次次竞争中，你的能力越来越强，成就感越来越强，处理事情更加成熟，敢于接受生活的磨砺，以便获得更好的成长。

3. 分析评估

3.1 正反方观点总结

综合上面所述，正方观点可以总结为以下4点：
（1）消费水平高（买房、落户都是问题，还会影响到下一代）；
（2）竞争激烈，生活压力巨大（身心俱疲）；
（3）生活质量低（环境质量差）；
（4）二三线新兴城市正在发展（省会城市）。
反方观点可以归纳为以下6个方面：

（1）北上广的高等教育资源丰富；

（2）北上广的医疗资源极为充裕；

（3）北上广的交通发达；

（4）就业机会多；

（5）在北上广有利于发展个人能力；

（6）有利于精神成长。

3.2 分析评估

本小组将从生活环境和生活压力两方面对比分析为什么要逃离北上广。

（1）生活环境方面

第一，正方观点中提到，在北上广生活，消费水平高，房价近乎天价，很多在北上广打拼的人都不能拥有固定住所，而且极大的工作压力、偏低的生活质量和严格的户籍制度导致许多人不能拥有幸福的婚姻，甚至连下一代入学都是很大的问题。因此，对于反方提到教育资源丰富这一观点，既然连下一代是否能进入环境良好的学校都难以保证，那么即便生活在教育资源丰富的北上广，也很难享受到其优质的教育资源。

第二，对于反方中提到的北上广医疗资源极为充裕这一点，其实中国的很多二三线城市医疗条件也很先进，在日常生活中一些常见疾病都能得到良好治疗，只有患上十分难以治愈的疾病才需要到北上广这类大城市进行医治，但这种情况的发生概率很小。也就是说，与教育资源一样，即便生活在北上广，也几乎没有机会享受到充裕的医疗资源。此外，目前北京等地的著名医疗机构几乎人满为患，想要挂上专家号更是需要长时间排队，这样一来，在北上广地区看病的效率反而低于二三线城市。

第三，对于反方观点中提到北上广城市的交通便利这一观点，其实现在中国的铁路建设十分完善，在中国任何一个城市都能通过乘坐高铁快速到达目的地，一条高铁线路既包含北上广，也会包含许多二三线城市，反而北上广会因为乘坐人数过多而出现一票难求的情况。高铁情况如此，机场、乘船等交通方式也是一样，在便利程度上，二三线城市与之相比并不会差多少。

第四，正方观点第3条中提到，北上广的空气质量差，空气环境问题突出，因此，逃离北上广到二三线城市也等于拥有了较为良好的空气质量。

（2）生活压力方面

第一，反方在第4、5、6条观点中提到，在北上广工作的发展前景好，能够锻炼个人能力，有利于精神成长。其实观察现在的北上广工作发展，很多人几乎都在过着天天加班、休息日难求的生活。北上广的薪资待遇和工作条件或许优于二三线城市，但工作压力却远远大于二三线城市。最近，我们能看到很多关于员工过劳引发疾病甚至因压力过大而自杀的新闻。健康的身体和心理是一切事物的前提，如果连身心健康都不能保证，薪资待遇和发展前景等就是无稽之谈。

第二，如今，许多人毕业后都努力挤进北上广这些城市，导致城市供应的工作量远不如工作的需求量，工作竞争越来越激烈，许多刚刚踏入北上广的人只能拿着和二三线城市相同的基础工资，却忍受着极高的消费水平，入不敷出的日子在北上广极为常见。正如正方第4条观点所说，现今许多二三线城市也在逐步发展，正是需要有志向、有工作能力的青年的时刻。在二三线城市工作也和在北上广工作一样，既能得到个人能力的成长，又有利于精神成长。所以，我们为何不选择在工作压力相对正常，消费水平不那么高的二三线城市生活呢？

结　论

经过正反正论证，本小组认为虽然在大城市生活有优越的教育医疗条件，工作前景和待遇良好，但北上广过高的消费水平和生活工作压力导致在一线城市生活已经不是一件易事。正在崛起的二三线城市正需要我们这样的新生力量去建设，适宜的生活环境既能锻炼工作能力，又能提高生活幸福度。因此，本小组的结论为"逃离北上广"才是正确的选择。

参考文献：

[1] 王帆. 14个"双万"城市医疗资源比拼：郑州执业医师5年增加85%，北上广百强医院占半壁江山[N]. 21世纪经济报道，2021-11-24.

[2] 刘英团. 梦想不会因"逃离北上广"而沉寂[N]. 社会科学Ⅱ辑，2016-07-05.

[3] 叶祝颐. "六千元月薪"不应成为"纸面富贵"[J]. 中国就业，2016（03）.

教师评语

坚守还是逃离北上广？这的确是个问题。对于该问题，不同的人由于生活体验不同，工作感受不同，会给出不同的看法。见仁见智，各有道理。

对于这组同学而言，他们目前正处于大二第二学期。在北京上大学已有两年的时间，对北京的生活环境有一定感知，对在此工作的节奏也有所耳闻。还有两年时间他们就要毕业，是选择留在北京，还是回到家乡，抑或选择到其他某个城市工作，我想这些想法平时会不经意地出现在他们的脑海。这份作业推动了他们对这一问题的思考。通过小组几个同学的头脑风暴和更加全面的分析，会将他们平时的零星、点滴思考串联起来，对未来的工作选择逐步形成更为清晰的认识和观点。

在论证及反证环节，该组同学分别给出了4条、6条论据来支撑相应的观点，论据比较丰富，论证比较充分。特别值得称赞的是该报告的评估部分。在此处，他们首先概要总结了正反两方面的论据，而且通过"生活环境、生活压力"两个方面进行了详细比较和分析，并得出了结论。可以说，他们得出的结论是自然的、符合逻辑的；结论和证据亦具有良好的对称性。

总体来说，该报告呈现的内容逻辑清晰、结构完整、文笔较为流畅、表达正确，质量较好。

（点评教师：郑丽）

我在大城市有一份喜欢的工作，但父母逼我回家，我要不要妥协？

会计 1901　董思瑜　董天娇　张雅涵　李红丽

摘要：我在大城市有一份喜欢的工作，但父母逼我回家，我是否应该妥协？面对这个现实的问题，我们将以需要做出妥协为正方观点，以不能妥协为反方观点，展开进一步的讨论。面对两代人的观点碰撞，我们应该认真思考怎样在两种选择中找到适合自己的决定，达到两者之间的平衡。

关键词：工作能力；大城市工作；回家；妥协；父母

引　言

我们现在很多人都面临着这样一种尴尬：我们努力逐梦在父母眼中是漂泊不定的同义词，父母唠叨的安稳在我们价值观中会与青春的坟墓画上等号。因为成长的时代背景不同，我们之间早已渐行渐远。小的时候父母告诉我们要好好读书，不然没有好的出路；如今自己好不容易来到大城市打拼，父母又觉得我们是在折腾，不断唠叨着让我们回去。小的时候反复告诉我们要出众、要力争上游，要成为人群中最耀眼的存在；长大以后又按照世俗的标准希望我们过上最普通的生活，泯然众人。当父母提出想让我们回到家乡工作，常陪伴在父母身边，然而这与我们想在大城市做一份喜欢的工作，追求自己的梦想相违背。我们应该如何选择，我们应该听从父母的意见吗？围绕这个话题，我们展开论证。

1. 问题定义

1.1 问题背景

现在越来越多的同学毕业之后会选择去北上广这样的大城市闯一闯，去实现自己的人生理想，让自己的青春绽放光彩。如果我在大城市找到了一份喜欢的工作，但远离父母，父母不同意，逼我回家，我要不要妥协？

1.2 概念界定

"我"是一名刚刚大学毕业的大学生，来自一个普通的小城市家庭，不是富二代，家里没"矿"。

2. 正方观点

我在大城市有一份喜欢的工作，但父母逼我回家，我要妥协。

2.1 论证分析一

我要妥协，因为喜欢的工作未必适合自己，可能不稳定。做自己喜欢的工作却要离开家乡，远离父母。我们可能还会面临着天价房租等问题，自己的压力会攀升，再加上没有父母的陪伴，自己一个人孤苦伶仃，更显惆怅。这时候如果我们向父母妥协，回到了父母身边，考个公务员，工作稳定，压力小，薪酬和待遇也比较客观。这时我们还可以陪伴和照顾父母。

假言推理（否定后件）：

如果我们选择远离父母去大城市做自己喜欢的工作，那我们的工作就可能不稳定；

我们要工作稳定；

所以，我们要回到父母身边。

2.2 论证分析二

我要妥协，因为不管身处何处都能找到自己喜欢的工作，实现自己的人生理想。虽然现在我在大城市找到了喜欢的工作，我回到父母身边也一定能找到自己喜欢的工作，实现自己的人生理想。不管我在哪个城市，我都能找到自己喜欢的工作，实现自己的理想，并非只是留在大城市。

三段论：

大前提：不管身处何处都能找到自己喜欢的工作，实现自己的理想；

小前提：我回到父母身边；

结论：我能找到自己喜欢的工作，实现自己的理想。

2.3 论证分析三

父母是最可靠的引导者。我们从出生到牙牙学语，到开始读书，毕业，再到步入社会，结婚成家，这一路父母都陪伴、引导着，以他们的人生阅历来引导我们的人生。回到父母身边工作，父母在工作上的经验可以随时给我们分享，并给我们引导。

因果推理：因为父母是最可靠的引导者，所以回到父母身边工作，父母能够给我们引导。

2.4 论证分析四

我要妥协，因为毕业以后回到父母身边工作，占尽天时地利人和的条件。一个人想成功，这三个条件必不可少。在父母身边，也就是回到生我养我的地方，是我再熟悉不过的地方。我们的小伙伴、亲戚都在周围，我们有什么创意，事业上碰到什么困惑都可以和他们商讨，或想对策、出计谋。

假言推理：肯定前件。

如果毕业以后回到父母身边工作，我们就能占尽天时地利人和的条件；

我毕业以后回到父母身边工作；

我能占尽天时地利人和的条件。

2.5 论证分析五

我要妥协，因为羊有跪乳之情，鸦有反哺之义，人应有尽孝之念。莫等到欲尽孝而亲不在，终留下人生的一大遗憾，要想将来不后悔莫及，现在就要从身边的小事去感恩父母，回报父母。安详原来工作时的月薪一万元，还不包括奖金，但是当他得知母亲患上脑血栓并且情况逐渐恶化的时候，安详迅速和老板说明情况，很快办理了辞职手续。他说："如果我不辞职，这些年确实会赚不少钱，但是万一娘没了，那就永远没了，我想我会更后悔。"另外，朱寿昌苦苦寻找生母数十年，后来连官位都辞去，发誓找不到母亲就不回家。最后成功找到母亲，当时母亲已经七十多岁，早已另外成家，生育数子。朱寿昌视他们为自己的亲生兄弟，连同母亲一同接回去抚养。所以当我在大城市有一份喜欢的工作，但父母逼我回家时，我会妥协，我会回到父母身边，尽自己的孝心。

类比推理：

羊有跪乳之情；

鸦有反哺之义；

人应有尽孝之念。

2.6 论证分析六

古语说"百善孝为先"。失去了一份在大城市喜欢的工作，只是暂时的，未来还可以再换一个更喜欢的工作。你在长大，而父母在逐渐老去，没有谁能陪谁一辈子。因此有些爱要及时报答，有些话要趁早说，时间是不等人的。不要等到失去了才追悔莫及，子欲养而亲不待是一件多么残酷的事情。

因果推理：因为时间不等人，尽孝禁不起等待，所以我们孝敬父母要趁早。

3. 反方观点

我在大城市有一份喜欢的工作，但父母逼我回家，我不要妥协。

3.1 论证分析一

如果放弃了在大城市就职自己喜欢的工作的机会，不仅违背了自己想在大城市发展的初衷，而且回到家后很难再有机会找到比这份工作更喜欢的工作。首先，当初看中了大城市里这份喜欢的工作，一定是想要留在大城市里闯出自己的一片天地。因为到大城市一定是要到自己的家乡之外的地方去长见识、寻发展的，大城市比家乡的发展机会多，而且也更能跟随时代的发展，能让自己有更多的渠道去实现自己的理想。其次，机会不是每时每刻都有、随时随地都等着你的。终于有一个宝贵的机会在你面前，可以满足自己的要求、实现自己的理想的时候，如果放弃了，回到家乡之后，不仅要重新开始寻找符合你要求的工作，而且没有了大城市的发展条件，寻找的工作很可能都没有这个自己喜欢的工作更加合适。白白地放过这次好的机会，回家找一个不确定的未来，很不值得也很不划算。

因果推理：因为一旦选择妥协，就相当于放弃了在大城市发展的机会和想法，并且要再去找一个不能确定自己是否喜欢的工作，因此，不能向父母妥协回家。

3.2 论证分析二

要活出自己的想法，不能对父母唯命是从，如果这次对父母的要求选择妥协，以后父母也会在别的人生选择上让你妥协。既然当初想法是在大城市谋求发展，就要坚持自己的想法，不能因为父母的一句话而妥协，这样父母习惯了让你妥协之后，在以后的人生选择上，例如以后的爱情、婚姻和以后的人生上，父母都会干涉你，你都没有办法去坚持自己的想法，人生就这么被父母给安排好了。

假言推理：

如果这次对父母的要求妥协，那么对父母其他的要求也会妥协；

我这次对父母的要求妥协了；

所以我对父母其他的要求也会妥协。

3.3 论证分析三

有很多人也因为留在大城市工作而过上了更好的生活。选择在大城市的人或多或少都获得了成功，而这种成功不仅仅是关于物质生活水平上的，在精神层面，他们会受到周围环境的熏陶，自身的文化素质得到提高。大城市相比中小城市有更完善的基础设施、更好的工作环境，同时也有更大的发展空间，这些优势成为人们选择来到大城市的理由。人们在大城市打拼，通过自己的劳动在大城市中立足，一步一步坚定自己的选择，在陌生却又熟悉的城市追赶自己的梦想。也许事不如人愿，途中会遇到很多挫折，但是只要拼搏过，只要努力过，你必然会有所收获。所以你如果选择在大城市中工作，那么你的生活终将变得更好。

三段论：

大前提：选择在大城市工作的人更容易过上更好的生活；

小前提：选择在大城市工作；

结论：生活会更好。

3.4 论证分析四

俗话说：好男儿志在四方，要不甘于平庸，敢于走出自己的舒适区。是选择在大城市做着自己喜欢的工作，还是听父母的话，回到家乡工作？很多人会选择在大城市打拼，因为他们不想放弃在大城市发展的机会，想为自己的未来寻找更光明的道路。没错，一个人最好的年纪就是二三十岁这个阶段，这个时候的我们青春洋溢，有着十足的冲劲，而且父母的身体状况都还好。如果我们选择回到家乡，每天在自己从小长大的地方，可能还做着一份平凡的工作，也会觉得枯燥吧。没有人是甘于平庸的，走出舒适圈，领略不同的风景，才能获得更大的成就，才能让自己的生活更加有意义。"会当凌绝顶，一览众山小。"我们不能只拘泥于一个地方，多看看别的地方，有些东西只有自己经历过了，才能明白其中的感受。

因果推理：因为我们不能甘于平庸，需要走出舒适区，去实现自己人生的远大志向，所以选择不妥协，留在大城市工作。

4. 评估和结论

4.1 对上述正反论证的比较和评估

正方应该妥协的观点主要是：①喜欢的工作未必适合自己，可能不稳定；②不管身处何处都能找到自己喜欢的工作，实现自己的人生理想；③父母是最可靠的引导者；④毕业以后回到父母身边工作，占尽天时地利人和的条件；

⑤人应有尽孝之念；⑥时间不等人，尽孝禁不起等待，所以我们孝敬父母要趁早。

反方不应该妥协的观点主要是：①放弃在大城市喜欢的工作，违背了自己想在大城市发展的初衷，并且很难再找到更好的工作；②要活出自己的想法，不能对父母唯命是从，如果这次选择妥协，以后父母也会在别的人生选择上让你妥协；③有很多人也因为留在大城市工作而过上了更好的生活；④俗话说：好男儿志在四方，要不甘于平庸，敢于走出自己的舒适区。

比较来看，正方首先在工作的适合度方面做了较为详细的论证分析，工作喜欢但不稳定，换句话说也就是工作稳定比去冒险要靠谱，剑走偏锋不如稳中求进。稳定的工作意味着一种抗风险能力，它能够给人生的下限托底，在这个基础上再去谈梦想，会更靠谱。反方第一个观点恰恰与此相反，认为机会失去了就很难再找到了。二者综合来看，反方观点较弱，因为是金子在哪都能发光，不在乎城市的发展条件如何。其次正方对父母方面进行分析，父母是引路人，他们永远不会害你，他们所要求的都是长远对你一生受益的事情。反方第二个观点提出不能对父母的话唯命是从，自己做出选择，自己做主。针对这一点综合来看，反方更有理，面对孩子的人生，应当给予他选择的自由，不是帮孩子选择，更不是无条件支持孩子的任何选择。最后，正方举出一个特例强化立场，如果父母让自己回家的理由是因为父母生病了，单从这一方面，做儿女的应当放弃工作回到父母身边，好好孝顺他们，因为工作没了还可以再找，人走了就再也回不来了。并在文中举出了两个真实案例。对此反方没有举出例子强化观点，而是继续表明应当不甘于平庸，继续拼搏，在大城市过更好的生活。

4.2 图尔敏模型

理由：喜欢的工作未必适合自己，大城市的工作可能不稳定；不管身处何处都能找到自己喜欢的工作；父母能在工作上给我们引导；回到父母身边工作，能占尽天时地利人和的条件；孝敬父母要趁早；人应有尽孝之念

限定：刚毕业的大学生，发生在普通家庭中

结论：我在大城市有一份喜欢的工作，但父母逼我回家，我要妥协

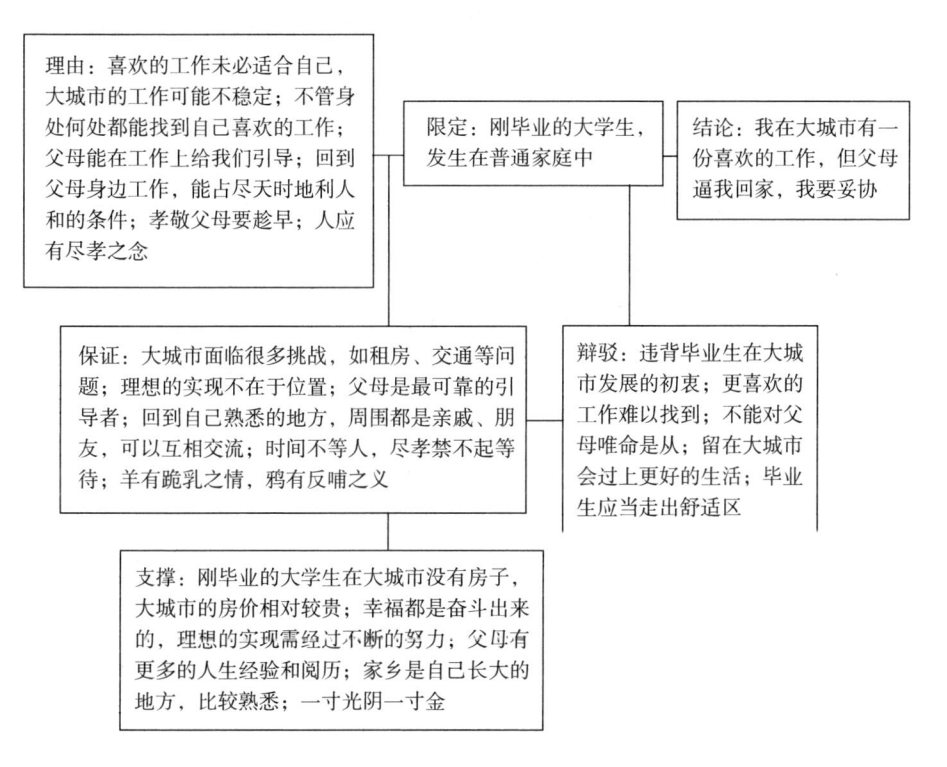

保证：大城市面临很多挑战，如租房、交通等问题；理想的实现不在于位置；父母是最可靠的引导者；回到自己熟悉的地方，周围都是亲戚、朋友，可以互相交流；时间不等人，尽孝禁不起等待；羊有跪乳之情，鸦有反哺之义

辩驳：违背毕业生在大城市发展的初衷；更喜欢的工作难以找到；不能对父母唯命是从；留在大城市会过上更好的生活；毕业生应当走出舒适区

支撑：刚毕业的大学生在大城市没有房子，大城市的房价相对较贵；幸福都是奋斗出来的，理想的实现需经过不断的努力；父母有更多的人生经验和阅历；家乡是自己长大的地方，比较熟悉；一寸光阴一寸金

图7 图尔敏模型

结　论

　　我觉得这其实是两代人价值观的碰撞，因为回去工作的背后代表着父母想你过怎样的生活，我还是觉得要自己选择，人只有一生，不要后悔把自己的生活交给了别人选择。这个选题我很喜欢，尤其对于刚刚毕业的大学生来讲，是要找一份自己满意的工作还是要回家守在父母身边，真的挺难抉择的！但是我还是觉得，人啊，有时候为了亲情牺牲一下自己的利益也是应该的！"妥协"二字的珍贵之处不在于我们让步了什么，而是在于我们珍惜了什么，理想和现实之间不一定是非此即彼，我们应该在其中找到一种平衡。我选择妥协，不在于让步了什么，而在于我更加珍惜亲情。作为儿女最怕子

欲养而亲不待，只要是金子在哪都能发光！不一定陪在爸妈身边就不能找到心满意足的工作，经过时间岁月的沉淀，一定也可以实现自己的人生价值！

参考文献：

[1] 林海鹰.论传统文化之孝敬父母[J].国际公关，2019（06）：263-264.

[2] 徐文.孝顺与责任[J].参花（中），2020（11）：1.

[3] 卫红霞.要想实现梦想必须学会坚持[J].班组天地，2021（01）：110-111.

[4] 张天华，曲珊.大学生理想信念教育的实现路径[J].辽宁工业大学学报（社会科学版），2021，23（02）：96-98+114.

[5] 杨鑫宇.去大城市读大学不是对乡情的"背叛"[J].中学生阅读（高中版）（上半月），2020（10）：7-8.

[6] 汪向北.父母在身边，就是一生中最好的日子[J].女友（校园），2021（02）：74.

[7] 马亚伟.陪伴父母的三种境界[J].保健医苑，2020（05）：47.

教师评语

该组学生作业以"我在大城市有一份喜欢的工作，但父母逼我回家，我要不要妥协"为主题进行正反正推理与论证分析，选题方面充分切合了当今热点话题，具有一定的思考性。知识点熟练，方法应用自如。能够灵活运用批判性思维理论，清晰、恰当明确问题背景、表明立场，同时对所持正面和反面立场，共列举10个论证和理由来进行支持和充分论证，每个论证前提和推理的运用正确、有效，并能够使用具有一定可靠性的信息及其来源加以解释和评价。最后通过图尔敏模型对上述正反论证进行合理比较和充分评估，结论和证据具有良好的对称性。该组作业整体论证逻辑清晰，呈现内容完整、文笔流畅、格式规范，文中所引用的数据或资料均有完整、正确的参考文献予以支持。

（点评教师：刘宇涵）

作为来自小城市的普通大学毕业生，是选择大城床还是小城房？

会计1901　刘懿丹　李馥芸　苗雨荷　许芳铱

摘要： 本文就"作为来自小城市的普通大学毕业生，是选择大城床还是小城房"为主题进行分析讨论，并将"大城床"与"小城房"的利弊作为论点列出，分析过程中看到并不一定是"大城床"好或是"小城房"不好。

关键词： 大城床；小城房；普通大学毕业生

引　言

近年来，毕业生每年递增，随着又一年毕业季的到来，让不少来自小城市的普通大学准毕业生面临着一个问题：究竟是回家发展谋出路，还是向着大城市趁着年轻干劲儿足闯荡一番？本文就此问题展开描述，分别从两方面进行探讨，并且分析利弊，最终得出结论。

1. 问题定义及立场阐述

1.1 问题背景

本组论题是"作为来自小城市的普通大学毕业生，是选择大城床还是小城房"。这一问题的限定条件是普通大学毕业生，绝非是家里"有矿"的富二代或者官二代、星二代等富家子弟。该条件的定语是来自小城市，这里的小城市指的并非是一线城市，而是除了北上广深等的二三四线城市。因为经本组讨论后认为：若在大城市有产权房，子女在毕业后无须为居住问题担忧。

"到不了的地方叫远方，回不去的地方叫家乡"，道出了大部分在外打拼的年轻人的无奈心声。每年一到招聘季就会有无数年轻人怀揣着对大城市的憧憬与向往，穿梭于大城市的车水马龙。对于大部分的年轻人来讲，"大城的床、小城的房"是一个艰难的选择。一些人为理想为抱负，他们选择背井离乡只身跳进大城市的洪流中；而一些人为家乡情怀为亲友生活，选择留在了小城市但也实现了自己的价值。

1.2 概念界定

限定条件：出生在小城市的普通大学毕业生，需要通过自身努力来换取对应的劳动报酬后享用物质生活，并非家庭给予或继承。

大城床：当来自小城市的普通大学毕业生在大城市辛苦奔波工作后的收入仅仅可以支付起与他人合租的一个房间里的一张床铺租金，故称之为"大城床"，也指的是需要更加努力才能换取相对体面的生活。

小城房：来自小城市的普通大学毕业生在某地学有所成后，在某非一线城市工作后的收入（与同期走向社会朝着大城市奋斗的学生相比相同水平收入）完全可以拥有体面生活以及支付起某小区的精装房，故称之为"小城房"，也指正常上班通勤即可获得物质较好的生活。

"大城床"与"小城房"的区别在于大城床仅仅可以支付得起与他人合租的一个房间里的一张床铺的租金，区别于小城房的舒适宽敞，也区别于小城房的闲适生活而需要更多努力和奋斗。而小城房是指除了完全可以拥有和大城床一样体面的生活外，还能拥有大城床支付不起的某小区的精装房或较大的独立空间。

1.3 论点陈述

正方：作为来自小城市的普通大学毕业生，应当选择大城床。

论点一：大城市让我们认识更多的优秀的人才，形成竞争，使我们奋斗的目标更为坚定明确，从而激发斗志、有拼搏的动力，以此获得更大的上升空间，同时培养我们更广阔的视野。

论点二：大城市拥有更丰富优质的社会资源。

论点三：到大城市打拼有试错机会。

反方：作为来自小城市的普通大学毕业生，应当选择小城房。

论点一：留在小城市能感受人间烟火、享受生活，能与家人团圆、减少留守儿童、照顾父母家人，幸福指数与生活质量容易提升。

论点二：留在小城市或家乡能为建设新农村、为家乡发展建设贡献自己的力量，在小城市就能实现个人价值。

论点三：当下社会整体发展带动小城市也在不断发展，加之2020年全面建成小康社会的国家目标初步实现，小城市逐步向大城市靠拢。

综上所述，大城床与小城房各有优点，因为每个人有着不同的追求以及理想，所以每个人会选择在不同的地域实现自身价值，从而达成个人预期目标。

2. 正方观点

作为来自小城市的普通大学毕业生，应当选择大城床。

2.1 论证分析一

2.1.1 论点一

大城市让我们认识更多的优秀人才，形成竞争，使我们奋斗的目标更为坚定明确，从而激发斗志、有拼搏的动力，以此获得更大的上升空间，同时培养我们更广阔的视野。同时，大城市有更多的机遇和施展自己才华的平台，工作薪酬普遍也比小城市高。

2.1.2 论据一及推理一

论据一：京东前CEO刘强东说："对于我来讲，上什么学校不重要，我一定要去中国最大的都市上学，那年高考我所有的志愿只报了两个城市：北京和上海。因为我坚信在那儿我可以站得更高，我可以看得更远，走得更远。"刘强东小时候在农村生活，条件艰苦，到县城见到电灯都会感到惊喜。他考上中学时曾独自去南京，第一次见识了大城市的繁华，从而深刻意识到了自己学习和奋斗的意义。人生只有一次，"愿做出海蛟龙，不做南河刀鳅"，他不想过父辈那种一眼望到头的人生。后来刘强东对家里人和公司员工，都强调见世面、开眼界的重要性。

推理一：运用归纳推理的推理方式来分析，刘强东来自小城市，他明确要去大城市奋斗打拼的目标，并且为之拼搏和艰苦地付出。他在中国人民大学学习了很多先进的知识和技能,这些都是他在老家那个贫穷落后的小城市根本无法学到的。他纵然有一身才华,如果只是选择在小城市生活一辈子的话,他根本遇不到这些能够施展自己才华的平台,也接触不到他创业所需的资源。换句话说,如果刘强东当时只是选择在老家宿迁那座小城市安安稳稳度过一生,没有来大城市学习各种先进知识,比如他在大学期间刻苦掌握的电脑编程的技能,就不会有他拿着1.2万元积蓄赶赴中关村,租了一个小柜台售卖刻录机和光碟的行为,更不会有后来的京东商城,他也无法取得今天的巨大成就。因此,刚毕业的大学毕业生如果想要继续深造,挑战自我,尽情施展自己的才华能力的话,选择去大城市拼搏一番,会受益匪浅,是非常宝贵的人生经历。综上所述,应该选择"大城床"。

2.1.3 论据二及推理二

论据二:根据表3的人才吸引力指数,2019年上海、深圳、北京位居前三名,上海连续三年位居第一,广州、杭州、南京、成都、济南、苏州、天津位居前十。据图8中的梧桐果数据显示,2019年,在我国31个省(市、区)中,北京市高校毕业生的平均岗位薪酬为7750元,领跑全国,上海则以7624元的平均岗位薪酬排名第二。北京、上海两地的毕业生岗位薪酬排名位居前列与其优越的地域属性分不开,集我国政治中心、文化中心、经济中心于一体的京沪地区,经济发展一直处于国内领先水平,会聚全国各地的人才与资源优势,经济发展势头强劲,因此该地毕业生岗位薪酬也较为可观;广东毕业生平均岗位薪酬为6854元,排名第三,作为我国南部对外开放的窗口,广东经济发展起步早,经济基础雄厚,深圳、珠海等地高科技产业园基地汇聚,科技发达,发展动力十足,岗位薪酬及福利体系完善,因此成为诸多应届毕业生实现自身发展的优选之地。

推理二:运用演绎推理方式,大前提是在相同的岗位上,去大城市工作的大学毕业生薪酬普遍比小城市高,小前提是你想去赚更多的钱,结论是你毕业后要去大城市工作。通过上述列举的数据来看,在北京、上海、广州、深圳等大城市中,大学毕业生在这些地方的工资在全国范围内是非常高的,尤其是北京和上海的工资要遥遥领先于其他城市。因此,想要赚更多工资的大学毕业生，应该选择"大城床"。

表3　2019年最具人才吸引力城市100强

排序	城市	人才吸引力指数	排序	城市	人才吸引力指数	排序	城市	人才吸引力指数	排序	城市	人才吸引力指数
1	上海	100.0	26	宁波	19.5	51	湖州	6.9	76	眉山	4.2
2	深圳	85.3	27	大连	13.9	52	威海	6.9	77	哈尔滨	4.2
3	北京	78.7	28	廊坊	13.7	53	绍兴	6.7	78	衡水	4.2
4	广州	75.1	29	昆明	13.5	54	乌鲁木齐	6.4	79	许昌	4.1
5	杭州	69.5	30	惠州	12.6	55	镇江	6.3	80	德州	4.1
6	南京	53.2	31	南昌	12.6	56	洛阳	6.3	81	遵义	4.1
7	成都	46.9	32	太原	11.3	57	三亚	6.1	82	拉萨	4.0
8	济南	39.4	33	贵阳	11.2	58	唐山	6.0	83	邢台	3.9
9	苏州	37.3	34	沈阳	10.9	59	张家口	5.4	84	济宁	3.9
10	天津	35.9	35	嘉兴	10.6	60	泉州	5.2	85	江门	3.8
11	重庆	33.4	36	南通	10.3	61	芜湖	5.2	86	西宁	3.8
12	武汉	32.9	37	中山	10.1	62	新乡	5.2	87	晋中	3.7
13	郑州	31.6	38	温州	10.0	63	开封	5.2	88	连云港	3.7
14	西安	29.9	39	保定	9.9	64	台州	5.1	89	泸州	3.7
15	东莞	29.6	40	徐州	9.6	65	咸阳	5.0	90	银川	3.6
16	青岛	28.5	41	潍坊	9.3	66	淄博	4.9	91	菏泽	3.5
17	佛山	25.3	42	烟台	9.1	67	秦皇岛	4.8	92	清远	3.5
18	长沙	24.8	43	南宁	8.7	68	绵阳	4.7	93	肇庆	3.5
19	无锡	24.2	44	扬州	8.1	69	株洲	4.7	94	日照	3.4
20	合肥	22.1	45	长春	7.9	70	盐城	4.6	95	宜宾	3.4
21	厦门	20.8	46	呼和浩特	7.9	71	渭南	4.5	96	邯郸	3.4
22	宁波	19.5	47	海口	7.4	72	宿迁	4.4	97	湛江	3.3
23	石家庄	18.9	48	金华	7.1	73	泰州	4.3	98	周口	3.3
24	珠海	16.0	449	临沂	7.1	74	沧州	4.3	99	上饶	3.3
25	福州	15.2	50	兰州	6.9	75	淮安	4.3	100		

资料来源：智联招聘，泽平宏观。

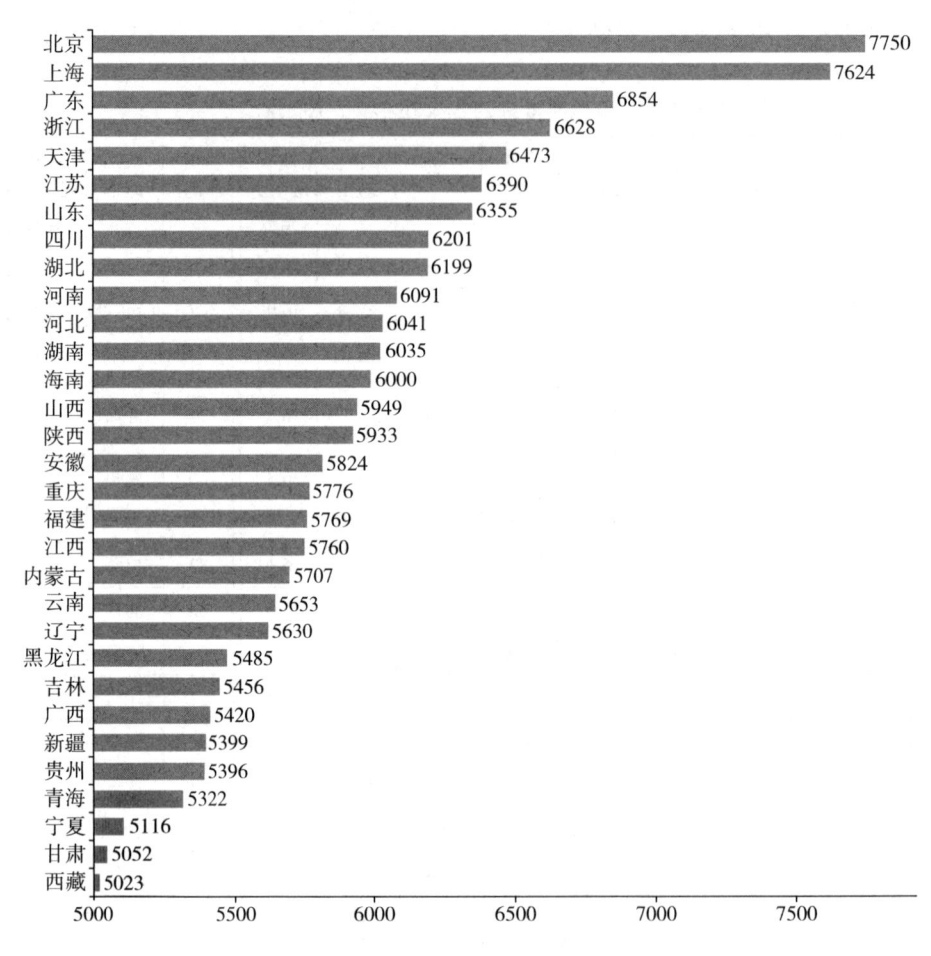

省份	薪酬
北京	7750
上海	7624
广东	6854
浙江	6628
天津	6473
江苏	6390
山东	6355
四川	6201
湖北	6199
河南	6091
河北	6041
湖南	6035
海南	6000
山西	5949
陕西	5933
安徽	5824
重庆	5776
福建	5769
江西	5760
内蒙古	5707
云南	5653
辽宁	5630
黑龙江	5485
吉林	5456
广西	5420
新疆	5399
贵州	5396
青海	5322
宁夏	5116
甘肃	5052
西藏	5023

图8　2019届中国高校毕业生岗位薪酬省份排名

2.2 论证分析二

2.2.1 论点二

大城市比小城市拥有更丰富优质的社会资源。

2.2.2 论据及推理

论据：大城市教育、医疗资源丰富，基础设施完善。北上广等一线城市垄断着相关产业设计、金融与高层管理资源。截至2021年4月底，A股上市公司数量最多的城市是北京，有390家，其次是上海和深圳，分别有351家和148家。无论A股、港股还是美股，北京的上市公司数量都高居全国第一。

"央企大本营"——北京，是世界500强公司的聚集地，共有56家公司上榜，占总数的43%。比如：国家电网、中国石化、中国石油、工商银行、建设银行等，他们的总部都设立在北京；互联网巨头公司——腾讯，总部设立在深圳。

综合表4的"城市医疗资源排行（三甲医院10家以上）"可以看出：国内优质医疗资源主要集中在北上广和省会城市，与我们前文提到的"大城市比小城市拥有更丰富的社会资源"相吻合。北上广的城市医疗资源（包括三甲医院数量、执业医生、医疗机构病床数量）在全国所有城市中排名前三。

推理：通过类比推理的方式，在大城市能够获得丰富的社会资源，所以如果小城市的医院没有足够的医疗资源来治好你的疾病，就要去大城市的医院接受治疗。但是如果你就在大城市打拼生活，生病就不用出城这么麻烦，直接就近接受治疗即可，而且还能够享受到大城市的一些医疗优惠等。通过数据足以推断出：大城市的医疗资源比小城市的医疗资源更加丰富、优质。此外，很多企业要转型向金融发展时，就很倾向于将总部搬迁到北京。或者这家公司有融资等需求时，也会主动将总部搬迁到北京。行业也从重视政府资源到更重视资本，所以，这些企业搬到北京，都是冲着北京的资本而来。相比其他城市，北京拥有更加成熟的商业合作环境。外资跨国企业的入驻涉及大量的专业服务问题，而北京聚集了国际一流的咨询、会计、律师事务所、认证机构和人力资源等专业服务机构。这些配套衔接的乙方服务使得跨国公司能更方便地在内地开展业务。

表4 城市医疗资源排行（三甲医院10家以上）

城市	三甲医院数量	执业医生（人）	医疗机构病床数量（张）
北京	78	101 000	118 000
上海	66	65 500	127 385
广州	62	47 000	88 000
天津	49	61 800	65 800
沈阳	41	24 850	63 908
西安	41	27 900	56 300

城市	三甲医院数量	执业医生（人）	医疗机构病床数量(张)
南京	38	25 300	49 900
哈尔滨	38	24 000	71 000
武汉	36	34 684	87 408
郑州	35	33 000	81 000
太原	32	20 835	37 897
成都	29	55 000	121 000
济南	28	34 400	52 100
长春	27	21 799	48 700
重庆	27	64 700	190 900
长沙	24	27 300	73 100
福州	24	18 841	33 877
石家庄	24	31 781	53 357
昆明	22	26 000	57 800
青岛	21	28 000	51 000
乌鲁木齐	20	14 400	29 400
杭州	20	38 200	67 700
南昌	18	13 139	30 739
合肥	18	19 000	44 900
大连（2015）	17	22 009	42 854
深圳	16	30 940	41 512
贵阳	15	15 834	32 924
兰州	15	7900	22 400
南宁（2015）	15	20 028	41 055
呼和浩特	15	9461	17 596
西宁	11	7880	18 070

2.3 论证分析三

2.3.1 论点三

选择去大城市闯荡，就算最后失败了，还有退路，即在大城市打拼有试错机会。

2.3.2 论据及推理

论据：人都有趋利避害的本能，一个人想要实现梦想，当追梦失败也不会损失什么时，他不会就此放弃追逐自己的梦想，会考虑到符合自身能力或是更稳妥的地方继续追寻梦想。

推理：运用类比推理的方法，如果去大城市打拼是自己一直想要实现的梦想，同时如果失败也不会有什么损失，那么自己肯定会选择继续自己梦想的事业，因为自己还有其他选择的余地，即重新回到老家所在的小城市。小城市没有大城市竞争那么激烈，而且很多有潜力的小城市在其建设过程中人才紧缺。当从大城市的紧张繁忙的生活中逃离，回到小城市重新奋斗，从大城市带回来的热情依旧能支持他在新的事业上发光发热。并且从大城市打拼回来的人会有不一样的视野和见识，就算最终回到小城市工作，他们的做事视角和格局也会与众不同。

3. 反方观点

3.1 论证分析一

3.1.1 论点一

留在小城市或家乡能为建设新农村、为家乡发展建设贡献自己的力量，在小城市也能实现个人价值。

3.1.2 论据及论证

论据："十三五"期间，各级民政部门深入学习贯彻习近平总书记关于区划地名工作重要指示精神，优化城市设置，培育中小城市，着力构建以城市群为主体、大中小城市和小城镇协调发展的城镇化格局。选聘到村任职的高校毕业生，享受以下政策待遇：在村任职期间，工作、生活补贴及有关保险费用共计每人每年2.3万元，一次性安置费按每人2000元发放。对聘用期满、考核合格的"大学生村官"，报考硕士研究生初试总分加10分，同等条件下优先录取。

推理：运用类比推理，中国的复兴之路不仅要靠大城市的发展来推进，小城市的进程也十分重要，因此人生个人价值的体现不一定只存在于大城市中，在小城市中也能得到体现。在小城市的建设中个人价值体现不容忽视，中央网信办、国家发展改革委、国务院扶贫办联合印发的《网络扶贫行动计划》中也支持"大学生村官"和返乡大学生开展网络创业创新，返乡大学生通过使用自己学习到的知识在岗位上贡献自己的力量，这也是个人价值的体现，并不拘泥于在大城市中献力。

3.2 论证分析二

3.2.1 论点二

当下社会整体发展带动小城市也在不断发展，加之2020年全面建成小康社会国家目标的实现，小城市逐步向大城市靠拢。

3.2.2 论据及论证

论据：在《中共中央关于制定国民经济和社会发展第十四个五年规划和二〇三五年远景目标的建议》中，以推动区域协调发展为目标，健全区域战略统筹、市场一体化发展更好促进发达地区和欠发达地区、东中西部和东北地区共同发展。出台配套政策，落实重大改革举措。建立政策支持"直通车"制度和政策落地"绿色通道"，避免"资金、土地、人口"等政策空转。支持小城市基础设施建设，推进社会救济、养老、公共卫生等公共服务体系均衡发展。

推理：使用演绎推理，发现未来大城市与小城市终将归于一致。随着我国持续发展，在我国政策积极推动小城市发展中，小城市与大城市的差距逐渐缩小，在小城市转变为大城市的过程中，能够留在真正意义上的小城市的选择逐渐减少。大城床和小城房最明显的差别就是日常用度与生活压力，当小城市向大城市不断靠近，所追求的安稳自在的生活也将随之远去，应珍惜此刻还能在发展的强大冲击力下为我们带来一丝惬意的小城市，选择自己想要的生活。

3.3 论证分析三

3.3.1 论点三

留在小城市能感受人间烟火、享受生活，能与家人团圆、减少留守儿童、照顾父母家人，幸福指数与生活质量容易提升。

3.3.2 论据及推理

论据：有数据显示，截至2018年，中国1.67亿老人中，有一半过着"空巢"生活，子女由于工作、学习、结婚等原因离家后，独守"空巢"的中老年夫妇无人照料，权利得不到应有的保障。

推理：运用合情推理，推理得到选择小城房的人并非不愿在大城市拼搏出一片天地，而是在比较之下选择了家庭。上有老下有小一直是打工人身上沉甸甸的、难以言表的责任。多数毕业大学生外出打工最心痛的是没有尽到做儿女的责任，在父母需要照顾时却远在他方，选择大城床在一定意义上忽视了对亲人的照顾。与大城床不同的是小城房充满了幸福感，拥有着大城床无法获得的幸福感，远离喧嚣、亲近生活、享受生活，于人间烟火中觅一佳处，享人间风景至欢，享家人健康团圆，这也是对人生的追求。

4. 评估和结论

4.1 对上述正反论证的比较和评估

4.1.1 正反论证的比较

正方的观点是：作为来自小城市的普通大学毕业生，应当选择大城床。论点分别有大城市拥有我们需要的拼搏的机会、上升的空间以及广阔的视野；大城市拥有更丰富优质的资源；到大城市打拼有试错机会。

反方的观点是：作为来自小城市的普通大学毕业生，应当选择小城房。论点分别有留在小城市就能实现个人价值；当下社会整体不断发展，小城市逐步向大城市靠拢；留在小城市能享受生活、能与家人团圆，幸福指数与生活质量容易提升。

从双方论点来看，正方更符合当今社会"打工人"的概念。与反方选择留在小城市不同，正方更具有拼搏、闯荡的精神，希望能拥有社会最优质的资源来保障自己的生活，同时由于出身小城市，将回到家乡作为自己打拼失利的退路。而反方更符合当今年轻人"佛系"、崇尚自由的生活态度。与正方不同，反方更强调幸福感，赚到能养活自己和家人的钱、过自己的小日子，既能陪着家人又能干出自己的事业，同时小城市的生活环境和条件现如今与大城市相差不大，不需要因为生活不便而来到大城市。正反双方是截然不同的两种思想观念和生活态度，二者均有其可取之处，均能被拥有不同人生观和价值观的人们接受。

4.1.2 正反论证的评估

4.1.2.1 正方评估

对于论点一，大城市拥有我们需要的拼搏的机会、上升的空间以及广阔的视野，本组用刘强东和人才吸引力城市100强统计、毕业生岗位薪酬统计两个例子以归纳推理和演绎推理的方式进行论证。刘强东的成功以及在两组数据中稳居高位的北京、上海、广州、深圳等大城市的例子很好地论证了这一观点。

对于论点二，大城市拥有更丰富优质的资源，本组用北京上市公司数量庞大、企业众多的例子以及城市医疗资源的类比推理进行论述。同样，以北京为首的大城市不可撼动的经济中心地位以及数据中居于榜单前列的大中城市的三甲医院数量、执业医师数量、医疗床位数量都很好地说明大城市拥有更多优质资源，充分解释了应当选择大城市的原因。

对于论点三，到大城市打拼有试错机会，本组运用类比推理结合人的行为普遍特点进行论述。人们趋利避害的行为是公认的，而且是每个人都存在的，借此论述能证明大城市试错机会存在的论点成立。

4.1.2.2 反方评估

对于论点一，留在小城市就能实现个人价值，本组通过国家对"大学生村官"和返乡大学生的政策支持进行类比推理论述。这一论据有力地支持了在小城市、在家乡就能干出自己的事业，在小城市就能实现个人价值的论点。

对于论点二，当下社会整体不断发展，小城市逐步向大城市靠拢，本组通过演绎推理的方式借助国家发展目标远景规划进行论述。这些政策内容很好地说明了小城市的发展方向和发展蓝图，能充分解释小城市正在逐步向大城市靠拢的原因，使论点成立。

对于论点三，留在小城市能享受生活、能与家人团圆，幸福指数与生活质量容易提升。本组运用合情推理、通过现实生活真实存在的现象及问题进行了论述。这些问题都是当今社会普遍存在的社会问题，很多成功人士的家庭并不美满。由此，论点成立。

4.2 图尔敏模型

4.2.1 图尔敏模型

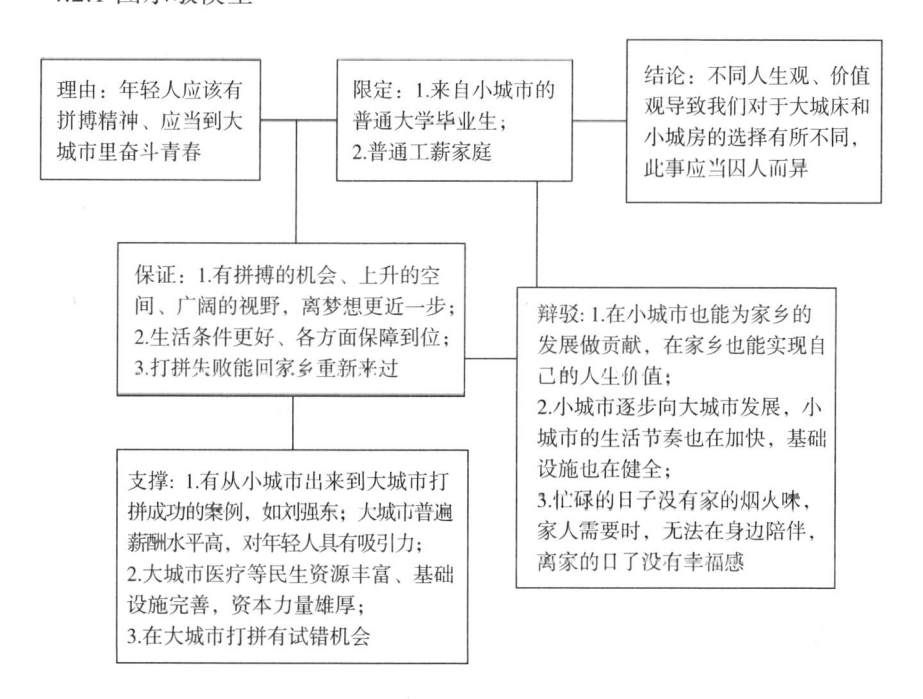

图9 图尔敏模型

4.2.2 图尔敏模型解释

都说年轻人应当有拼搏的精神，应当到更广阔的世界去闯荡、去奋斗，不负韶华。作为来自小城市的普通大学毕业生，到大城市打拼能有拼搏的机会、上升的平台、广阔的视野，能离梦想更近一些；大城市的各种设施保障都很齐全且技术先进，生活条件会比小城市更好；在大城市打拼失败或者由于其他原因回到家乡是我们的一条退路。但是，也会有许多人认为学有所成回到家乡也很好。例如，很多大学生都在毕业后回到家乡做"大学生村官"，带领家乡的人们提高生活水平、为小城市的发展建设做贡献；在他们的带领下，小城市也在逐步向大城市发展，政府也在帮助小城市建成完善保障体系。而离开家，也就无法照顾父母亲人、无法陪伴他们享受天伦之乐，少了家的幸福和温暖。每个人都有自己的路要走，每个人都有自己想要实现的人生理想。就如同有人希望在大城市立足赚更多的钱，就会有人想在学有所成后回报家乡。在这一问题上，我们持有不同的态度，就无法让所有人达成同一想法。

在我们小组讨论的过程中，我们从始至终都未能达成正反某一方的共识。而且，组内大部分成员都持有应当先在大城市打拼积累人生阅历和经验，在需要组建家庭、需要照顾父母的时候再回到家乡的观点。

4.3 结论

对于"作为来自小城市的普通大学毕业生，是选择大城床还是小城房"这一问题，我们无法给出确切的答案。不管是大城床还是小城房，各有各的优点，当然也各有各的缺点。我们到底选择哪一个，要取决于我们的人生观、价值观，还有我们的家庭环境以及生活带来的难以预料的变化。作为来自小城市的普通大学毕业生，是选择大城床还是小城房应当因人而异。

教师评语

该组学生作业以"作为来自小城市的普通大学毕业生，是选择大城床还是小城房"为主题进行正反正推理与论证分析，以当今社会热点话题作为选题，具有一定的社会价值和研究意义。该组学生能够熟练运用知识点，灵活运用研究方法，做到有理有据，论证充分、全面。能够灵活运用批判性思维理论，清晰、恰当明确问题背景、表明立场，同时对所持正面和反面立场，分别列举三个论证和理由来进行支持和论证充分。正面立场是：大城市有更多的机遇和施展自己才华的平台，工作薪酬普遍也比小城市高；大城市比小城市拥有更丰富优质的社会资源；在大城市打拼有试错机会。反面立场是：留在小城市或家乡能为建设新农村、为家乡发展建设贡献自己的力量，在小城市也能实现个人价值；当下社会整体发展带动小城市也在不断发展；留在小城市能感受人间烟火、享受生活，能与家人团圆、减少留守儿童、照顾父母家人，幸福指数与生活质量容易提升。正反面的每个论证前提和推理的运用正确、有效，并能够使用具有一定可靠性的信息及其来源加以解释和评价。最后通过图尔敏模型对上述正反论证进行合理比较和充分评估，结论和证据具有良好的对称性。该组作业整体论证逻辑清晰，呈现内容完整、文笔流畅、格式规范。

（点评教师：刘宇涵）

对"借"来的荣誉勇敢 SAY NO

——公平是每个人心中的那杆秤

会计 1802　唐琛　李葡　吴霁瑶

摘要： 我们对"在体育比赛中，是否可以从邻班借几个同学以提高本班的比赛成绩"以及"是选择隐瞒还是如实陈述"进行了深刻讨论，通过运用正—反—正的论证法进行了详尽的分析，坚决提倡理性思考，遵守规章制度，要学会把握量尺，以免有失公平。"为国争光、无私奉献、遵纪守法、团结协作、顽强拼搏"，获得真正属于自己的荣耀。

关键词： 公平原则；体育精神；规则；公平；诚信

引　言

在一次全院性的体育比赛中，我们班成绩不错，但是一位评委随口问了参赛的一名学生："你们都是来自同一个班级吗？""不是，有几个同学是从邻班借来的。"这个同学无意中的回答却导致班级在获奖名单中落选。其原因是不符合比赛由同一个班学生组成的要求，事后全班同学都责怪这个同学，这个同学也十分自责，认为自己给集体抹了黑。

这个同学当时应该隐瞒真相还是如实陈述？如果是你，你也会十分自责，认为自己给集体抹黑了吗？

结合上述案例，围绕"在体育比赛中，是否可以从邻班借几个学生以提高本班的比赛成绩？你如果知情是否隐瞒？"这两个问题，我们小组进行了激烈的讨论和深刻的思考，并明确了观点——答案都是否定的。

我们小组坚持否定态度且认为应该如实陈述。诚实是十分必要的，当然"善良的谎言"是可以存在的，但谎言的存在是建立在不损害他人利益的前提基础上的。因为没有如实陈述，其他班级可能失去了赢得好名次的希望；因为借助外援的关系，剥夺了其他班级的利益，这是损人不利己的事情。世上公平与正义总是需要规则、法律等原则性的规矩来平衡，没有绝对的公平，但是每一个人都应该学会公平公正地处理事情，学会让每个人拥有选择与被选择的权利，借用外班的同学侵犯了他班选择队员的权利，这是不可取的。

这个故事主要围绕四个核心概念来讲，我们要明白公平原则、体育精神以及规则、诚信等等，只有树立正确的价值观、世界观以及人生观，才能够在为人的道路上谱写出属于自己的人生精彩。

1. 基本概念界定

在论证之前，首先对本文中用到的一些核心词语进行概念界定。

（1）公平原则

以社会正义、公平的观念指导自己的行为、平衡各方的利益，要求以社会正义、公平的观念来处理当事人之间的纠纷，就是公平原则。

（2）中华体育精神

中华体育精神，是以"为国争光、无私奉献、科学求实、遵纪守法、团结协作、顽强拼搏"为主要内容，是中国精神的重要组成部分。党的十八大以来，习近平总书记高度重视发展体育事业，多次强调要弘扬中华体育精神，弘扬体育道德风尚，推动群众体育、竞技体育、体育产业协调发展，加快建设体育强国。

（3）规则

规则是为了保证我们在良好的环境中快乐地学习、健康地成长所制定的各种纪律和行为规范。规则不只是束缚我们的条条框框，更多时候，它是校正人们行为的标尺。大部分时候，都是思维指导行动。心里面有标准和规则，才能朝着明亮的方向努力，符合事理以及规定的思维及行为才是我们所追求的，但我们并不排斥创新。

（4）诚信

诚信即诚实有信，说的话要站得住，每一个人都要学会为自己所做的事情负责，不说谎是最基本的品质，人不能为了眼前的利益而不顾其他。如果这个同学选择了隐瞒，那么他的心里是否能够做到坦然？当然不能，谎言只能被谎言覆盖，到最后就会迷失本心，恶习就是这样养成的，我们一定要树立正确的价值观、人生观以及世界观。

这个论题的重要性在于：俗话说，"没有规矩，不成方圆"。既然已经制定相应的比赛规则，那么就应该学会遵守规则，尊重所有参赛队员。细节决定成败，如果所有人都学会了钻空子，那么比赛就没有了意义。体育竞赛是为了激发同学们的拼搏、团结协作精神以及其他可能的潜力，没有人会为了完全无望的事情而奋斗，尊重他人就是在尊重自己。学会公平也是成就自我、包容他人的一种体现，愿意去遵守比赛规则，就意味着你愿意去遵守社会法则，共同维护社会秩序。包容是因为你知道自己可能会输，但你愿意承认别人的优势，包容万象，不会为了短浅的目标而盲目地追求利益。当所有人都学会公平与包容的时候，社会才会更加安定和谐。

2. 正方论证观点

首先，正方的观点是在体育比赛中，不可以从邻班借几个学生以提高本班的比赛成绩，并且同学如果知情，不得隐瞒。正方对于此观点提出以下论据予以支撑。

2.1 任何体育比赛的宗旨都是公平竞争

在体育比赛中，从邻班借人参赛的行为严重影响了比赛的公平竞争。《奥林匹克宪章》规定：参加奥运会的任何运动员都必须是为其报名的国家奥委会所在国的国民。同样的道理，奥运会无法随意从别的国家借人，学校的体育比赛也不可以从邻班借人。借来的选手无论如何都不能代表本班的实力，这对其他班级的选手并不公平，不能做到公平竞争。

2.2 体育比赛要遵守相应的规则

规则是由一定的行为主体制定的要求，准许某一类人或者社会团体以某种形式行动的指令性原则，通过对行为主体的行为进行规范来实现对行为规则的遵守。如果一个人能够遵守规则，那么他将会得到别人的认可；反之，如果不能遵守相应的规则，那么他就会受到别人的批评。相同的道理，体育比赛规则的核心是确保竞技体育的公平公正，如果不遵守规则，就不能保证体育比赛的公平竞争，这些体育比赛就不是真正纯粹的竞技运动，也就违背了体育精神。从邻班借人参加体育比赛显然违反了规则，丧失了公平公正公开的竞争，是一种漠视规则的体现。

2.3 从邻班借人的行为只注重比赛结果，打击了本班级同学的参与积极性

比赛结果固然重要，但是比赛的过程亦同样重要。从班级层面而言，比赛前同学们的配合协作，能够增加彼此之间的默契，促进班级团结。比赛过程中班级同学互相加油彼此鼓励，这对任何一个班级来说，都比比赛结果更珍贵和重要。但从邻班借人的行为不仅让本班级同学参与度降低，也使同学们获胜的荣誉感减少，打击了同学们的积极性。

2.4 诚信为本，借别的班的同学这件事不能隐瞒

诚信是人必备的优良品格，一个人讲诚信，就代表他是一个讲文明的人。讲诚信的人，处处受欢迎；不讲诚信的人，人们会忽视他的存在，所以我们人人都要讲诚信。诚信是为人之道，是立身处世之本。体育比赛中借人这件事虽然不光彩，但是隐瞒就更加不堪了。班级的荣誉是借来的，却因为大家都在隐瞒，而使这份荣誉变得更不光彩。这并不是一种善意的谎言，这不仅欺骗了观众，欺骗了老师，更欺骗了自己。

3. 反方论证观点

反方观点与正方观点相悖，在体育比赛中，可以从邻班借几个学生以提高本班的比赛成绩，并且同学如果知情，应该隐瞒。反方对于此观点从以下几方面展开论证。

3.1 学校举办体育比赛的核心目的是促使学生加强体育锻炼、强身健体

学校的体育比赛以班级为单位参赛，但是文科和理科班级的男女生比例明显不同，有些班级人数少，有些班级有很多同学不适宜参加激烈的体育比赛，这些班级当然可以到邻班去借来同学代表本班参加比赛。学校组织的体育比赛本来就是重在参与，鼓励大家多多运动，各班同学在体育项目上的水平本就参差不齐，做不到绝对的公平。如果成绩不好的班级得不到鼓励，又怎么会进一步加强平时的体育锻炼呢？所以不能仅仅像其他竞技体育比赛一样单把公平当作最主要的要求，而更应该关注这件事本来的目的，如果能够促进同学们加强体育锻炼、强身健体，那么从别的班级借人来比赛未尝不可。

3.2 赛前准备是我们一起做的，没有窃取其他班级本来的成果

体育比赛讲求合作，这次的成绩是几个运动员合作的结果，虽然个别同学在归属上是属于其他班级的，但比赛前同学们也是一起准备一起备战的，采用的战术战略和运动员之间的默契都是我们共同努力的结果，而不是直接借取了其他班的成果。

3.3 友谊第一、比赛第二，这样的合作增进了两班之间的友谊，是好事

在体育比赛中，我们常说友谊第一、比赛第二，学校举行体育比赛的意义不在于成绩和结果，而在于这个过程促进了同学们增强体育锻炼、提升协作能力，并且增进了同学们之间的感情和默契。从邻班借来同学一起参加比赛，使得本班的比赛成绩比只用本班同学作为队员的情况更好，即使是不参加比赛的同学也对比赛结果有更大的期待，呐喊助威也会更加卖力，而不是觉得体育比赛和我们这种体育很弱的班级没有关系而消极对待。所以从邻班借人代表本班参加比赛，除了增强本班同学的凝聚力，还能更加增进两班的友谊，使得比赛的火药味没有那么重，避免了班级之间针锋相对的恶性竞争。

3.4 这件事情的本意是取得更好的成绩

为班级赢得荣誉，大家为此一起努力准备了很久。善意的谎言是指出于某种善意的原因说的谎言，并不带有恶意，而且它本身是不为自己谋利益。作为集体的一员，既然没有人正式地询问和验证大家是否属于同一个班级，不陈述的选择更能保证集体的荣誉，隐瞒就是一种善意的谎言，但如果如实陈述，就很有可能面临被取消比赛成绩的局面。为了维护班集体的荣誉，不能让大家的努力落空，应该隐瞒从别的班借来同学代表本班参加比赛的事情。

4. 对双方观点的分析评估

我们可以从前面的论证过程中分析出以下两点：首先从正方角度来说，他们大多认为要遵守规矩、原则等，这些都是从理性思考的角度出发得出的观点。其次从反方来看，他们强调更多的是团结、友谊等字眼，这些大多是从感性角度出发，在思考问题的时候也大多带入了主观情感，这是不够客观的。实际上我们应该尽量理性思考，不应受情感冲动而做决定，学会在思考问题的时候更科学、理性地看待事物，以及懂得不被个人情感所控制。

有一句话是这样说的，如果你想要公平，就来参加体育比赛；想要绝对的公平，就不要来参加体育比赛。也许体育比赛存在一些不公平性，但这并不代表规则就是用来打破的。规则是为了更好地维系公平，如果不遵守规则，又何谈公平？在体育比赛中，向邻班借人这件事虽小，但着实破坏了体育规则，这一定是不可取的。

换个角度想，从邻班借了同学参加比赛，这对邻班公平吗？自己班级的选手通过努力，替别的班级赢得了荣誉，又是何等无奈。《奥林匹克宪章》中指出，"具有奥林匹克精神——以友谊、团结和公平精神相互了解的体育活动来教育青年，从而为建立一个和平的更美好的世界做出贡献"。可以看出，公平竞争是竞技体育的内在要求，也是奥林匹克精神的重要内容和一切竞技比赛都必须坚持和遵守的原则。班级之间的友谊不是理由，公平的竞争才是推动竞技体育健康发展的不竭动力，是人类竞技体育追求的最高境界的源泉。

从体育精神层面看，体育运动作为人类生活不可或缺的一分子，在人们的生活中起着越来越重要的作用。竞技体育作为体育的主流更是成为人们关注的焦点，在增加参与者身心健康、激发人类潜力、弘扬民族精神、维护社会稳定、推进竞技体育迅速发展、促进世界团结和平等方面发挥着越来越重要的作用。神圣的奥林匹克运动的宗旨是培养全面发展的人，为创建美好的社会做贡献，竞技体育作为奥林匹克运动的主体，其实质就是竞争，而真正的竞争是以公正、平等为前提的。所以，为了获得更好的成绩不是打破规则的借口，公平公开的竞争才是正道。

结 论

体育比赛的核心原则是公平，并且通常都制定了规则以更好地监督和实现公平。公平竞争是竞技体育的内在要求，也是奥林匹克精神的重要内容和一切竞技比赛都必须坚持和遵守的原则。公平的竞争除了是对每一个参与比赛的运动员的尊重，也是推动竞技体育健康发展的不竭动力，作为参与者，我们都应该遵守规则，这是对比赛最起码的尊重。在学校的体育教育中，规则的教育是举足轻重的。体育比赛有规则，体育游戏有规则，练习等候有规则，规则的重要性不言而喻。在这件事中，不遵守规则也许只是取消班级的成绩，但如果因此养成了不尊重规则、无视规则的习惯，总是抱有侥幸心理地不遵守规则，那么总有一天会付出代价，有的甚至是生命的代价。

既然是以班级为单位的比赛，那么从邻班借几个同学代表自己的班级参赛就是破坏了规则，一方面不利于保证比赛的公平性，另一方面，如果不加以制止，也不利于同学们养成遵守规则的习惯，在多重层面上都是弊大于利的。

综上所述，我们认为，在体育比赛中，不应该从邻班借几个同学以提高本班的比赛成绩。

参考文献：

[1] 公平原则:《民法通则》第4条。

[2]《奥林匹克宪章》。

[3] 曹辉.国人必读：什么是真正的体育精神？[EB/OL] https://wenku.baidu.com/view/5f89b907463610661ed9ad51f01dc281e53a5685.html.2018-02-05.

[4] 宋伟.论体育竞技中的公平观[D].济南：山东师范大学，2011.

[5] 常铮.体育竞赛规则的文化解读[J].青年文学家，2013，(35)：142.

教师评语

本小组探究的问题是在一个全校性的体育比赛中，能否借几个同学代表本班出赛。经过小组充分讨论，他们确定了标题为"对'借'来的荣誉勇敢SAY NO"，同时也在副标题中阐明了他们欲探究问题的基本出发点：公平是每个人心中的那杆秤。

本文在论证时把握住了批判性思维的精髓及基本方法，按照正—反—正的逻辑结构逐步有序展开。首先，在正面论证时，提出了己方观点，即"在体育比赛中，不可以从邻班借几个同学以提高本班的比赛成绩，并且同学如果知情，不得隐瞒"，并通过四个方面进行论证。从该组提供的支撑证据看，"任何体育比赛的宗旨都是公平竞争"是从顶层的宗旨层面进行论证；"体育比赛都要遵守相应的规则"是从竞赛规则层面的设计进行论证；"从邻班借人的行为只注重比赛结果，打击了本班级同学的参与积极性"是从备赛过程的角度进行论证；"诚信为本，借别的班的同学这件事不能隐瞒"是从道德层面进行论证。上述几个方面从宏观到微观、从设计到操作，较为全面地考虑到了支撑正面观点的几个论据，论证比较充分。

其次，在反面论证时，小组同学也考虑到了一些例外情况，提出四条辩驳意见。比如，小组提出"学校举办体育比赛的核心目的是促使学生加强体育锻炼、强身健体"，同时列举了诸如文科和理科班级的男女生比例相差悬殊、不同班级同学的体育水平参差不齐，做不到绝对的公平等作为支撑，设身处地地思考了该问题的一些特殊情况,并出于加强成绩不太理想班级的平时体育锻炼的目的,希望通过借其他班级的同学代表本班参赛进行带动和激励。反面论证反映出同学们对该问题的复杂程度有所考虑,能够较为全面地、多角度地看待问题,并进行换位思考,思考问题的深度和广度有一定体现。

再次,在对正反观点进行比较评价时,小组同学能够兼顾客观、主观,理性、情感等因素进行综合比较,并顺理成章地强化己方观点,"公平竞争是竞技体育的内在要求,也是奥林匹克精神的重要内容和一切竞技比赛都必须坚持和遵守的原则"。

本文逻辑清晰,论证全面,文字表达基本规范。不仅对问题进行了陈述和论证,而且也对提升学生的规则意识发挥了积极的作用。但是在引用他人研究成果时标注不够规范,参考文献的格式也有待改进。

(点评教师:郑丽)

论冷门专业是否应该全部撤销

——从专业的价值和市场需求两方面谈起

会计1802　程昱琳　丛源　房子跃　林婧

摘要： 冷门专业是否应该全部被撤销是一个社会问题。本文通过正—反—正的论证方法来证明本组所持观点——冷门专业不应该全部被撤销。文章首先对冷门专业进行了定义，其次通过两个专业的具体事例进行正向论证；同时探究了冷门专业不撤销的弊端，对上述正面论证予以辩驳；再次通过对正反观点的比较评估，阐明了冷门专业的重要性和无可替代性，得出结论，强化了对正方观点的支持。

关键词： 冷门专业；专业撤销；专业选取；专业发展方向

引　言

近年来，社会对于冷门专业是否应该撤销招生的讨论越来越多。有的人认为应该果断放弃，因为这些冷门专业不但占用了大量的教学资源，而且冷门专业的学生普遍会在毕业之后很长一段时间内没有机会找到理想的工作，他们要么无奈地选择继续读下去，要么选择转专业，将大学4年的学习生活全部放弃而另谋出路，这是一种对社会资源的极大浪费；另一部分人认为不应该撤销这些冷门专业的招生，因为存在即合理。这些专业之所以存在，就是因为社会对他们还有需要，虽然现在可能社会的资源投入产出不成正比，但是这些专业的潜在价值是现在体现不出来的。

针对上述问题，本小组进行了调研和讨论，通过论证、反证及比较评估，探究冷门专业是否应该全部被撤销。

1. 问题定义及立场陈述

1.1 问题定义

随着社会对于不同人才的需求以及多样性的职业需要，大学设置的专业种类在不断增加。同时，伴随着不断发生的社会变化和行业的发展变化，有些专业无法适应就业新需求而被淘汰出局。比如纺织服装行业，它的产业链长，上下游涉及环节多，需要从业人员精通服饰设计专业和运营管理专业以及对已成趋势的电商、智能化、信息化有深入了解，这些知识明显不是单一专业能提供的。还有些专业是因为科技的发展而被取代或是不再需要，比如人工智能的发展对一些传统行业进行了革新，有些手工操作早已经被机器取代，也就没有必要存在了。同时，如今的学生大部分都会选择就业前景相对较好的专业，比如会计、金融、计算机等热门专业。而且一些高校会因为自身的教育资源限制或者教育质量不达标而使一些专业的发展遇到瓶颈，这些都反映在每年的招生情况上。于是综合多种因素，许多专业渐渐成为冷门专业，甚至面临被撤销的风险。这就引出了该篇文章的主题——冷门专业是否应该全部被撤销？

1.2 立场陈述

本小组的立场是：在招生不好的情况下，不应该撤销全部冷门专业。

原因有三。

第一，学生填写志愿的时候，不但要选择专业还要选择大学。虽然大学的名气会给专业增色不少，有名的大学专业也确实抢手，但是不代表所有的专业都能因学校的名气而被考生挤破门槛。一般学生在选择专业时，更多考虑的是专业的就业前景及自身喜好。其中有一部分学生尚未明确自己的喜好，就会参考就业现状来选择专业。还有一部分学生，有着自己明确的目标专业，无论这个专业是否有较好的就业前景，都会选择该专业。所以，不能因为专业招生人数少而取消其专业并且贬低这些专业的价值，每一个专业都可能承载学生的目标或梦想，比如会计专业比考古专业的报考人数多，所以就更有价值的说法是不对的。每一个专业都有其存在的特殊价值，都是独特的。

第二，社会的复杂性导致每个专业都是被需要的。应届生就业时无论从什么专业毕业，都会有就业市场，即每个专业都有其社会价值。也就是说，无论是对于学生的喜好、选择而言，还是对于市场的专业人才需求而言，每个专业都有相应的需求。社会是不断变化的，我们无法准确预测未来的发展趋势，因而不能武断地判定某个专业的发展价值。

第三，也有很多专业是需要传递以及继承的，它们的价值体现并不是一蹴而就的，比如考古等人文性强的专业，无论是对于我们国家的发展还是传统继承都有着重要的地位和价值，有着特殊的历史文化价值。

综上所述，如果盲目地根据冷门与否就撤销这些专业，会导致很多方面的问题。专业没有好坏之分，社会的需求也是在不断变化的，在面对招生不好的难题时，应该综合考虑各种因素。

所以，即使在面对招生不好的情况下，也是不应该撤销其专业的。

2. 正面论证：招生不好的专业不应该被撤销

招生不好的专业不应该被撤销。招生不好的原因有很多，可能是因为专业就业前景不景气、专业知识内容晦涩难懂甚至是新兴专业导致学生不敢填报。正因为原因众多，所以不能一棍子打死——撤销专业，而是要理性思考专业存在的价值，再判断其是否应该撤销。

2.1 冷门专业不代表没有历史文化价值

一般而言，冷门专业的招生都相对比较困难。例如考古专业招生一直以来都不太理想，如若不是因为受分数限制，绝大多数的同学都不想报考考古专业，只是在无奈的情况下服从调剂。既然考古专业招生这样困难，那它是否就应该取消了呢？答案是否定的，近年来倍受冷落的考古专业一直屹立不倒，由此可见考古专业有着非常重要的作用和无可估量的价值。

第一，复原和重建中国古代史。考古学为历史研究提供了大批可资利用的资料，包括出土文献如甲骨文、金文等，还有各种考古实物，它们都包含着许多重要的历史信息，正是考古学一下子把历史研究延长到整个人类的历史。通过考古学家们对实物资料的解释，各地建立起较为独立的考古学文化序列与古史结构，向世人展示了一个较为完整的时空框架。

第二，证文献之真伪，补文献之阙如，纠文献之不足。在古史研究中，尤其在历史时期方面，考古学与文献史学的结合可以帮助解决许多长期悬而未决的问题。1928年发掘安阳殷墟，出土的甲骨文使史学家对《史记》中资料的高度可靠性有了重新认识，从不同角度反映了文化的各个方面，有的能与文献相对照，有的则从根本上弥补了文献的不足。

第三，引发历史研究方法论上的变革，扩大了历史研究的新领域。传统史学研究都是从文献中寻找解决问题的方法，近代考古学传入后，新史学工作者都将目光转向考古学，试图从中找出历史问题的答案。在近代学术史上，几乎每一次新发现都对学术研究产生影响，如20世纪初发现的甲骨文、流沙坠简等，都开拓了学术新领域。从此，历史研究在方法论上发生了极大的改变，多将历史文献与考古资料结合对照，具有划时代的意义。考古学在形成和发展的过程中也形成了独具特色的研究领域，如人类起源、农业起源等。这些都是其他专业所忽视和力不从心的领域。从这个角度来讲，考古学拓展了历史研究的新领域。

综上所述，考古专业虽然是冷门，但是对于我国在历史文化方面的发展具有极其重要的作用，每一名在读的学生都有可能为我们中华文化的大楼添砖加瓦，所以无论怎样，它不能也不应该被撤销掉。

2.2 招生人数少的冷门专业不代表没有未来发展价值

以材料化学专业为例进行论证。尽管该专业招生不理想，但其发展却前程似锦。众所周知，材料化学是一项比较枯燥且乏味的专业，它所关注的都与材料有关。我们抛开它的招生情况，单从该专业对于未来发展与能源利用等角度谈论，这都是一个不可或缺的专业。所以就算招生人数比较少，它也不应该被撤销。相反，它要用较高的分数门槛来筛选真正喜欢它并且有能力学懂它的学生。这个专业的研究为材料设计、制造、工艺优化和材料的合理使用提供科学的依据,在工业、农业、电子电器、航空航天、国防军工等领域有着十分重要的应用。材料化学专业培养的学生毕业后在各个领域都是不可多得的人才,无论是从事应用研究、科技开发、生产技术的管理工作,还是在科研部门、高校从事研究与教学工作,这些人一定会在未来祖国的建设发展中彰显自己的价值。这样极具潜力的专业怎么可能因为招生人数少而被撤销呢?

综上,通过材料化学这种学术性强的专业我们不难看出,大多学术性专业招生人数少并不等于这个专业冷门。有的专业需要的学生在精不在多,只有招到最契合本专业的学生才能最高效地培养高素质人才,才能发挥最大效率,因此这种专业不应该被撤销。

3. 反面论证:招生不好的专业应该被撤销

这是针对招生不好的专业是否应该被撤销的另一个观点,即认为招生不好的专业应该被撤销。其原因有多种,如:就业前景不好;专业的针对性较强,学习难度较大;社会需求较少等。同时有一些较为冷门的专业,也因为招生不好被一些学校撤销。因为专业招生不好会导致教育教学资源的浪费,资源的投入产出不成正比会导致学校的教学热情下降,这一现象又导致应届生的专业能力不强,使本就不景气的就业市场雪上加霜,如此形成恶性循环。结果就是专业走向灭亡,学校口碑下滑。

综上,冷门专业对学生、学校、社会三方都已经无用,应该被撤销。

3.1 招生不好的原因

(1)就业前景不好

就业前景不好是专业变得冷门的关键因素。随着社会的发展、时代的进步,有一些专业面临着就业环境差的问题,这导致很多学生在选择专业时多了一层考虑。这些考虑结果反作用于专业的招生录取工作。首先,专业本身已经落后于时代,如编辑出版专业。由于科技的进步,人们普遍选择使用电子产品编辑和阅读,导致纸质读物产业受到冲击,相应的工作岗位被顶替,而考生们看到这一情况就会放弃这类专业,所以,这类专业迅速变成冷门专业。其次,有的专业针对性较强,毕业之后与之相匹配的岗位少,大多数岗位需要综合技能,这时就业成了很大的问题,导致这类专业不再抢手。这些就业不好的专业也会被学校撤销。

(2)有些专业过于冷门

专业过于冷门是第二个原因。一些专业冷门到前所未闻,比如高尔夫管理专业。这种专业的招生情况必然不好,同时社会需求量不大,自然会被撤销。同时,对于这些过于冷门的专业,学生的家长们也会有所顾虑,他们不放心自己的孩子去报考这个专业,这也使得该专业的招生人数越来越少,最终导致这个专业被撤销。

还有一些太过冷门的专业,其内容其实就是某一大类专业的基础知识,被撤销或者与其他专业合并,这样专业的综合性也会加强,能培养更多人才。例如通信工程专业,就可以合并入信息工程,还有某些学校的园林设计专业、建筑专业和城市规划专业,都合并成了建筑大类专业,等学习通识课后再细分,这样既可以节省教学资源,又可以让学生在学习的过程中确定擅长的方向,这些专业的关联性强,一起学习、相互补充,会更好地适应日后的工作需要。

3.2 招生较少的影响

首先,招生少的专业,会浪费教师资源和学校资源。有些学校没有雄厚的财力,无法支持并组织冷门专业的学生进行规范化的学习,这也就造成了学校教育质量下降,形成恶性循环,对各方都不利,所以这些冷门专业应该被撤销。其次,冷门专业的转出率高。虽然招生少不代表专业自身不好,但是冷门专业一定反映了就业市场的不热情,当人才市场过于饱和时,这些学生的就业机会就会减少,导致了学生在学校就开始为未来打算,有的甚至干脆转出这个专业,使得这个专业的学生越来越少。所以,这样的专业应该被撤销。

冷门专业之所以冷门有多重原因,但是无论哪一种原因,对社会、学校还有专业自身都会产生不良影响。最近也有很多关于高校撤销某些专业的新闻报道出现，这就佐证了随着时代的发展，有些专业变得落寞，或者是某些专业在学校与其他专业合并。但是无论是哪一种都证明这些冷门专业已经没有实质价值了，所以冷门专业应该被撤销。

4. 针对正反两方论证的评估比较

大学里的专业是根据经济社会发展状况以及科技进步对人才的要求等综合因素而设立的，其目的是满足一定社会分工体系中不同领域和岗位职业要求。各行各业为主动适应社会主义经济建设发展的需要，急需各种专门人才。不同程度的需求就会导致不同程度的供给，随之而来的就是所谓的"冷门"与"热门"之分。但是，存在即合理。随着社会的多维发展，冷热门专业一定是交替出现，不会有一成不变的情况出现。

4.1 正方分析

正方所给出的两个观点综合起来可以总结为：无论是什么样的专业，一定在某个方面存在其独特的价值，所以不应该撤销冷门的专业，并且用两个被社会热烈讨论过的冷门专业进行举例论述。考古专业虽然现在看似没有实际用处，其主要学习课程包括中外历史、考古学史和特殊时期不同地域的详细历史等，但是其用途是无法用寻常的价值体系衡量的。历史可以使人明智，不断探索历史、学习历史虽然当下不会有质的提升，但是作为一个拥有五千年文明史的国家，只有不断学习历史，从中汲取力量才能以古为鉴，收获进步，而只有学习这个专业的学生越来越多，才能从量变达到质变。所以这个专业虽然冷门，但是不应该被撤销，相反更应该大力宣传，增加专业学生就业机会和岗位，做长远打算。

同样地，第二个论证所举的例子是材料化学专业，也是以其价值为出发点。诚然，材料专业等一系列专业知识晦涩难懂的工科专业每年招生人数较少，显得较为冷门，但是我们不得不承认，可以开设这类专业的学校都是名校或者有各种实验资源、场地的学校，要想考进这些学校就需要较高分数；

同时为了节约资源，提高人才的培养效率，学校方面所设置的招生人数会适当缩减。另外，这些专业的趣味性远远小于其他专业，需要很大的恒心和毅力才能不断坚持下去，所以导致报考的人数也较少。这两个方面加在一起的综合影响使这些专业逐渐变得冷门。但是就像前文中所分析的，这种专业所培养的学生都是国家未来某个领域的人才资源，具有极大的潜在价值。所以这些专业并不是冷门，而是门槛太高，导致大众对于它们的认识不够所表现出来的冷门。因此，冷门专业不应该被撤销，而是可以加大普及和宣传这些专业具体内容的力度，降低准入门槛，让更多人了解就会有更多人喜爱它、报考它，长此以往形成良性循环，让冷门不再冷。

4.2 反方分析

反方认为那些冷门的专业应该被撤销的原因有两个，其一是冷门专业的就业前景不好，其二是过于冷门的专业会陷入恶性循环，导致专业最终走向无人问津的地步。综上，为了更好地利用有限社会资源和教育资源，应该将那些冷门的专业撤销。下面是详细分析。

上文提及的第一种情况，某些专业相关就业的前景不景气会导致学生在报名本专业的时候慎之又慎，虽然这些专业大多数趣味性很强，如珠宝、服装设计专业，但是在当今发展过快的社会里，乐趣是无法快速变现的。一方面，虽然这些专业可以找到一份工作，但是工作的不稳定性和工资在行业里没有形成统一标准的现状，为选择了这些专业的学生形成未来生活的压力。另一方面，由于行业无法给定统一的评判标准，如从业资格证，意味着这些专业并不是只要勤奋刻苦地学习就能取得好成绩，而是需要一定的天分和智力条件。但这必须是在学生深入接触这门专业的课程之后才能了解，之前很难自我感知并正确评价，所以报考这个专业就充满了不确定性。为了长远的考虑，这些专业的报考人数就会越来越少，渐渐变成大家眼中的冷门专业。对所提到的第二种情况，过于冷门的专业是无法突然发展起来的，他们由于过于冷门导致报考人数少，而这让本就无人问津的专业现状和其灰暗的就业前景雪上加霜，导致恶性循环，致使这个专业一年不如一年。同时由于得不到社会和学生的重视，学校也会轻视这些专业，最后的结果就是这些专业在各方的忽视下走向灭亡。结合上述情况，冷门专业应该被尽快撤销。

然而这个社会正处在一个飞速发展的时代，所有事情不能一概而论，所以不能轻易地对是否撤销冷门专业这件事下定论。虽然反方的观点有理有据，但是这不代表所有冷门的专业都应该被撤销，有的专业可能近两年冷门，但是不代表在未来没有社会需求，比如在10年前谁也不会想到会有一个名叫"大数据"的专业出现在高校里。所以本小组认为应该做的是推陈出新，在不失去专业特色的情况下调整一些教学内容和改善授课方式，取其精华去其糟粕。同时让冷门专业与社会接轨，提前培养考生的兴趣，增加实习机会、提供就业岗位等，突出强化需求、标准和特色导向。需求导向上，要求高校在申报专业时，充分调研社会需求，加强与用人单位沟通，明确社会对这些专业的具体要求，并根据需求确定招生规模、制定培养方案；标准导向上，将相关专业的师资队伍、实践条件、经费保障等要求细化量化，不再一味地拨款和只在经费上做资助；特色导向上，引导高校加强专业建设规划，把特色定位作为专业设置的质量内涵，按照高校自身办学定位和办学特色合理改造专业，做好优化、调整、升级和换代工作。我们认为，只有做到这样才能够挽救更多的冷门专业，因为这些专业的冷门不应该成为其被撤销的理由。

结 论

在面对招生不好的情况下，不应该撤销全部相关专业。每个专业都有其存在的理由，都是拥有自己独特价值的，无论是曾经被社会需要还是之后为其他专业或学术方面奠定基础和传递继承，都是有着不同但是重要的价值的。想要学好每一个专业都是不容易的，有些专业表面上看起来轻松易学，但是当你真正去学习专业知识时会发现各有各的难点。那些真正专业的人才都是对其专业有着相当程度的热爱的，不能打击这部分专业人才的热情。与此同时，那些快要被时代所淘汰的专业，需要的是传承和革新，而不是简单的撤销。所以我们要做的是想办法将此专业进行改造以适应新时代的发展要求，一味地撤销是解决不了根本问题的。我们不能因为专业招生人数少而撤销此专业，我们应该做的是不断提高其专业的教育质量水平，培养更多的专业人才。

除了高校对于招生不好的冷门专业进行改进和提高专业质量，政府应该多增加这些冷门专业的就业岗位，或者为这些就业岗位谋福利去吸引此专业的报选学生。要保证供求相协调，才能做到"冷门"变"热门"。社会的发展变化，有时我们没有能力去准确预判，每一个专业的人才都有其潜在价值，我们要保护并继承好这样的专业。

参考文献：

[1] 中国考古学会. 中国考古学年鉴 [M]. 北京：中国社会科学出版社，2018.

[2] 杨柳. 新型化学固沙材料的研制和应用 [D]. 兰州：兰州大学，2011.

[3] 陈冲冲. 聚氨酯灌浆材料的性能测试及其在矿山中的应用 [D]. 北京：北京化工大学，2012.

[4] 金志来. 有机硅/聚氨酯改性醇溶性聚丙烯酸酯覆膜胶的研究 [D]. 合肥：安徽大学，2010.

教师评语

冷门专业是否应该被全部撤销？这是很多高校颇费思量且难以抉择的事情。本小组从学生的视角对上述问题展开探究，其推理过程和论证理由可以为高校进行专业招生名额分配以及专业是否能继续存续等问题提供参考，以便能够切实地了解学生们的意愿以及拓展考虑问题的角度及思路。

本小组首先进行了问题定义，同时陈述了他们的立场：在面对招生不好的情况下，不应该撤销全部冷门专业。通过"冷门专业不代表没有历史文化价值"和"招生人数少的冷门专业不代表没有未来发展价值"两个方面进行了论证，并提供了相应的证据支撑正面论证的观点。在反面论证时，提供了招生不好的专业应该被撤销的几条理由，例如：就业前景不好；专业的针对性较强，学习难度较大，社会需求较少；浪费教育教学资源；招生少与教师教学热情下降造成恶性循环，导致学生的专业能力不强等。该组同学还分析了招生不好的主要原因。

在对正反双方观点的比较分析阶段，该组同学进一步对正方观点和反方观点进行了强化及比较评估，全面地考虑了问题的多样性和复杂性，并提出了替换性解决方案，比如：调整一些冷门专业的教学内容，改善授课方式，取其精华去其糟粕；加强冷门专业与社会的接轨等。通过对需求导向、标准导向、特色导向等维度的研究和改进完善，促进冷门专业的优化升级。

本小组作业逻辑脉络清晰，论证过程基本合理。但是在文字表述上有一定欠缺，对参考文献的引用也不够规范，这是今后需要进一步改进完善之处。

（点评教师：郑丽）

商业化是否有助于文化遗产保护

国商 2001　姜品帆　高佳宁　魏子婧　姚欣晔　林媛媛

摘要：本文通过"正—反—正"的论证方法，探究商业化是否有助于文化遗产的保护。确定正方立场是以商业化有助于文化遗产的保护展开，利用多层次分论点和实例举例论证核心主题，并引用过度商业化所带来的弊端实例进行反方多层次分论点例证。商业化作为文化遗产保护的一种多样化手段，规避其过度使用所带来的风险和危害，合理运用商业化所带来的文化效益和经济价值，有助于文化遗产的保护。

关键字：商业化；文化遗产；非遗；保护

1. 概述

1.1 引言

文化遗产是人类文明发展过程中历史积淀的精华，是一个民族和国家的根与魂，既是民族身份的象征，又是国家底蕴的名片。

物质文化遗产属于"静态"，与历史文脉、民族事件以及文化传统紧密相连；而非物质文化遗产属于"活态"，与历史记忆、民族精神以及民众生活习惯息息相关、代代相传。它们共同组成文化遗产的整体，奠定了每一个民族文化发展的根基，见证了民族智慧的结晶与精神价值，成了人类文明共同的财富瑰宝。

春秋战国基础上崛起的秦文化，创造出被称为奇迹的秦陵兵马俑；西汉时期张骞出使西域，开创了流传千古的丝绸之路，打通了文化交流的桥梁；明代郑和率领船队七下西洋，拓宽海外贸易往来，加强世界文化的交互；明清故宫、万里长城、孔府孔林孔庙、西藏布达拉宫等均是历史遗留下的文化宝藏。中华民族正是从文化遗产与文明成果中丰富和完善自己，历久弥新的文化带给民族独有的认同感、归属感和骄傲感。

人的全面发展离不开文化的熏陶，社会的进步也离不开文化的洗礼。随着历史文化的变迁和中国经济的不断发展，深入发掘文化遗产的深厚底蕴并对其实施保护以及合理利用，是当今中华文明独特发展的必由之路。我们旨在通过商业化的方式方法帮助保护文化遗产，提升人类自发保护的意识，让那些曾经失落的根与魂，再次焕发蓬勃生机。

1.2 问题概述与本组立场

商业化是否有助于文化遗产的保护是本篇论文的核心。面对承载着历史记忆和人文情感的历史建筑的损坏与失修，或是非遗文化下的传承断层与发展僵局，如何有效地保护文化遗产成为当今时代的重要问题。商业化的包装与创新赋予文化遗产更多的价值属性，能够使其与社会主流接轨，提高文化在生活中的应用程度，帮助其更好地保存和发展。所以我们坚信商业化有助于文化遗产的保护，并将合理利用商业化的渠道为文化遗产提供有效保障。

1.3 概念界定

商业化：指的是能够让文化遗产的精神内涵以合适的物质载体展现出来，且是能够满足人性需求的，并以经济交流的形式供人们使用，有效地帮助其传承文化内涵，保护其原生遗址。

过度商业化：指的是丝毫不考虑文化产品的精神属性，一味追求商业价值，唯利是图地攫取文化市场的超额利润。过度商业化迎合人性中普遍存在的低层次欲望，必然导致文化产品的恶俗化和低级化。

2. 正方论点

2.1 论点一　商业化能够提供更好的资金支持

商业化让中华文化遗产的文化内涵适应时代发展，为遗产保护提供充足的资金。商业化运作可以弥补当地政府在遗产保护上的资金不足，使其提升活力，焕发生机。北京五大世界遗产竟出现高达32亿元的资金缺口，而商业化恰恰能成为补充缺口的重要来源。同时商业化在带来经济效益的过程中，间接增加了当地居民对于当地文化的重视和认同，使其积极参与到保护中去。

以北京市海淀区为例，由于面临着保护资金匮乏的窘境，很多年久失修的文物处于无人管理状态，自然损坏的情况十分严重，如晏公祠、景泰陵等；还有6000多件出土文物保存在只有10多平方米的库房里，连整理研究的条件都不具备。反观较早引入商业化的周庄，短短十几年的时间，就从一个破败的村镇成为中国最著名的旅游景点之一，成为旅游、经济、古镇保护结合的典范。正如周庄镇镇长庄春地所言："我认为，当商业味出现了，就说明你保护得好了。为什么？因为有人去了，这样才有钱去保护。如果没有这几年的旅游收入，这个古镇也许已经不存在了。"

2.2 论点二　商业化能够提升中华文化遗产知名度

商业化本身能够给中华文化遗产带来一定程度的关注度，吸引大众的目光，从而使加强保护有了更多可能性。商业化可以提升中华文化遗产知名度，让人们参与到旅游市场中，让更多的人在了解的基础上自发地投入到对中华文化遗产的保护中。旅游与商业化有着必然联系。

宏村地处安徽黟县，为黄山余脉，境内山峦起伏，交通不便，可达性差，以至于古村落文化遗产一直"养在深闺人未识"。随着古村落旅游业迅速发展，给宏村的经济发展注入了活力，它的历史文化性、珍稀性、真实性和独特性价值才逐渐被世人瞩目；也带动了相关产业的发展，改变了原来偏僻落后、交通闭塞的乡村面貌。随着大众旅游的发展，旅游需求日益多元化，为商业化的发展带来了契机，并促进了古村落的商业繁荣和经济发展。旅游者需求的拉动加上对文化含量要求的降低、市场力量的推动，使旅游商业化成为古村落发展的必然选择。

2.3 论点三　中华文化遗产商业化能够实现文化交流

文创产品是对历史文化优秀资源的继承、传承与合理开发，目的是使文化遗产"活起来"。文创将文化遗产提炼出的文化要素和文化内涵赋予进现代化的展示渠道，充分体现历史文化的传承魅力和艺术价值。

近年来，现代文化创意产业和中华优秀传统文化互动融合，结合得愈加紧密，各式各样创新型的文创产品陆续面世，让其"潮"起来的同时，焕发出古朴的生命力。

故宫博物院的文化创意产品也倍受大众关注，其文创产品深度挖掘了丰富的明清皇家文化元素，将有五千年历史的故宫建筑、故宫文物和背后的故事融合在现代人喜欢的时尚表达理念中，打造出了具有故宫文化内涵以及鲜明时代性的产品。故宫文创，贴近群众实际需求，同时也起到了宣传历史文化的作用。故宫文创的设计，在保留传统的基础上又加上了现代文化，不仅仅是简单地复制藏品，而且是研究人们生活需求，同时挖掘出藏品的内涵，用文化来影响人们的生活。近年来，故宫文创在大众心中的影响力不断提高，成为故宫对外进行文化传播的重要载体，文创带来的收益也在故宫公共教育事业上提供了资金助力，更好地宣传故宫文化，同时扩大影响。

2.4 论点四 商业化运作下非遗的保护与传承

非物质文化遗产的商品化，极大地缓解了一些非物质文化遗产得不到传承、发展的窘境。我们对"非遗"文化的保护不应该是将其封存于博物馆，而应是对其进行保护性的开发，有序地进行"非遗"文化产品的商业化，提高"非遗"文化的知名度以及提高其在生活中的应用度，让更多人知道"非遗"文化，吸引越来越多有志于传承非遗文化的年轻人。非物质文化遗产是一个民族宝贵的财富，这些被赋予了历史和时代意义的手工产业，理应受到人们的重视和保护。非遗商业化，是让其活化、传承的一个非常重要的手段。

以四川绵竹年画村为例，绵竹年画是国家级非物质文化遗产，适合开发成旅游产品，不仅能够提高村民的经济收入，改善村民的生活质量，而且可以通过经济收入激发村民参与年画创作，不仅实现了年画技艺的传承，还实现了非物质文化遗产的传承与保护。

绵竹年画村改造建设的根本目的是对年画这一非物质文化遗产的保护与传承，使非遗文化资源能够可持续发展和可持续利用，满足人们的精神需求和文化需求。规划原则在于推动非遗发展，建立"文化资本"与"商业价值"之间的联系，实现形式和功能之间的相互支撑与转变，注重文化创新，使非遗文化与现代社会这个时代背景相融相联系，从而获得"新生"价值推动社会经济发展。

2.5 正方论点总结

商业化能够使文化遗产的精神内核以合适的物质载体展现出来，且是能够满足人性需求的，并以经济交流的形式供人们使用。其本身能够给文化遗产带来一定程度的关注，吸引大众的目光，为文物建筑、非遗文化的保护提供更多的可能性。同时，商业化的手段能够提供更好的资金支持、技术保障，以多元化的文化产品成就文化遗产自呼吸的生命循环，开创新的保护范式。

商业化开发作为中华文化遗产的一种有效保护手段，不仅有利于形成相对完整的产业链，促进文化遗产向产业化发展，帮助非遗文化活跃于大众视线中，提高其可持续发展能力；还有助于以市场为导向，推动文化遗产代序传承与创新，焕发其蓬勃的生命力，吸引更多的人参与到文化遗产的传承和保护行动中。

中华文化遗产的发展离不开商业化的运作。合理的商业化不仅能够实现文化遗产精神内核的传播和发展，还能在传承中不断丰富其内涵，使其发挥文化遗产最大化的价值。所以，商业化有助于文化遗产的保护。

3. 反方论点

3.1 论点一 过度商业化使中华文化遗产遭到破坏

由于文化遗产的特殊性，在面向市场实现经济效益的过程中，政府主导的旅游规划和宏观调控是必需的。但是在旅游开发观念冲击下，中华文化遗产被开发为旅游产品，被当作纯经济对象而遭到破坏性开发。这种过度的商业化不仅极大程度地破坏了文化遗产原有的构造，同时也对文化遗产造成不可修复的物理损害。

众所周知，泰山是我国具有自然和文化双重价值的文化遗产，是中华民族伟大形象、崇高精神的象征。然而近年来，泰山逐渐被商业化，开发商为了满足乘客的需求，增加客流量，竟不惜以炸山为代价修建索道，使泰山的地形和生态遭到严重破坏，受影响面积高达1.9万平方米，严重破坏了泰山的自然风貌和人文环境。泰山从古代的帝王封禅、百姓朝山、人文审美发展到现在，历史地位无可争议。泰山修建索道以牟利为目的，破坏其遗产风貌，而这种破坏一旦形成，便是不可修复的代价。

3.2 论点二　过度商业化使文化遗产失去其独特性

随着城市化发展的加快，文化遗产被剥离掉许多文化内涵，在商业化的推动下以商品的形式进入市场，主要以营利为目的，强调其功能价值。而且，产业化的运作模式是大规模的复制生产，工业化生产出来的标准化的同一性产品，从根本上抹杀了文化遗产象征价值的独创性、差异性和个性化。我国旅游业掀起的热潮，使更多旅游资源的地理封闭性被打破，导致众多文化遗产无法回归其文化原态，造成文化独特性的极大缺失。

丽江古城作为中国历史建筑文化遗产，其古色古香、原汁原味的古镇和历久弥新的古韵是文化内核所在。然而在不断商业化过程中，丽江古城迎合主流文化，越来越繁华。现在提到丽江，人们想到的是"艳遇之都"和酒吧街，而丽江原来真正的茶马古道、小桥流水却被遗忘。被商业化严重侵蚀的古城，满城的商铺客栈，艳遇之都的庸俗、酒吧街的喧嚣使丽江失去了原有的鲜活的本土文化，失去了灵魂。

3.3 论点三　过度商业化使文化遗产的经济价值愈发浓厚

随着文化由"现代"向"后现代"的转变，文化产品的精神属性越来越被忽视，其经济价值越发凸显，很多文化遗产在信息化发展下沦为商业营利的手段，极大程度上降低了其文化传播价值和独特内涵。为了有效吸引消费者的注意力，很多商业投资利用文化特色，迎合主流审美，创造文化半成品，掩盖其真正史实，更有甚者以娱乐性消费侵蚀着文化底蕴。这种现象的蔓延使文化遗产的艺术价值在发展的过程中被舞台化、庸俗化，文化特色被有意模仿，造成混淆视听的乱象出现。

近年来，在巨大经济利益的驱动下，敦煌莫高窟被当作纯经济对象开发成旅游产品。由于政府管理的力度不强，莫高窟景区内部商业化和城市化严重：景区内餐饮、住宿和交通等旅游配套设施过度开发，破坏景区本身的历史风貌和周围生态环境；人口过多地涌入文化遗产保护地，以及"城市化"对文化遗产的蚕食，影响了景区与周围生态环境的协调，导致莫高窟资源的真实性和完整性遭到严重破坏。

3.4 论点四 过度商业化开发导致非遗文化内涵逐渐淡化

非物质文化遗产在转化为商业资源的开发过程中，带动了当地的经济发展，但利弊共存。人们在尝到了文化的商业化开发带来的甜头之后，不会再选择艰难地将非物质文化遗产里最晦涩、最本质的那部分传承下去，因为投入和产出不成正比。这导致在非物质文化遗产的传承过程中，师傅只注重教非物质文化遗产里有游客市场的文化内容，摘去了其根本，徒弟只注重学这些非物质文化遗产里能带来实际利益的项目内容，就使这些非物质文化遗产的文化内涵在传承的过程中被逐渐淡化，留下些大众喜闻乐见的、具有经济效益的简单文化内涵，非遗文化逐渐变成了被消费的对象。

商业的开发不仅破坏了非遗传承系统，还使中国湘西的一些地区对原住民进行迁移、改变遗产地内原住民的风俗习惯，将活态的非物质文化遗产变成一盘"死棋"，使游客无法在实地体验中感受特色民俗文化，也使非物质文化传承的整体性被破坏。还营造出了人人都只想挣钱的风气，使其原本独特的、丰厚的内涵所体现的历史传统失去了独特的风味，阻碍了非物质文化的传承。长此以往，许多非遗将渐渐失去自己独特的价值，不利于精神文化的延续与传承。

3.5 反方论点总结

保护文化遗产的目的，不仅是保存历史遗迹以满足人类追溯过去的故事，更是为了从物质和精神层面上延续我们的文化与生活本身，使更多的人都能触摸到文化"不能消失的未来心跳"。非物质文化遗产也是我国传统文化的瑰宝，是全国各族人民长期以来创造积累的文化财富，是中华历史文化的重要体现和延续，具有无可代替的重要作用和价值。

可现如今，进入商业化运作的中华文化遗产为了迎合现代人的口味，实现经济价值利益的最大化，将源于古代农耕文化、狩猎文化等的各种文化遗产商业化，使之成为趣味低俗、粗制滥造的"伪文化"，这不仅完全忽视了文化遗产的核心精神、内在价值和文化遗产植根的文化和生态土壤，还令这些文化遗产本身所承载的文化之魂逐渐被淡化或抹杀，使人们不能真正了解其文化底蕴。

文化遗产的商业化核心是商业运作，即以利益交换为前提，把中华文化遗产当作商品进行交换的行为，所以商业化所带来的与中华文化遗产本身的脆弱性、独特性之间存在本质冲突，会对中华文化遗产造成不可避免的伤害。

4. 评论与总结

4.1 对反面论述进行辩驳

4.1.1 适度商业化不会使中华文化遗产遭到破坏

文化并不应该束之高阁，我们所有的文化都是生活的体现。我们的生活离不开商业，文化是会随着时间发展的，固步自封的文化终将腐朽。在不能破坏文化的本体与环境的前提下，适度商业化不会使中华文化遗产遭到破坏，反而是对文化遗产的一种保护，能让它们代代薪火相传，有不竭的生命力。商业化是当代有效的展现手段，利益最大化是其不竭的动力。它能用更多元、更能为大众接受的方式展示文化遗产的独特之处，让不同文化的人都能感受到文化带来的感染力，从而保护文化遗产。

4.1.2 适度商业化不会使文化遗产失去其独特性

文物与遗产资源本质上是一种公共资源，其对应的"产品"首先具有明显的公共文化特性。在文旅融合过程中，文物与遗产活化其实是一个需要小心翼翼推进的领域。其中的难点在于：目前缺乏一套独有的、最大限度阐释真实、完整价值的效果评估标准——只能沿用计算人头数量、计算营业数额的传统模板。这种公共价值与商业需求形成的悖论，常使得"越开放、越破坏"的现象反复出现。自1997年被联合国教科文组织列入世界文化遗产名录后，丽江古城走出了一条文旅融合发展的新路子。特别是自2018年以来，面对饱受诟病的市场秩序和"过度商业化"的质疑，丽江古城从严根治顽疾，加快内涵式转型升级，持续导入新兴业态，将各类文化元素植入游、购、娱、住、行等各个环节，为打造世界级文化旅游名城添彩增色。近年来，丽江古城先后打造了25个文化院落展示馆，营造了良好的人文环境，增强了古城文化的承载力、创造力和传播力。越来越多的文创体验活动在丽江古城生根开花。

或许世界文化遗产丽江古城在曾经受益于商业化的路上走了一小段偏路，但它现在已经积极地走在保护古城文化特色的路上。文化遗产也正是因为它们不同的样子、不同的特点，才会令人着迷，才会在历史的长河中被人永远铭记。

4.1.3 适度商业化有助于增长文化遗产的文化传播价值和独特内涵

2020年5月11日，习近平总书记在山西云冈石窟考察时强调，历史文化遗产是不可再生、不可替代的宝贵资源，要始终把保护放在第一位。发展旅游要以保护为前提，不能过度商业化，让旅游成为人们感悟中华文化、增强文化自信的过程。我们可以看到近些年国家政府大力支持文化遗产适度商业化，在文创产品层出不穷的今天，那些曾经看起来高高在上甚至有些晦涩难懂的文化遗产，逐渐走入了我们的生活。文化遗产的文化传播一定离不开人民群众，人民群众是支撑文化传播的坚定力量。随着人民对文化遗产越来越重视，文化遗产的独特内涵也越来越被发掘出来，越来越不被时间所遗忘。

4.1.4 适度商业化不会导致非遗文化内涵不断淡化

如何才能不断增强非遗文化内涵，要进行"文物与旅游融合"。它是资源、经营、受众三方共同作用下形成的价值阐释过程和消费环境。任何一方都可对文物和遗产资源产生推动力或反向牵制。说得更细致一点：达到全社会都能理解、尊重文物与遗产价值的目的，形成文旅融合的理想氛围和良性循环，还有很长的路要走。所以，真实、完整地进行价值保护，仍是"文物与旅游融合"的重要目标。可以预见的变化是"文物与旅游融合"会将遗产价值与旅游市场目标相加，形成全新的加权指数。其中，会有意识地保持公共文化产品和利益性文化产品之间的比例。

以大运河申遗为开端，跨地域、多领域的大遗址体系显示出文化遗产工作者的成熟功力。价值提取变得驾轻就熟也更恰当准确，提供的遗产类型和价值内涵更加丰富。已经进入申遗倒计时的景迈山古茶园文化景观，近期频繁进入公众视线，并不只缘于我们熟悉的茶文化，还因为其显示出的资源多样性。除体现文化遗产价值外，这里还是中国民间文化遗产旅游示范区、全球重要农业文化遗产保护试点、国家森林公园和国家重点文物保护单位；既有原住民社区，又是文化遗产专家深度参与的保护地，可以说汇集了当下所有的热点、难点。这意味着，以景迈山申遗为代表，旅游文化品牌的形成与深耕开始进入一个新阶段。对待文化遗产"不能过度商业化"，也意味着在文旅融合中，唯以计算 GDP 和游客人头数来判读效果的模式正在走向终结。

4.2 对正反面论述进行总结

文化遗产本质上来讲，是一种艺术的表达方式，是当时的人们对于永恒的理解及期望，表达出来的是对于生命的尊重，并且渴望着后代的人能够理解并接受它。

商业化中的商业其实一直存在并伴随着人类时代的变迁，只是表现出的形态不同。人在追求现实的利益以满足需求的同时，也在追求未来自身生命的延续与永恒，这两者其实并不冲突。

为何一直想要鄙弃"商业化"呢？从来都没有"纯粹的艺术"，我们理解商业，它之所以可持续是因为生活是持续的，每个人的生活是不断向前的，不断寻找生活本身价值的。人并不是一个消费者，而是一个生活者，"人最重要的追求不是在消费这些产品，而是让他的生活变得更加多元和更加精彩"。而这，恰恰也是人追求艺术的目的。

商业化本身没有错，错的是人们对"过度商业化"的解读；自私本身没有错，错的是人们的"你太自私了"的措辞，错的都是人们对它的"过度"。

而对于"过度",如果我们已经给出了具体的解决措施呢?如果我们出于人类最本能的同理心、悲悯心、不忍、善良,把这些通过艺术的熏陶得到的对于生命的尊重放在对于商业化重塑文化遗产的事情上面呢?给予时间和空间,是否最终我们看到的正是我们一直期待看到的,成功脱掉"过度"外衣的商业化。

文化遗产寄予着人类对于永恒的期待,是一种艺术,是一种人类知道自己的生命渺小而脆弱,而想要呼唤自己有没有不朽的可能的声音,想要做一些雕塑,画一些画,看有没有可能比我们存在得久一点,让以后的人们看到我们曾经达到过的高度,而不是这么堕落的样子。

不管是作为旅游开发,作为公共设施,作为爱国主义教育基地或者传统文化的传承和宣传场所,这些都是对文化遗产的利用,我们所要探讨的,是利用的界限和适度,也就是"合理"这两个字。

一般来说,发展观光旅游业是世界文化遗产的主要利用方式。从古埃及到罗马、巴黎、京都皆是如此。文化遗产类的旅游景点,往往是要预约和限流的,这就是保护为先的做法。所以在利用过程中,最重要和最难把握的,就是如何适度。尽管商业化有弊端,但只要坚持适度原则,规避商业风险带来的弊端,不破坏文化遗产的本体,就是成功的商业化。

参考文献:

[1] 蒋文龙,邢丽微,姜帅.商业化运作下的非遗传承[J].质量与市场,2021(04):163-164.

[2] 屠伟军.非物质文化遗产的传承与保护研究——以四川省绵竹年画村援建设计为例[J].城市建筑,2020,17(32):47-50.

[3] 周小凤,卢松,陈思屹,等.世界文化遗产宏村古村落旅游商业化研究[J].石家庄学院学报,2013,15(06):51-57.

[4] 段海霞,谭芳,刘昱宏.湘西地区非物质文化遗产商业化开发研究[J].合作经济与科技,2019,(04):21-23.

[5] 张巍. 以旅游开发为主导的丽江古城遗产保护案例研究 [D]. 重庆：重庆大学，2007.

[6] 施展，周星宇. 关于"非遗文创化"的调查研究——以河南省八项传统技艺开发为例 [J]. 文化产业，2019（21）：7-10.

[7] 骆蕊月. 传承和保护少数民族文化遗产面临的时代困境及出路 [J]. 青年文学家，2019（21）：194.

[8] 李富祥. 非物质文化遗产保护与文化自觉——对于当下非物质文化遗产保护的反思 [J]. 四川教育学院学报，2011，27（12）：37-41.

[9] 赵晓红，罗梅. 保护与开发博弈下的非物质文化遗产创意化发展研究 [J]. 民族艺术研究，2014，27（03）：137-142.

教师评语

首先，文化遗产的保护，尤其是非物质文化遗产，是目前社会关注的热点，是否应该商业化，也是非常具有探讨性的一个话题。选题具有社会意义，本报告问题定义和立场陈述较为明确，并对"商业化"和"过度商业化"进行了概念界定。

其次，正反观点陈述明确，提供了4个正面论点和理由、4个反面论点和理由，并在正面论证结束和反面论证结束时均进行了观点总结。例如，正面论点部分提到"商业化能够提供更好的资金支持、有利于提升知名度、促进保护与传承等"。

再次，本报告在评估与总结部分，对反方观点进行了有针对性的一一回应和辩驳，结论明确。如报告中提到"适度商业化不会使中华文化遗产遭到破坏、有利于提升文化遗产的传播等"，并对正反论述进行了总结，"商业化本身没有错，错的是人们对它的'过度商业化'的解读"、提倡合理商业化。文后交代了参考文献，行文结构和表达符合要求，整体质量较好。

（点评教师：郭彦丽）

当今社会，如何看待"网红"现象？

金融1901　刘楚妍　张欣奕　孙旖旎　李海铭

摘要：当下，应该如何看待"网红"这一互联网时代新兴的十分热门的职业？其中，许多网红依靠自身独特的品质、横溢的才华或不懈的努力受到广大网民的追捧，甚至逐渐催生出了一种刺激消费者消费且与时代经济紧密相连的网红直播带货经济模式。但同时，也有一些网红在利益的驱使下做出违背公众价值观的事情哗众取宠。我们到底应该如何看待这些"网红"现象呢？本小组针对当下"网红"现象的发生、发展，结合自身金融专业的特色及优势，进行了具体的正反分析论证，得出了相应的评估和结论，提出了本小组对此问题的观点和看法。

关键词："网红"现象；利弊；经济；监管

引　言

随着互联网技术的发展，当下的一种新兴职业——"网红"出现了。网红，顾名思义就是网络红人。在新冠肺炎疫情期间，实体经济受到冲击，网红却带动了电商直播、短视频的快速发展，极大地促进了社会的发展。网红经济的商业模式已然成为中国消费市场的新选择。这种"网红"现象改变了消费者的购物习惯，而且刺激了民众的消费。虽有如此好处，弊端却也是实实在在存在的。"网红"作为新时代的产物，受到的行为约束尚不明确，因为相关法律法规尚不健全，所以其中不乏在利益驱使下哗众取宠，做出一些不符合大众价值观的行为的人，在鱼龙混杂的互联网环境中，"网红"逐渐污名化，他们诱导大众消费、偷税漏税、影响大众价值观等，进而给社会造成恶劣影响。

1. 研究背景及问题阐述

1.1 研究背景

在传统快消时代，传播媒介是电视、户外、报纸等传统媒体，曝光至少三次才能形成转化，进而实现流量变现。而随着如今网络社交媒体的崛起，在人人都能够发声的自媒体时代，更能快速地拿到高流量、强曝光、高转化。

在这种快速变现的支持下，网红发展的势头愈加迅猛。在其商业模式日趋成熟的同时，产业链也逐渐完善。从李佳琦等网红直播，到明星、企业家等空降网红直播间等情况，无不诠释出直播带货的火爆程度。数据显示，2020年4月1日，在罗永浩的首场抖音直播带货中，支付交易总额达到1.1亿元，创下抖音平台带货最高纪录。

网红现象的出现，确实刺激了民众的消费，但因为网络的特殊性，对网民的导向具有偏差。"网红经济"作为新时代的产物，相关法律法规尚不健全，其发展中存在的一些不符合大众价值观的行为，给社会造成恶劣影响。

1.2 概念界定及问题阐述

"网红"即"网络红人"，是指在网络上因某事件或行为被网友广泛关注而走红的人，也指因长期、持续地输出专业知识而走红的人。近些年，网红经济快速发展，网红群体越来越庞大。

网红现象的发展具有两面性。一方面，网红现象催生出渐成规模的经济模式，在推动产业变革，促进线上线下产业联动，带动创业、就业，实现新经济普惠等方面发挥了重要作用。另一方面，网红现象带来可观效益的同时也滋生了一些弊端，使得各种乱象也随之出现。网红为"红"不择手段，流量造假、设立虚假人设，进行无下限炒作。又或是为了利益，对带货的商品夸大宣传，甚至售卖假货。种种乱象已经影响到网红经济的健康发展，使得对于网红经济加强监管的呼吁越来越多。本小组就当下如何看待"网红"现象展开讨论与分析。

本组立场：网红是时代的产物，作为新兴产物，必然会存在一些不够完善的地方进而对社会造成一定的负面影响。但是网红的正面效应是不能被忽视的，它已经在我们的生活中占据了重要地位，我们不能因噎废食，但更要以客观的眼光去看待它。

2. 正方观点

网红职业是有利于社会进步发展的。为了论证这一点，我们先看看网红的诞生。这些最早因为某些事件或行为而被广大网友所熟知的人们，在遇到那特殊的机遇或做出特殊的行为之前，大多是默默无闻的。随着某种机缘巧合的出现，他们的名字在广大网友之间流传，他们的事迹从网站到线下广为人知，改变就已经发生了，他们变成了新时代的"网络红人"。

这就要引出一个问题了：他们网红前的人生和网红后的人生是不是同一人生？这样一个看似无关的问题却是正方观点的立足点：我们确定其之后的人生仍与其之前的人生保持着内在的一致性，这保证了他们在成为网红之后，依然是能够引起广大群众共鸣的。尽管在实际生活中，这种共鸣往往持续不了多久就会衰退或是被下一个热点所掩盖，但至少在他仍是"网红"的那段时间，使他成为"网红"的行为或事件是很具有代表性的。

2.1 观点一：通过网红更易于把握社会主要问题

如果某一"网红"所实施的行为或事件代表的是一种消极的社会现象，那么相关领域的管理者就应该马上介入其中了。我们知道在《扁鹊见蔡桓公》中扁鹊对于蔡桓公的病症在腠理、肌肤、脾胃、骨髓四个层次中都给予了不同的评价，而将网红裹挟的行为或事件恰似在腠理中的疾病，在其刚刚发展出来的阶段是它最弱小也最容易加以剪除的阶段。因此，将这些网红所反映出来的问题加以解决并不是什么难事，却是防患于未然之能力的体现。从这个角度出发，网红可以被理解为社会问题的放大镜，通过该放大镜可以使政府更容易发现问题并分析解决问题。

2.2 观点二：网红在经济生活中有许多正面效应

我们再来看看网红在经济生活中的作用。可以将其分成两个部分来详细论证：其一是网红自身的经济价值，其二则是网红经济对于其他部门经济的促进作用。对于网红自身的经济价值我们知之甚多，比如其在直播中得到的打赏之类的，从收益的来源上我们可以得出结论，这是第三产业的收入，也就是将其他人的收入吸收进自己手中从而创造收入的行为。在这个层面上，网红是积蓄了社会财富，同时他们的收益也意味着政府税收的跟进，这是有利的一个方面。而网红对于其他部门的带动作用可以通过最近流行的带货行为和打卡行为进行观察。这两者本质上都是利用了网红的影响力来促进消费，都属于发展第三产业的一部分。第三产业的发展是现在经济发展的主旋律，将一些第一、第二产业的部门与第三产业结合起来发展的形式是现代工农业发展的一条重要道路。在这种情况下，网红经济找到了自己的适配端口，作为一个营销平台适应了这条道路。存在并不意味着合理，但是如果存在能为自己找到一个位置，那么他就暂时合理了。网红经济能够发展至今天，与其所使用的平台式经济策略有很大的关系。

2.3 观点三：网红有利于国家文化大发展与创新

最后，就是网红对于文化的影响了。网红所展示的，正是承载着特殊行为或事件的个体的生活。虽然这样的生活也许不过是剧本中的一两页，但是网红所代表的特殊行为或事件仍然可以被认为是个体的人在这个舞台上完成了一出令人印象深刻的表演。至于这表演的文化内容，大多数都与我们的主体文化存在着千丝万缕的联系，但在表现形式与具体阐述上还是存在着一定的差别。对于我们这样一个文化大国来说，这样细微的差别在我们所允许的文化框架下是完全可以存在的，而且存在着这样那样的差别，可以显示出文化发展的多样性和丰富性，对于文化创新与文化发展来说也未尝不是好事。

3. 反方观点

网络现象带动经济发展的同时也丰富着大众娱乐，给大众带来积极的影响。但是也应该注意到，网红现象也带来了不少问题。

3.1 观点一：网红现象对青少年可能会产生不利影响

网红现象借助飞速发展的互联网，在多元文化下冲击着青少年的价值观。青年文化的多面性也必然导致网红及其周边出现不少问题，甚至遭到社会非议。

网红对青少年的审美产生很大影响，眼球效应下的网红过度重视颜值经济，给社会审美带来很大的困惑，使近年来年轻人对美的追求发生变化，由之前强调内在美、自然美，演变为追捧"整形美"，这样畸形的审美甚至导致一些心智尚未成熟的未成年人整形模仿，产生恶劣影响。

未成年人直播打赏也是一个严峻问题，近年来类似新闻频繁爆出。随着网络的发展，心智尚未成熟的未成年人面对的诱惑越来越多，如果没有足够深入的抵制网络诱惑的教育，让未成年人从观念上杜绝"直播打赏无度"这样的错误认识，他们就可能难于约束自己的行为。同时，未成年人也没有树立正确的金钱观念——钱财来之不易，不能随意挥霍，导致青少年没有节制地花费大量家庭财产，给自己也给家庭带来无法承担的后果。

3.2 观点二：网红现象影响网络及现实环境

网红及其团队急于赚钱，对经济效益呈现明显的过度追求，带来诸多不良示范。大多数网红还没有学会作为一个社会公众人物，用自我修养完成对于社会的责任感、使命感的提升，而是急于赚钱套现，缺乏文化、艺术、审美、价值等方面的培育，难以肩负起社会公众人物应负的责任。

据报道，网红周某八年间因盗窃四次入狱，前科累累，出狱后无重新开始正常生活的打算，在正常的舆论环境中，周某根本不可能被追捧。但是在网络环境中，他的"我偷电瓶车养你"竟成网红语录，出狱有人迎接，家中有人围堵，好逸恶劳的形象有可能被包装成"一呼百应"的直播间"偶像"。这种匪夷所思的行为，已经成为网红文化的"另类景观"。网红以及网红经纪公司在合情合理的前提下，通过正常运营获取收入是正当的。但与其他行业一样，网红产业也必须遵守底线，不能为了追逐短期利益，把整个行业搞成一片恶臭。如果多次偷盗四次入狱且无悔改意识的周某，被网红经纪公司真的捧成了"流量金蛋"，这不仅是对网红产业的损害，也是对社会正常价值观的一次挑衅。过去有网民"欣赏"周某，原因是各种各样、非常复杂的，除了有人羡慕周某好吃懒做也能成红人外，更多的人可能只是在消费周某打发时间，并无意成为周某那样的人。如果网红经纪公司与周某真的如愿在线上线下"掘金不止"，这会加速人们对网红产业的反感，会伤及那些凭借诚实劳动而在这个产业里生存的人。拒绝网红文化的畸形化倾向，加强自律才是当下网红产业自救的重中之重。

3.3 观点三：网红现象可能会诱导消费

网红直播时的打赏行为存在监管盲区和诱导消费者冲动消费等一系列问题。消费者通过直播平台兑换虚拟货币的行为没有明确定义，经纪公司抓住消费者的从众心理，通过虚假天价打赏诱导消费者消费，对消费者的钱财造成损失，更是导致一些心智尚未成熟的未成年人盲从消费，在社会上造成恶劣影响，在造成恶劣影响后平台则以免责条款为由逃避责任。

还有一些网红带货涉及虚假宣传，欺骗消费者，在直播间抓住消费者心理，诱导消费者消费，商品出现问题后维权艰难。例如，某消费者通过某直播平台以1000多元的价格购得两件皮衣，收到货后发现皮衣与直播间所展示的完全不一样。当消费者申请退款时，主播不仅没有同意，还将该消费者拉黑。在当地消协联系商家后，商家仍不承认产品系其销售。这样的问题给消费者合法权益带来很大的伤害，也影响了整个行业的健康有序发展。

3.4 观点四：网红行业可能存在偷税漏税现象

直播平台和网络主播纳税情况也不容乐观，极有可能通过各种手段偷税漏税。网络平台、经纪公司和主播之间关系不明确，无法确定他们之间的税收法律关系，无法确定谁是扣缴义务人。网络直播形式多样，不同直播方式下，主播收益来源不同，税收法律关系可能随之发生变化。

对于网络平台应完善相关立法的实施细则，明确内容标准及监管部门，进一步明确内容标准，逐步消除灰色地带。其次，要明确监管部门职责，完善技术手段，推动企业利用自身技术优势，结合大数据、人工智能、云计算等先进技术提升管理能力，尽可能做到对网络直播内容的及时发现，全面覆盖，提升监管能力。

4. 对双方观点的分析评估

4.1 在经济方面的影响

首先，"网红"自身可以产生经济价值，但存在诱导不必要消费的可能性。"网红"只是一个台前的表象，但其不仅是个人运营，透过现象看本质，"网红"现象的成败与否更多取决于其幕后团队的策划与运营，而观众通过打赏网红等方式产生消费，正是幕后团队利用了网红的影响力这一点来促进消费，事实上推动了第三产业经济的发展。但网红直播时的观众打赏行为往往存在监管盲区和诱导消费者的问题，同时网红带货还可能涉及虚假宣传和欺骗消费者等问题。这是因为消费者通过直播平台兑换虚拟货币的行为在直播平台上没有明确定义，另外幕后团队与经纪公司抓住了消费者的从众心理，通过虚假天价打赏的方式来诱导消费者消费，使消费者造成不必要的财产上的损失。

其次，"网红"经济对于政府的其他部门以及社会经济起到一定促进作用，但仍然存在偷税漏税的可能，需要政府进行监管。"网红"将社会中工作人员的闲散工资以消费的形式作为资金引导入各种领域，在这个过程中，政府会再次征税，从而获得一笔额外的财政资金，用于增加政府税收。在对社会经济的促进作用方面，可以通过以下两个例子进行论证。第一，"网红"丁真通过其影响力宣传了中国川藏地区的风景文化，从而带动了川藏地区的旅游业，对当地的经济社会产生良性影响，促使很多人想要去了解川藏地区的风土人情，有利于刺激内需带动消费。第二，中国工程院院士朱有勇扎根农村，带货直播1小时销售25吨土豆帮助农民脱贫，迅速登上微博热搜，引发网友热议。虽说朱有勇院士并不是网红，但他也是利用了"网红现象""网红经济"这一点，帮助推广与销售偏远地区的农产品，带动了当地经济，提高了当地人们的生活水平。但需要注意的是，由于"网红"们的网络平台、经纪公司或是主播之间关系不明确等原因，无法确定他们之间的税收法律关系，无法确定谁是扣缴义务人。网络直播形式多样，不同直播方式下，主播收益来源不同，税收法律关系可能随之发生变化。

4.2 对社会的影响

"网红"具有或多或少的社会影响力，这一点毋庸置疑，也正因如此才能产生"网红现象"。

对社会影响的积极方面："网红"可以通过其自身的影响力向观众们传递出很多信息。"大网红"如新华社、外交部发言人办公室和共青团中央这类的粉丝过百万的"网红"官方媒体，前者通过自身的社会影响力曝光了类似"敦煌防护林被砍事件"等热点问题，把社会暗处的问题曝光，通过大众的监督与评价，力推政府及时发现问题、解决问题，给大众一个交代；后者通过对外国记者的一个又一个问题进行点对点辩驳，依靠其本身的优势和资源给中国社会带来正向反馈，在增强人民的自信心的同时，也向外国展现我国政府和人民的大国担当与家国情怀。

对社会影响的消极方面："网红"及其幕后团队急于赚钱，对经济效益呈现明显的过度追求，还不能承担起作为一个社会公众人物应承担的社会责任。由于缺乏文化、艺术、审美和正确价值观等方面的培育，网红们难以很好地肩负起社会公众人物应负的责任，某些言行会把涉世未深的青少年带入歧途，产生严重后果。

结 论

当代社会我们如何看待"网红"现象？

其实当代社会中"网红"们的质量往往良莠不齐，所以对于网红现象需要适度管控，取其精华去其糟粕。承认"网红"现象所带来的经济利好，不能一味地因为存在牟取暴利和偷税漏税的问题严令禁止，更应该推动以政府为主的监管，群众为辅的监督来管理"网红"们及其直播平台，再通过"良币驱逐劣币"的方式将不能承担社会责任感的"失格网红"逐出市场，给社会创造一个良好的环境，这样一个环境（狭义上指网络环境，广义上指社会环境）能给青少年们起到正确的导向作用。

参考文献：

[1] 袁野. 网红经济探秘 [J]. 合作经济与科技，2017（17）：9.

[2] 李宏伟，李晓钰，王紫琪，等. 浅谈网红营销的影响及建议研究 [J]. 商讯，2019（36）：7-8.

[3] 戈晶晶. 数字时代下的网红经济 [J]. 中国信息界，2020（05）：20-21.

教师评语

该小组同学讨论的问题是"网红"这一目前社会的热点现象，也是青年学生非常关注的问题。文章首先介绍了研究背景，对"网红"概念进行了清晰界定，同时阐明了小组的观点"网红职业是有利于社会进步发展的"，并从"通过网红更易于把握社会主要问题""网红在经济生活中有许多正面效应""网红有利于国家文化大发展与创新"等三个方面进行了论证。

为了使论证更加全面、辩证，该小组又提供了反证的4个论据："网红现象对青少年可能会产生不利影响""网红现象影响网络及现实环境""网红现象可能会诱导消费""网红行业可能存在偷税漏税现象"，并对正、反双方的观点进行了比较充分、深刻的分析和评估，对网红现象在经济方面的影响以及在社会方面的影响分别进行了正面和负面的对比总结，彰显了同学们较为严谨、专业的研究态度。

尤其可喜的是，通过正反两方面的论证，以及对正反双方观点的分析评估，小组报告得出了辩证的结论：其实当代社会中"网红"们的质量往往良莠不齐，所以对于网红现象需要适度管控，取其精华去其糟粕。既不能因其存在一定的问题而严令禁止，又要充分发挥政府、群众等的监管、监督作用，促使网红们遵守职业道德，履行社会责任，规范自身行为，以便推动网红经济朝着健康、有序的方向发展。

文章撰写总体来说客观、理性，对问题的剖析也考虑到了不同视角，努力从全面、整体的角度出发去思考问题，报告撰写具有一定的深度，能够从一个侧面反映出作为金融学专业大二学生一定的专业素养和专业能力。文章完成的质量总体而言较好，体现了小组同学多次交流、辩论、思考、反思等研讨活动的质量，显示出该组同学在面对社会热点问题时的冷静思考和一定的批判性思维意识及能力。

（点评教师：郑丽）

中小企业资金投入重点：营销服务还是研发产品？

营销 2001　　张杨　　张淳　　陈恬　　邬雨桃

摘要：本组的论题为对于中小企业来说，应该将大量资金集中到营销服务还是研发产品？本组立场认为对于中小企业来说应该将大量资金集中到研发产品，营销服务只是打开市场的手段，究其根本还是产品研发更为重要，毕竟企业的最终目的是追求利润最大化，而产品研发作为一种有效的差异化手段，通过新知识、新技术、新工艺的运用，能够帮助公司开发生产新产品、提高生产效率，同时还能够通过创新手段优化生产方式和管理模式，快速提高产品质量，使企业能够在快速占领市场后保证技术领先，打造行业壁垒，这也是实现市场价值的过程。所以中小企业应把大量资金集中到产品研发，而不是营销服务。

关键词：营销服务；研发产品；资金投入；中小企业

引 言

在市场竞争激烈、产品严重同质化的今天，中小企业应该将大量资金集中到营销服务还是产品研发，一直都是企业管理者所困惑的问题。本文通过正反方论证，详细分析了企业应把更多资金投入产品研发还是营销服务，综合各项内容得出中小企业应把大量资金集中到产品研发的结论。

1. 问题概述与本组立场

现如今人们购物变得方便快捷，大多数人在购买东西之前都会去网络上搜索用户评价，选择购买人数多、好评多的产品，尽可能地避免试错成本。在社交 App 上，搜索一项产品名称，会出现很多关于产品的测评及使用感受，是真实的用户评价还是推广，我们已经分辨不清。以小红书为例，过一段时间就会火爆一个产品,当你搜索过相关信息后,会被众多的 KOL 以及用户帖子刷屏,这些火爆的产品中有品质好的,他们万事俱备,只欠"营销",当然也有品质相对不好的,需要依靠营销包装来吸引客户参与市场竞争。还有很多企业秉持着产品第一的原则,在营销活动上相对薄弱,但依靠口口相传,也获得了实打实的黏性客户,有良好的口碑。

那么对于中小企业来说,到底应该将大量资金集中到营销服务还是产品研发呢?

企业将资金投入到营销服务是为了把产品推广出去,吸引客户,最大的目的就是卖货。企业将资金投入到产品研发是为了提高企业的信誉和形象,增强企业的市场竞争力,从而提高经济效益。

本组认为应该将研发资金更多地投入到产品研发中,所有的营销首先都基于产品,对于一个企业来说,产品永远是第一位的,俗话说"酒香不怕巷子深",产品好可以在一定程度上削减营销服务的比重。

2. 正方论点

2.1 论点一

观点:从企业可持续发展角度,产品是企业的核心,所以要注重产品的研发。

从品牌可持续发展的角度来看,只有从产品本身做文章才会更有说服力,才是从根本上解决产品与购买者需求相一致的明智之举。企业生存更多的依赖是产品,因为产品是为客户提供的最直观、最有说服力的东西,作为商家,互利就是通过一定的交易方式使双方都可以得到一些自己想要的东西。对于中小企业来说更是如此,在中小企业没有足够资金可以平衡研发及营销时,把更多资金投入到研发产品更为重要,好的产品是一个企业的根基,如果连好的产品都没有,拿什么去做营销呢?好的产品能建立好的品牌,但是好的销售却不能有同样的效果,现在是品牌为王的时代,好的品牌需要靠好的产品来创建。作为厂家,就要提供质量好的产品,买家无非想通过金钱来得到自己想要的产品，即使销售人员把产品推销得天花乱坠，客户用了产品还是不满意，最后竹篮打水一场空。俗话说，口说无凭，眼见为实，就是这个道理，客户不仅要得到自己眼见为实的东西，而且还要得到产品后期的价值，这都是客户购买产品最需要的。

商业的本质要回归价值，有竞争力的产品才能够创造出成功的企业。任何成功企业的背后，都有好的产品作为支撑，这才是商业的本质和基础。千万不要被商业模式、营销等各种炒作迷失了眼睛。多年前有一部电影叫《阿凡达》，它当时的全球票房总额加在一起是当年中国几百部电影的票房总和。卡梅隆为什么成功？他十年才拍一部电影，但一部电影赚了别人十年的财富，打磨一款好的产品，才是品牌的根本，也是企业经营者必须要走的一步。所以任何企业都要以产品的研发为重，把大量资金投入到研发产品上，让产品质量更好，消费者才会感到满意，消费者满意后才可能会为产品做口头宣传。这种口头宣传使企业不用花费任何成本，就能达到宣传的效果，这比企业通过大量资金投入加大宣传要好得多。通过人们的口口相传，企业积攒顾客，打造品牌的知名度和信誉度，可以达到延长品牌生命周期的效果，这样的企业才算成功。

结论：产品是企业的核心竞争力，企业要注重产品的研发，加大资金投入。

2.2 论点二

观点：从消费者购买角度，消费者购买一个产品是为了产品本身，并不是为了营销服务。

从定义来看，正反观点一个侧重产品本身的改进，另一个则寄希望于外部手段的改进。很明显，我们购买一个产品，更重要的是为了产品本身，而不是为了那些五花八门的营销手段。很多消费者热衷于买打折的产品，等待着像"双11"这样的节日，许多品牌注意到了这一点，不断地打折促销，压缩研发产品的成本，将企业大量的资金投入营销服务中，产品价格降低，但是消费者并不买账。一方面，过多的打折促销透支了市场的购买力，让消费者对打折促销产生了麻木感、疲惫感；另一方面，减少对产品研发的资金投入难以保证产品的品质，损害了品牌的信誉度。不可否认，打折促销产品拓展了品牌的宽度，但是也降低了品牌的温度，降低了其企业生命周期。这种行为就是杀鸡取卵，对品牌建设有很大影响。只有企业注重打造好的产品，才能赢得消费者的认可和信赖，企业才能成功。

结论：消费者购买产品是为了产品本身，而过多的营销会让消费者感到疲惫。所以企业应注重产品的研发，加大资金投入。

2.3 论点三

观点：从销售者角度看，过度营销会造成不正当竞争，而提升产品质量更为重要。

从销售者的立场来看，产品的研发应该是营销服务的前提与基础。只有在研发出好的产品后，营销才能有好的根基，才能够取得预期的效果。销售是建立在产品之上的销售，没有好的产品，不可能出现好的销售，即使有好的销售，这种销售业绩也是昙花一现。产品永远是销售的前提和依托点。一位老年人购买了一种"控糖"保健品，卖家声称该保健品不仅可以代替药物，还有治愈糖尿病的功效。在商家的忽悠下，老年人花了9600元钱买了三个疗程。结果老年人在吃保健品的过程中，因严重低血糖而被送进医院抢救。后来经权威部门检测，该保健品含有大剂量的优降糖成分。从某个角度上讲，这种保健品就是降糖药，如果服用剂量过大，不但没有保健效果，而且还会引发严重的低血糖危险。如果企业将大量资金投入到营销服务上，企业的员工就会意识到企业的重点，会更加在营销方面卖力，推销员很有可能会夸大其词，对产品进行言语上的过度美化，甚至出现虚假销售，使企业名誉受损，得不偿失。

企业研发产品需要花很多心思，在产品推出前需要反复测试，一次不好的体验会损失一个顾客，企业可能需要花费几倍的成本挽回，甚至花费更多都无济于事。那么在一个不成熟的产品阶段的营销就变成了产品的"杀手"，此时过度的营销近乎"自杀"。在电商发展的时代，电商的营销就有类似的现象出现，看到别人做促销自己就着急，做的时候又没有准备好促销的产品，活动页面和规则也都没预备好，就稀里糊涂地推出了。但是广告投入、营销都实施了，一时也收不住了，导致一场活动下来白忙活了，没有赚钱而且全是负面信息。这种事情的发生，就是因为对产品的重视不够。好的营销，需要好的产品作为支撑，一个好产品不仅可以让营销更具张力，更有效力，同时也可以让团队充满干劲不断创新产品，这是企业产品快速迭代的动力。所以企业应把更多资金投入到研发产品中，有了好的产品作为基础再去营销，就会达到"1+1>2"的效果。

结论：企业应更注重产品而不是营销，过度的营销会导致忽略产品的质量，可能会导致负面影响，所以企业应该更加重视产品的研发。

2.4 正方论点总结

我方认为中小企业应把大量资金投入到产品研发中。在营销服务模式增多的现在，企业应该回归本心，把重点放在产品研发上。消费者需要的是产品本身而不是五花八门的营销，而好的营销建立在好的产品基础上，若没有好的产品，再好的营销也无济于事。只有拥有好的产品，才能为品牌打造知名度和信誉度，最后才可以达到延长品牌生命周期的效果。

3. 反方论点

服务营销含义：服务营销简单来说即企业通过以客户需求为本，为充分满足客户需求，在营销活动中采取的一系列营销策略，最终实现有利交换的一种营销手段。

3.1 论点一

观点：企业重视营销服务会带来巨大的业务增长，营销服务应受到更多的资金扶持。

当产品质量、价格差距逐渐缩小、市场竞争日益激烈时，提高顾客的消费体验、让顾客享受服务的全过程已经成为企业提高营业水平的关键。而且，把服务营销置于公司布局的重要位置,把服务理念植根于每一个企业员工的心中,才能满足顾客的消费需求,从而使企业走得更远。像驰名全国的海底捞,之所以后来能成为餐饮业服务营销的领头人,正是因为它无微不至的服务独具特色,有没有比它更好吃更实惠的店?答案是肯定的,但其他店都没有它名气大、赚得多。服务本身就是最好的营销,好的服务带来业务增长。

结论:我方认为公司应该把大量资金集中到营销服务,这样能带动企业迅速发展,先站住脚跟,才能使企业发展壮大。

3.2 论点二

观点:如今,消费者更加倾向于选择品牌产品,为了企业的持续发展,应该将资金集中在品牌营销上,从而达到企业的利益最大化。

再次回到我们的辩题,对于中小企业来说应该将大量资金集中到营销服务还是产品研发?首先,中小企业之所以称为中小企业,其产品周期大多应处于引入期和成长期,在这两个时期企业的知名度很低,绝大多数的消费者可能都不知道有这个企业,那么企业应做的是争取早期使用者,努力提高品牌知名度,适度营销,不断地扩张和渗透市场,追求最大市场占有率,产生该企业的品牌偏好。

如今,消费者更加倾向于选择品牌产品。品牌不仅是企业的标志,更彰显了消费者的品位、消费价值观念以及消费理念,同时在一定程度上也展现了商品品质的优异性。确立品牌策略,完善服务营销,是企业开拓市场的最优途径。可是,企业要是把大量资金投入到研发产品,就像丈二和尚摸不着头脑,尤其是现在,电子商务盛行,消费者更多地被营销所吸引,然后去了解产品,再做出购买行为,此处的购买行为动机更多的是一种体验、一种感受、一种情感。所有企业的最终目的都是盈利,而不是孤芳自赏。

结论:我方认为中小企业应把大量资金投入到企业最为需要的服务营销里。

3.3 论点三

观点:服务已经成为企业未来增长的驱动力,我们应抓住机会,重视服务营销。

未来的企业，都是服务型的。在当下竞争加剧、产品同质化的压力下，传统的制造、快销、IT行业也不仅仅只是售卖产品，而是将服务变成重要的业务组成，甚至是主要的利润来源。

苹果、特斯拉等企业已经不是单纯的硬件制造商，而是加大了生态建设和软件服务，并与客户深度沟通与绑定。以星巴克、宜家为代表的零售创新，不断强调用户体验，在场景体验、会员服务上追求极致。新兴快销品牌倡导的DTC（direct to customer），通过私域流量运营、社群，与客户建立长期的深度沟通，这是中小企业应该参照学习的地方。产品的销售仅仅是服务的开始，通过倾听、互动、关怀与客户产生的情感共鸣，持续产生收益。服务已经成为企业未来增长的驱动力。

结论：我方认为应抓住时代的列车，避免被淘汰出局。开眼看世界，学习新思想，让服务营销指引中小企业达到成熟期，才能有金钱和时间再去做产品创新和研发。

3.4 反方论点总结

我方始终坚持中小企业应把大量资金投入服务营销。在产品同质化日益严重的当下，企业只有从服务营销着手，为客户提供良好的销售服务，才能提高客户的购买体验，满足客户尊重需求与自我实现需求；借助品牌服务的力量，提升客户的满意度与忠诚度，从而有效提升自身产品的核心竞争力，尽可能帮助企业占领更多的消费群体与市场份额，有效提升企业经营效益，从而推动企业良性发展。

4. 评估与结论

4.1 评估一

在反方论点一中，海底捞作为营销型企业，在2019年前后突然爆火，之后海底捞企业在营销上下了很大功夫，但在2021年底被爆出关闭276家门店，其中还有32家门店停业整顿，亏损41亿元，且在微博、豆瓣、知乎等各大网站上都出现许多消费者的吐槽声，口碑相较2019年时严重下滑，在全国关了近1/5的门店。即使部分原因是受疫情影响，仍反映出一个问题：海底捞企业产品不能够使消费者满意，产品不够过关。

在这个日新月异的时代，市场也是极为多样化的，市场竞争激烈，企业众多，想要在众多企业中脱颖而出，占据部分市场，需要好的产品。好的产品是一个企业能够强大的基础，是能够吸引消费者的原因，"酒香不怕巷子深"，例如昙雅品牌，这个彩妆品牌十分小众，知道的人数非常少，但仍有许多博主去推荐，有的是坐拥百万粉丝的博主，也有日常分享没有粉丝的素人。所以说只要产品做得好，无论企业如何小，都会被发掘且受到更多消费者关注，且消费者是免费的宣传，保证消费者满意，企业品牌的知名度就会有一定提升，延长品牌生命周期。

4.2 评估二

反方论点二、三中主要提到通过营销来建立品牌影响力，扩大品牌知名度，在现有产品上将资金大量投入在服务和营销方面，这不失为一个快速建立品牌、增加受众的方式。可是，从企业角度出发，需要长久地维持品牌，尽最大能力去延长品牌的生命周期。例如香奈儿品牌，在1910年成立，维持至今已经百余年，且还有一直延续的趋势。在品牌建立初期，香奈儿也只是一个小服装品牌，在获得成功后，创立人香奈儿将资金投入研发，又衍生出了化妆品系列。香奈儿并未过多地去营销，而是专心注重产品，致力于去研发产品，做成了现在知名度极高的世界级品牌。香奈儿每年都会推出新产品，在消费者眼中也是产品优质的品牌代表，总有新的品牌消费者加入，且同样稳固了老顾客。香奈儿的成功也印证了，想要更好地维持品牌寿命，就要致力于产品。

对比来说，同样为化妆品品牌，完美日记的品牌创立道路就是与香奈儿截然不同的。完美日记于2018—2019年突然从不知名发展为一线爆火品牌，成为在2019年"双11"活动中天猫销售额首个破亿的彩妆品牌，但近两年连连被爆出亏损。完美日记的营销方式是在各大平台上找到博主，大到千万粉丝级别的博主，小到素人，都在分享完美日记，推荐完美日记，企业将品牌营销发挥到了极致。但现在的口碑较差，在微博中的话题"用过最难用的化妆品"频频可以刷到完美日记，这是品牌过于注重营销而不注重研发产品。完美日记作为国货品牌，消费者带着情怀去消费，容忍度较高，但若完美日记仍然不重视产品研发，仍将经费花在营销方面，品牌将快速被市场淘汰，被其他品牌所取代。

另外，会有品牌借着营销的噱头将产品夸大其词，如正方论点三中老人购买的保健品，这种不专注做产品而去夸大其词甚至行骗的企业是不会有好结果的，会被法律所制裁。

因此企业还是要脚踏实地地去发展。

4.3 结论

我们认为，企业应注重研发产品，将大量资金投入到研发产品中，这样产品才能吸引更多消费者，从而延长品牌的生命周期。消费者的口碑就是最好的营销，吸引更多消费者，维持消费者的品牌忠诚度，赢得消费者的认可和信赖，从而提升企业收益，做到让消费者满意，才是一个企业的使命。

因此我们的结论是，企业更应该将大量资金投入到研发产品中去。

参考文献：

[1] 谭儒. 鞋服业：产品比模式更重要 [J]. 中国皮革，2014，43（18）：39-40+43.

[2] 腾讯世界网络品牌官方推广账号——好产品决定好营销，https://mo.mbd.baidu.com/r/Ei0rrKt4U8?f=cp&u=0d94ea89b43a1d1d.

[3] 陈祖义. 做好服务营销，提升企业品牌 [J]. 印刷经理人，2021（05）：52-53.

[4] 田志龙，戴鑫，戴黎，等. 服务营销研究的热点与发展趋势 [J]. 管理学报，2005（02）：217-228.

备注：因编撰《伦理困境中的批判性思考及路径选择》的需要，为了提高可读性，本论证作业标题是任课教师在原文基础上进行修改提炼的，但并未改变原文意思。原标题为"对于中小企业来说应该将大量资金集中到营销服务还是研发产品"，教师修改后为"中小企业资金投入重点：营销服务还是研发产品？"

教师评语

首先，选题一方面体现了专业特色，另一方面结合当下企业面临的现实问题，是非常具有探讨性的一个话题。尤其是在新冠肺炎疫情的影响下，很多中小企业生存艰难，是求生存还是求发展？在资金有限的情况下，营销投入和研发投入的资金比例如何分配？选题非常具有社会意义，本报告问题定义和立场陈述明确。

其次，正反观点陈述明确，提供了3个正面论点和理由、3个反面论点和理由，并在正面论证结束和反面论证结束均进行了论点总结。例如正面论点部分提到"从企业可持续发展角度，产品是企业的核心，所以要注重产品的研发"。

最后，本报告在评估与总结部分，通过举例对反方观点进行了辩驳，结论明确，例如海底捞和完美日记的案例等。文后交代了参考文献，行文结构符合要求，但文字表达方面仍有提高的空间，整体较好。

（点评教师：郭彦丽）

社交电商对社会的利弊影响

信管2001　唐宇喆　史昀昊　武淑涵

摘要： 小组讨论的是社交电商对社会的利弊影响，并且认为社交电商利大于弊，无论是从经济发展方面，还是促进就业以及基础设施建设方面来看，社交电商都意义非凡，通过销售额、普及程度等也可以看出社交电商正在逐渐成为我们生活的一部分。通过促进经济、促进就业、加快扶贫速度、增添生活色彩、加强现代流通性建设等几方面来为社会安定与平稳发展贡献一份力量，而且可以为消费者提供很多的方便条件和全方位的服务。诚然，社交电商存在的问题也不少，包括商家之间的恶性竞争、消费者的信息安全问题、消费者利益的问题等。只是我们认为在不断的发展进步中，这些都是有可能改善的。总体来看，社交电商带来的好处还是要多于坏处的。

关键词： 社交电商；利弊；影响

引　言

在当今社会上，我们经常会涉及社交电商，那么什么是社交电商呢？社交电商是一种去中心化的新型商业模式，是近几年来大火的一种商务模式，因为它在渠道深度、品牌推广度、流通速度等方面都具有特别的优势，是现如今电子商务中最重要的创新力量。所谓社交简单地说就是相互间的交流，至于电商的概念，直白地说就是从事一切网络交易活动的商业买卖。所以社交电商就是利用社交效应，也就是利用现在的视频博主粉丝，进行网络销售。

1. 问题界定以及本组立场

那么社交电商在我们当今社会上广泛应用，更是很多电商集团甚至小的零售商主力项目，我们平民老百姓也是经常在使用，所以社交电商必然会给我们带来很多利与弊，我们组要研究讨论的就是社交电商对社会的利弊影响。而经过我们组的商讨，社交电商所带来的利益是要大于弊端的，甚至可以说是远远大于弊端的。

2. 正方论点——社交电商对社会的利益

2.1 社交电商可以推动社会经济发展

当今时代，科技飞速发展，通过对网上购物的进一步开发与发展，社交电商横空出世。这种商业模式以社交为基础，通过社交来推动相对应商品的销售，通过对其产品效果的真实演示来激起人们的消费欲望，通过数据可以看出，这种销售方式深受大家喜爱。如图10所示。

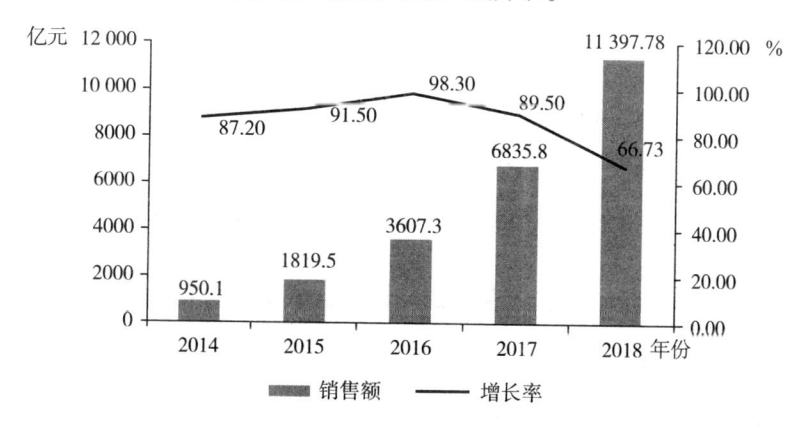

图10 2014—2018年中国社交电商市场规模增长趋势

资料来源：前瞻产业研究院整理 @ 前瞻经济学人 App。

对于商业来说社交电商起到了导购的作用，并在用户之间、用户与企业之间产生了互动和分享。对于企业来说，可以增加用户黏性，让用户有参与感。对于品牌商来说，社交电商通过社交化工具的应用及与社交化媒体、网络的合作，完成了品牌销售、推广和商品的最终销售。社交电商的本质在于依托社交链条的分享效应扩大用户规模，能够给一个品牌带来很大的收益：（1）品牌的推广更宽：正如上述提到的导购作用，消费者对于产品的信任会随着亲朋好友的推荐逐渐提高，并且逐渐降低对品牌的依赖，只要卖家的产品足够好，口碑传播带来的影响和效益会逐渐增加，自然而然使用品牌的人会更多。（2）品牌会更加的盈利：在社交电商模式下，消费者在社交分享的驱使下，开始注意然后到感兴趣，潜在的消费需求被挖掘，进而促进交易的成功。并且消费者是在信任的基础上选择产品，主动传播意愿度较高，有利于卖家的进一步宣传。

图11　2014—2018年中国社交电商用户规模增长趋势

资料来源：前瞻产业研究院整理@前瞻经济学人App。

由此可见社交电商对于社会经济发展具有很强劲的推进作用。

2.2 通过社交电商的内容分享模式，让社会人文底蕴更加丰富

内容分享型的社交电商，主要是指主播对某一产品在自己家中使用的例子进行视频记录，并把这个记录生活的视频发布到网络上来吸引消费者。这样做的同时也分享了自己的生活，让大众看了她的视频之后可以暂时体验到别人的生活，这无疑增加了生活的乐趣，增强了大家生活的动力。

2.3 社交电商拓展就业渠道

社交电商依托互联网社交工具，为用户挖掘自身社交影响力及分享获取流量提供了支持，降低了每一位用户参与分享与使用流量的门槛，社交电商企业还提供相关培训，在带动社会就业特别是灵活就业方面发挥着不可低估的作用。在社交电商平台上，活跃着大量的自由职业者、全职宝妈，其中有

不少来自偏远农村地区，实现灵活再就业。

2.4 社交电商助力扶贫攻坚与乡村振兴

社交电商与农产品产地直接对接，依托丰富的营销与裂变手段，能够快速有效地助力农产品销售与推广，吸引人才回乡创业，促进农村产业扶贫。2020年初受新冠肺炎疫情冲击，很多农产区发生滞销。拼多多设立了专项助农补贴，线上线下同步采取了针对性措施，深入农产区开展在线培训、抗疫助农直播，探索农业产业新模式，建立"多多农园"，通过拼团加订单农业、社区团购等，引导农户开展标准化、品质化作业。拼多多2020年的农产品交易额翻倍增长至2700亿元，1200万农户通过拼多多将产品直接出售给全国的消费者。

2.5 社交电商推动现代流通体系建设

社交电商依托的是品牌或个体自有的私域流量，为经营主体积蓄流量池、打造品牌提供了契机。在新冠肺炎疫情期间，深圳天虹商场借助腾讯智慧零售的数字化工具能力，形成了数字化的客户触达和管理运营机制，在"线上购物节"开展一周后，实现销售额环比增长92%，单日线上销售额超3000万元、淘宝特价、京喜、苏宁拼购等拼团、砍价社交电商新玩法的出现大力推动了电商行业下沉、工业品下乡、农产品上行，通过大量聚集订单，促进了企业定制化生产和柔性供应链改造，农业生产定制化、标准化大大提升了农产品的商品化率，促进了城乡流通体系优化升级。

2.6 社交电商方便消费者并提供全面服务

相比直接在淘宝、京东等大型电商平台上搜索和购买商品，对于一些买家来说，通过熟人推荐，更能帮助自己快速找到想要的商品，而且不用担心质量问题，实现供需的高效匹配。"平常上班太忙，有个熟人帮你关注什么东西好用、想买的东西什么时候打折，真的非常省事。"经常通过社交电商平台购物的网购达人表示，熟人口碑营销更容易被他接受。

社交电商可以抓住每一位用户，不分阶层不分年龄段，考虑问题会以用户的思维，物品的性价比也会以用户的角度去审视，基于社交与互联网的关系，借助网络平台提供给客户最周到的服务，这就是社交电商的创新与魅力所在。

我们还根据四大社交电商类型，总结了对于消费者的优点：

（1）拼购电商：主要特点就是低价多量，并且物品的实用性很高，一般都是日用品，所以人们也普遍很需要它。

（2）内容电商：主要特点能减少消费者选择的烦恼，吸引消费者观看。

（3）会员电商：会员制的优点是一般会有很多优惠情况，并且很多店铺也会给会员提供一对一的优质服务。

（4）社区电商：最大的优点就是方便快捷省事。

2.7 正方观点总结

无论是从经济发展方面，还是促进就业以及基础设施建设方面来看，社交电商都意义非凡，并且通过销售额、普及程度等也可以看出，社交电商正在逐渐成为我们生活的一部分。通过促进经济、促进就业、加快扶贫速度、增添生活色彩、加强现代流通性建设等几方面，为社会安定与平稳发展贡献了一份力量，而且对于消费者和传统电商而言，用户的购买行为一般是"搜索式"的，即用户有了购物需求后，再到电商平台上搜索自己需要的商品，这个过程是有明确目标的、计划式的，用户一般只会浏览自己需要的商品品类，是"用完即走"的。而社交电商的购物模式是"发现式"的，即把商品分享到用户的面前，用户的选择一般是有限的，同时通过低价、内容等方式，激发用户的购买欲望，是一种非计划式的购买行为，并通过信任机制快速促成购买，提高转化效率，最后通过激励机制激发用户主动分享意愿，降低获客成本。社交电商可以提供很多的方便条件和全方位的服务，在当今社会相当实用。

3. 反方观点——社交电商的弊端

3.1 社交电商存在传销与恶意竞争问题

2020年社交电商蓬勃发展，但同时，社交电商在合规治理中也容易走入"灰色区域"，与其他类型的社交电商相比，会员分销类存在"涉传"风险的问题，需要进一步规范。2020年以来，中国裁判文书网发布多家知名社交电商平台因涉嫌传销被冻结账户的行政裁定书，其中就包含未来集市、淘小铺、斑马会员、粉象生活等。社区团购型社交电商发展过程中应严格遵守市场监管总局与商务部"九个不得"行为规范，避免低价倾销、过度竞争等行为，自觉维护公平竞争的市场环境。

3.2 社交电商的网络诈骗问题

有一部分商家在视频博主下面的回复中，找到那些询问产品在哪购买的人，然后私信告诉他们视频博主推荐的商品是从他们这购买的，进而欺骗消费者以高价购买劣质产品。就是为了推销自己的产品，而不择手段地去吸引并不知情的消费者，对于被欺骗的消费者和被抢走消费者的商家都是很大的损失。

3.3 社交电商存在极大的数据安全隐患

很多的电商网页或者 App 对消费者的消费习惯相对更具有侵略性，他们十分强大的数据库和录音录像系统，将消费者的个人隐私展露无遗，就比如你在其他平台搜过任何物品，你再登录电商平台就会给你推荐这类产品供你挑选及购买；还包括抖音的录音功能，等等。这些功能在我们看来是十分方便，但我们也认为是比较可怕的，说明我们消费者对于电商集团是不存在隐私的。

3.4 社交电商存在欺骗欺负消费者的行为

这种行为其实在我们身边经常发生，毕竟为了吸引大量的消费者，社交电商的推广肯定会过度的夸张化，就此产生了很多欺骗消费者的情况。

以拼多多六万人砍价事件为例：

图 12 拼多多砍价事件

对此，有媒体联系到拼多多求证。以下为拼多多回应全文：

1."未砍成功"不实。活动信息显示，该博主 3 月 17 日 12 点 52 分开团砍价一款价值 2099 元的 vivo 手机，3 月 17 日 16 点 40 分已砍价成功，平台已根据活动规则，向其账号发送了特制优惠券用以领取该款商品，博主于当晚 23 点 34 分领取，砍价所获商品已于 3 月 18 日 9 点 27 分发货，19 日 8 点 31 分已送达博主所在的长沙市雨花区某代收点。

2."几万人参与砍价"不实。博主直播期间已公开说明，自己是向其 QQ 群友发出帮砍邀请，并非几万名观众实际参与了砍价。事实上，关于砍价人数，传言经历了多重演变，从"上千"逐步演变为"几万""6 万""7 万"。

3.一单砍价成功的案例，却在某种蓄意推动下，成为与事实完全相反的热搜、热议话题，进而混淆舆论视听。公司法务部门已完成相关证据保全。

4.感谢社会各界对拼多多相关活动的关注和支持，未来平台将进一步完善活动流程和规则，优化活动指引，提升活动体验。

以上分别为主播所说的结果，以及拼多多官方做出的回应。不难看出，此次事件产生了许多负面舆论，认为拼多多有诚信问题、欺骗消费者行为。然而，看似拼多多玩转了互联网社交与消费者之间的关系，将消费者圈入一个只有拼多多自己能掌握的游戏闭环，但其中的规则在时间与大量用户的涌入之下，开始不断暴露规则的漏洞，最终不过沦为舆论攻击的靶子。

一直以来拼多多暴露出的问题比较多，商品质量问题、假货很多、砍价成功却强制取消订单等，这些都是社交电商带来的一种虚假夸张化传播所引起的。

因此，我们认为拼多多作为其产品的规则制定者，应该不断完善产品，而不是一味地维护自己，指责各种"不实"，甚至将问题归结为"某种蓄意推动"。别把舆论当傻子，丝毫不顾忌自己"逐利"的"底裤"。

3.5 反方论点总结

其实社交电商作为新时代的电商模式，肯定是会存在一些问题的。比如商家之间的恶意竞争，消费者的信息安全问题，消费者的利益问题，而且这些事情发生的频率比较高，且是比较难控制住的。重要的是社交电商创新的理念就是对消费者和客户提供全方面优质便捷的服务，存在这种影响消费者利益、欺骗消费者的问题是十分恶劣的，商家连最基本的法治观念都没有，如何让社交电商更进一步呢？怎么可能对消费者乃至社会有更大的贡献呢？

4. 评估与结论

4.1 评估

正方论点提到了社交电商无论是市场还是用户数量爆炸式的增长，都明确告知我们一个结论，那就是社交电商是一种成功并且值得继续深化的体系，而从多个方面透彻分析带来的关于社交电商的其中几个优点则有力地支撑了正方明确且一致的论点。可以看到，无论是其带动经济增长、丰富人民生活的效果，或是为灵活再就业提供的帮助，又或是推动现代流通体系建设、助力扶贫攻坚与乡村振兴，这些真实可靠的论据明确地关联了社交电商优大于劣的论点。

反方论点提到了社交电商的诸多值得改进的方面，选用第三人称视角，如恶意竞争、数据泄露危险等复杂且棘手的问题的确存在且暂时无法通过现有的方式解决，反方的论点明确，且通过真实可靠的案例作为论据，明确地关联了社交电商劣大于优的论点。

4.2 结论

相较而言，正方论点的社交电商优大于劣更应该被认同，社交电商带给我们的影响是显而易见的。无论从什么角度来看，我们都完全可以大方地享受社交电商带来的一切好处。同时，发展迅速的社交电商固然存在许多问题，但我们相信随着信息科技的进步，以及相关法律的逐步完善，当前这些问题一定会得到解决。在数据与科技发展的今天，我们相信，未来社交电商优大于劣的趋势一定会一步步扩大，我们也相信社交电商会为我们带来更多的利好。

参考文献：

[1] 张莉，宋思根. 社交电商用户购买意愿的影响因素 [J]. 安庆师范大学学报（社会科学版），2022，41（01）：50-58.DOI：10.13757/j.cnki.cn34-1329/c.2022.01.008.

[2] 吴力. 社交电商："创"出高质量 [N]. 国际商报，2022-01-10（002）.DOI：10.28270/n.cnki.ngjsb.2022.000105.

[3] 叶丹. 社交电商"潮落"了吗？[N]. 南方日报，2021-09-24（B04）.DOI：10.28597/n.cnki.nnfrb.2021.006451.

教师评语

首先，关于社交电商的选题具有一定的现实意义，而且与信息管理与信息系统专业相关，选题一方面体现了专业特色，另一方面结合当下的社会热点，是非常具有社会意义的话题。本报告有明确的段落进行问题定义和立场陈述，观点明确。

其次，正反观点陈述明确，提供了6个正面论点和理由、4个反面论点和理由，并在正面论证结束和反面论证结束，均进行了论点总结。且在进行反面论证时，结合"拼多多万人砍价"的热点事件，进行了论文分析。

最后，本报告在评估与总结部分，对正方观点和反方观点进行了总结分析，得出了社交电商对社会的影响优大于劣的结论。文后交代了参考文献，行文结构符合要求，但文字表达方面且评估论证仍有提高的空间，整体较好。

（点评教师：郭彦丽）

法律和道德冲突时，我们如何抉择？

——从海因兹盗药事件说起

金融1901　艾芳恒　曹鑫宇　沈国庆　吴欣宇　吴雨晴

摘要：从海因兹偷药的故事中，我们体会到主人公对这件事的选择体现了这个社会的价值倾向。海因兹为救爱妻突破了法律的界限而盗取药品，充分说明出发的角度不同立场也出现差异，依"法"而言或者依"情"而言的分析结果是不同的，这需要很强的辩证性和批判性的思考。我们的倾向是既然违背法律，就不能逃脱法律的制裁。法律是维护社会长治久安的重要保障，海因兹偷药是扰乱社会秩序的违法行为，如果不加治理，产生违法行为的人还会增加。若所有人都能因为人性道德而逃过法律的制裁，那么，社会将变成一团糟。但法律也不是一成不变的条文，它可以通过共同的协商和合理的程序进行完善，而且社会中除了法律还有许多诸如生命的价值、全人类的正义、个人的尊严等道德原则。

关键词：法律；道德；人性；抉择

引　言

前几年，《我不是药神》影片大火，讲述了一个令人感动的故事：主人公程勇迫于生计，私自售卖违禁药，一次险些被抓，他忐忑不安，解散了同伴们。一年后，一个伙伴因白血病离世，程勇不惜亏本重操旧业，又一个同伴牺牲才让他躲过一劫，但最终还是没有逃过法律的惩罚。

本次我们研究分析的海因兹偷药的故事恰恰与此电影有着异曲同工之处，主人公挣扎于法治道义与爱妻生亡之间的艰难抉择，因难以逃脱心灵的脆弱和对妻子的怜爱，最终选择了违背法律的做法。对此，我们从道德、生命、规则、法律、价值等关系范畴进行辩证思考，以期取得对问题的更进一步认识和理解。

1. 问题定义及立场陈述

主题介绍：海因兹的妻子病危，而他却无钱支付高额的药费。在药商既不肯降价又不答应延期付款的情况下，海因兹为救妻子的性命，破门而入偷了药。他应不应该这样做？是应当坚持法律的森严还是优先选择人性道德？

问题定义：这件事揭示了人性道德与法律是如何冲突而又如何相互平衡的，其两难选择在于我们应该遵守法律还是选择维护个人生命的权利。海因兹为了给妻子治病而跨越法律界限去偷盗药品，但他是在药商不肯降价也不答应延期付款的特殊情况下才出此下策，看似万不得已又情有可原，一下子触发了道德与法律的冲突矛盾点。

从定义上看，人性道德是一种社会意识形态，是人们共同生活及其行为的准则和规范。而法律法规既是一条红色警戒线，又是一张巨大的网。从功能上看，法律是由国家的强制力保证实施，而道德主要凭借社会舆论、人们的内心观念、宣传教育以及公共谴责等手段予以体现。二者既相互联系又相互区别。道德是人们心中的法律，法律是成文的道德。法律与道德相辅相成、相互促进，共同组成法律信仰与法治观念，亦即形成法律至上的规则意识，形成守法光荣、违法可耻的社会氛围。

本事件问题冲突在于海因兹为救妻子性命而偷盗药品违反了法律，但却彰显了生命高于一切的人性。是应当坚持依法办事还是应当选择特殊情况下情有可原？我们小组对此进行了头脑风暴。经过充分的研讨分析，本小组认为：应当依照相关法律进行处理。在当今社会，人们并不能完全依靠道德来约束自己，道德的形成受到各方因素的影响，无法确保每个人形成正确的道德观念，而法律则可以铁面无私地去约束和保护人们，所以应当坚持法律的公正和严明。鉴于此，本小组认为海因兹偷药应该受到法律的制裁。

2. 正面论证：偷药应当受到法律制裁

对于海因兹偷药事件，我们认为应该按照法律相关条款进行处理。

第一，从法律与秩序方面来看，海因兹偷药的行为是不合乎法律并扰乱社会秩序的行为。法律是对人要求的底线。法律是由国家制定认可并由国家强制力保证实施的社会规范，其本身的权威性、强制性决定了法律具有较强的预测性。此外，法律具有极强的稳定性，不能朝令夕改，只有这样才能适用于现实的社会生活。法律的底线相较于道德的底线要低得多。如果人们都因某种原因去触犯法律，而法律却不能对他们进行制裁，那么将来的社会只会变得混乱无序。海因兹采取非常措施救治妻子的性命，从本质上讲是触犯法律的行为，因此，为了社会秩序的稳定，其必然要接受制裁。

第二，从普通的伦理原则来看，海因兹偷药的行为是不公正的。海因兹想要救下妻子的性命无可非议，但是他并没有考虑其他人的生命价值，别人也可能急需这种药。他这样做，对别人是不公平的。如果人人都如此自私自利，仅考虑自身，全然不顾及他人的生命，那就不会有警察、消防员和守护边疆的军人等的无私奉献。如果是这样，则国家、社会、人民的安全就无法保证，公平和正义就更加难以实现了。法律的真正意义在于实现公平、正义，海因兹偷药触犯了法律，且有违公正，所以，为了维护社会的公平与正义，海因兹应当受到法律的制裁。

第三，法律的威严源于人们发自内心的拥护和真诚的信仰，不是一蹴而就的。前些年，虽然我国已经形成中国特色社会主义法律体系，但违法现象仍然存在。一些人尊法、守法、用法意识并不是很强，一些国家工作人员也出现过依法办事观念不强的问题，知法犯法、徇私枉法的现象依然存在。这些违背社会主义法治原则的问题，恰恰说明法治意识还没有在全社会广泛地、牢固地树立起来。只有严格依法办事，才能树立法律法规的威严，不给钻法律空子的人留任何余地。所以，海因兹偷药应该受到法律的制裁。

3. 反面论证：海因兹偷药的行为是合理的

在上述情况中，在商家不降价也不延期的情况下，海因兹选择为拯救妻子而偷药是可以的。因为，我们要考虑到的是，当走投无路时，只有偷药能挽救爱人生命时，违反法律是唯一的选择，这就使海因兹的行为得到了某种意义的合理化。

首先，从人类历史进程的角度看，对人类生命的尊重应该得到无条件的优先考虑，法律是人类制定的，如果人类个体本身的存在都得不到保障，那么法律的存在将毫无用处，法律的实施也将阻碍重重。

其次，从是否挽救妻子的角度讲，如果海因兹放任自己的妻子死掉，自己将会面临很大的责任，他将会因为无法挽救妻子的生命而受到舆论的谴责，在法律上也会与药剂师一起因为妻子之死而接受调查，甚至受到处罚。但凡海因兹有点责任感，就不会害怕做挽救妻子性命的事情，从而不会让妻子过早死掉，如果海因兹未能履行身为丈夫的责任而使他的妻子死掉，他将背负着罪恶感度过一生。

再者，从偷药的角度讲，是否会被抓到也是未知数。在许多人眼里，为妻子治病去偷药情有可原。如果没钱买药，也没有其他途径，身边的人会认为你是一个没有人性的丈夫，若妻子死掉，将造成更为严重的舆论影响。就算偷药被抓，老百姓会觉得事出有因。虽然存在侥幸心理，但与人的生命相比较，这些都微不足道。

不久之前，一部热映电影《我不是药神》疯狂走红，达到了上亿元的票房。此电影由真实事件改编，讲述了一个男人为了拯救买不起药的病人们，选择违法偷购国外的药。在这部电影里，男主角程勇选择了"人命大于天"，事实证明，他不仅拯救了这些人，更得到了很多人的尊敬与崇拜。电影一经热映，好评如潮，其中无数评论称感动到痛哭流涕，而我们为之感动的不正是那份为了挽救他人生命而无私付出的崇高品质和那充满人性的光辉吗？

当我们去认真思考这样的问题，违反法律拯救人命的事情该不该做，我的答案是肯定的，有什么比生命更重要呢？难道看着那些穷苦的病人因为没钱买药死去吗？这不是良心所能允许的事情。那些病人非亲非故，程勇尚且如此，那海因兹作为丈夫去拯救妻子的行为，岂不是更加合理？

4. 评估与结论

海因兹的妻子病危，他不能支付高额的医疗费用，而药店又不肯降价，也不答应延期付款。在这种情况下，海因兹为救妻子破门偷药，这正是现如今社会中人性人情与法律法规发生冲突的热点问题。如何在上述两难处境之间进行抉择，我们结合上述正反两方面论证，做了进一步分析评估得出结论。

海因兹偷药事件，本身是一件不合乎法律并且是一种扰乱社会治安的行为，法律是底线，只有拥有法律的保障，社会的治安才会得到保障，我们才能在安定的社会中生活。再者，从伦理道德来看，海因兹偷药事件是对其他人的一种不公平，海因兹偷药可能会导致药物的短缺，可能还会导致其他人生命的逝去。法律对于人的约束是为了维护正义和公平，是为了维护社会的长治久安，让人们的生活更加安定。所以，海因兹应当受到法律的惩罚。但是，这个事件同时又与人性道德密切相关。于情，海因兹为拯救妻子的性命去偷药是能够被理解的。虽然方法错误，但是如果他没有救自己的妻子，他也许会陷入一生的愧疚当中，作为一名丈夫，不会忍心看着自己的妻子丧命。于理，无论海因兹因何缘由去偷药，他都触犯了法律的底线，他必然要付出救治妻子的代价。在《我不是药神》电影中，这种人性道德就有所体现，但是同时，男主角本身也陷入触犯法律的境地。有些人认为，男主角是为了拯救更多人的性命才违反法律，海因兹也是为了救妻子的性命才不得已去偷药；而有些人则认为，法律是对人性的一种底线，触犯了法律就是需要受到法律的惩罚，如果不受到法律的惩罚，那么将会有更多的人实施违法的事情，社会则会陷入一片混乱。

综上所述，海因兹偷药事件，虽然在人性道德上是一种可以原谅的行为，但是，现如今，在法治社会中，海因兹应当受到法律的惩罚。法律是维护我们社会长治久安的保障，海因兹偷药是扰乱社会秩序的违法行为，并且还可能会增加更多人的违法行为。如果所有人都因为人性道德而逃过法律的制裁，那么这个社会将一团糟。但法律也不是一成不变的条文，它可以通过共同的协商和合理的程序来加以完善，而且社会中除了法律还有许多诸如生命的价值、全人类的正义、个人的尊严等道德原则。因此，海因兹的行为虽然触犯了法律，但是在道德上认为海因兹有责任去救助任何人的生命。所以，我们小组认为海因兹应当受到法律的惩罚，但是由于他的救人行为是正义的，可以酌情从宽处理。

参考文献：

[1] 袁海艳. 海因兹故事引发的法律与道德冲突探析——法律伦理的大爆炸 [J]. 现代商贸工业，2012（23）.

教师评语

美国海因兹盗药的故事和中国影片《我不是药神》从某种意义上说有异曲同工之处。两件事情都会引起人们在情与理、是与非等方面的多种思考。该小组同学的选题很有现实意义，对主题的介绍和问题的分析也基本清晰。但是在论证或反证方面显得有些薄弱，有些内容属于重复，需要进一步丰富该部分内容，加强对论证及反证的支持力度。建议在文章后半部分增加一小节内容"对正反论证的分析比较"，以便将正面论证和反证的比较评估以更为突出的方式显示出来，这样才可以将人们更深刻地置于道德与法律的冲突中，面对两难境地时如何更加全方位多角度地考虑问题。

该小组同学最终的结论具有一定的参考价值。虽然情与理难于平衡，但是该小组依然通过论证提出了自己的建议。一方面要维护法律的尊严，依照法律程序办事，另一方面也要兼顾一些特殊情况，在量刑时酌情从宽处理。另外，在电影《我不是药神》的最后，国家将正版药列入医保，药品价格下调，取消进口药品关税，这些举措都证明了国家制度的优化完善才是打破利益与生命僵局的最终利器。这一点希望对同学们的讨论也有所启发。

（点评教师：郑丽）

疫情期间生活物资是否应该涨价？

会计 1902　侯堃　陈莎莎　李佳妍　王子雯

摘要： 在疫情防控期间，违反国家有关市场经营、价格管理等规定，囤积居奇，哄抬疫情防控急需的口罩、护目镜、防护服、消毒液等防护用品、药品或者其他涉及民生的物品价格，牟取暴利，违法所得数额较大或者有其他严重情节，严重扰乱市场秩序。

关键词： 市场平衡；民生保障；消费者

1. 问题定义及立场阐述

1.1 问题背景

2020年1月23日，因新冠肺炎疫情不断恶化，湖北省武汉市决定采取最严厉的防疫措施——"封城"，以避免疫情向其他地区进一步扩散，全国疫情防控阻击战就此拉开帷幕。为了遏制疫情蔓延，各地纷纷采取地区封锁、停工、停产、停课、停业、禁止聚集等多项封禁措施。在此背景下，实际的市场经营者数量大大降低，口罩、消毒用品、药物等防疫用品以及蔬菜、肉类等基本民生商品的市场供需关系发生重大变化，少数投机者趁机抬高商品价格以赚取高额利润，疫情防控用品和基本民生用品的价格一路走高。哄抬价格行为在扰乱市场秩序的同时也进一步刺激供求的不对等性，增加民众的恐慌情绪，甚至造成社会不稳定。因此，对这类异常涨价行为的坚决打击和全面规制刻不容缓。

1.2 概念界定

在疫情期间，很多商家选择了提高自己的商品价格来应对供不应求的情况，那么这种措施是否真的合理呢？

1.3 论点陈述

接下来我们小组会从生产环境、物流成本、人工成本以及消费心理这四个方面进行论证来表明在疫情期间可以适当提高商品的价格。同时我们也会从涨价的商品种类以及涨价的幅度来进行论证，表明不同类型的商品应该进行合理的涨幅。

2. 正方观点

疫情期间，生活物资的价格有普遍上涨的趋势，我方观点认为在疫情这个特殊时期，物价上涨具有合理性，应该作调增价格处理，其原因及分析如下：

2.1 疫情导致生产环境风险加大

生产活动中被感染的风险是极大的，由此导致风险补偿的产生，风险补偿是平时生产中所没有的生产成本，这时会导致一些生产企业减少生产，由于生产成本的增加，生产数量会相应减少，同时上调出厂价格。这些上调的价格最终会反映在消费端。

2.2 物流成本加大

疫情期间，居民被居家隔离，很多地区实行封闭政策，限制交通往来运输，导致物流的运输不是很通畅，一方面会增加运输过程中的成本，另一方面也会减少运输的数量，导致整个商品的供给减少，因而生活物资的价格会上调。

2.3 生产人工成本上升

生活物资属于生活必需品，需求量大，而疫情期间，多数企业停工停产，导致供给下降，即便少数企业仍继续生产，但是疫情期间的工资水平较正常时期普遍升高，由此人工成本大大提高，为了生产经营的有序进行，应该对生活物资进行价格调增。

采用演绎推理中的假言推理，根据肯定前件式推理，成本越高，价格越高，由于疫情导致人工成本、运输成本、风险补偿成本上升，所以价格应该上升。

2.4 消费心理变化

对未来有不确定性预期。这会促使消费者不计价格成本，大量存储、抢购，造成短时间商品供求失衡，进而抬高物价。

关于消费心理采用非演绎推理中的归纳推理，由个别到一般，由于会存在部分老年消费者本身存在囤积物资的习惯，部分年轻消费者对于疫情新闻比较敏感，也会在此特殊期间积极购买物资，所以归纳得出结论，消费者会积极购买物资，为了维持供求关系以维护市场的有效性，应该进行涨价。

3. 反方观点

3.1 事实论据

从历年数据来看，春节期间的物价，尤其是蔬菜、水果等生活必需品都会有一定幅度的上涨，加上2020年新冠肺炎疫情期间，生产和运输环节受到较大影响，进一步推高了物价。

3.1.1 涨价主要集中在生活必需品和医疗防护用品

从调查结果来看，蔬菜、水果和防护用品涨价行为占比最高（近八成），其次为肉蛋奶、米面油和医药健康类产品（四成左右），方便食品和休闲食品涨价的比例也占一定数量（两成左右），娱乐产品和学习教育类产品涨价行为占比较小（不足一成）。如图13所示。

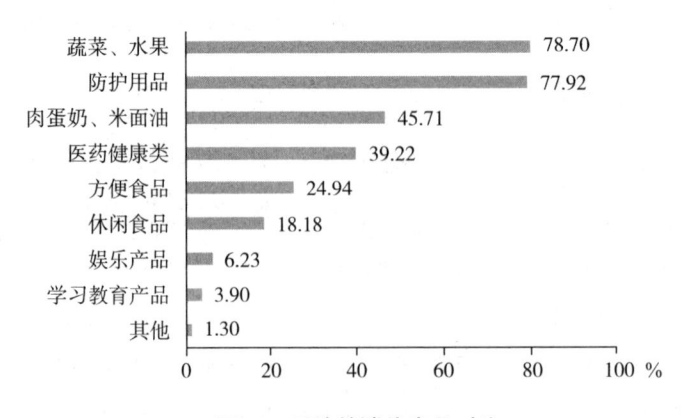

类别	百分比
蔬菜、水果	78.70
防护用品	77.92
肉蛋奶、米面油	45.71
医药健康类	39.22
方便食品	24.94
休闲食品	18.18
娱乐产品	6.23
学习教育产品	3.90
其他	1.30

图13 采购的涨价商品对比

3.1.2 商品涨价幅度主要集中在50%以内，物价总体平稳可控

整体来看，随着涨幅的上升涨价的商品种类在持续降低。超四成（41.82%）公众在购物时遇到商品涨幅在30%以内，超三成（34.29%）遇到商品涨幅在30%～50%，超两成（22.86%）公众在购物时遭遇商品涨幅在50%～100%。如图14所示。

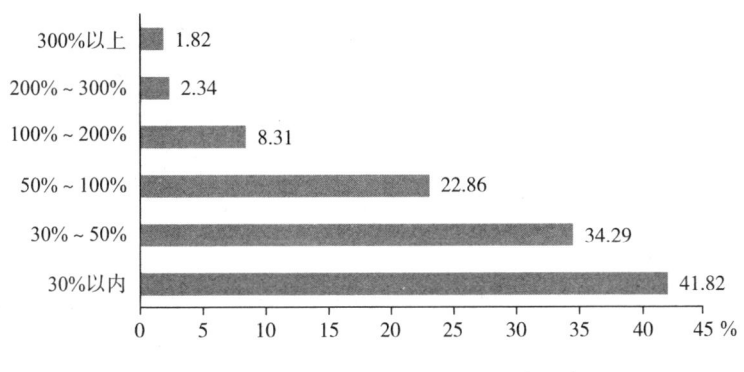

涨幅区间	百分比
300%以上	1.82
200%～300%	2.34
100%～200%	8.31
50%～100%	22.86
30%～50%	34.29
30%以内	41.82

图14 公众在疫情期间购买商品的涨幅情况

三段论：大部分人们都是月光族，没有积蓄，身上还背负着车贷房贷，平常就已经勉强负担生活用品，疫情期间，他们还宅在家中，很多人没有去工作，没有收入来源，而且生活物资还涨价了，更加难以负担，所以疫情期间生活物资涨价是不合理的。

因果推理：因为生活物资涨价，所以人们都疯抢，期望在没有涨到更高的价格时，买到必备用品，又由于人们疯抢，物资供应不足，导致价格更高，从而形成恶性循环，导致市场价格机制扭曲，最终导致市场失衡，从而引起国内经济动荡，更加影响人们的生活。

归纳推理：有部分生活物资的供应商家涨价，得到了暴利，从而导致其他商家眼红，竞相涨价，最终生活物资全面涨价。人们难以承受生活物资过高的价格，引起社会动荡。人们对"疫情+春节式涨价"的宽容与理解，并不意味着可以纵容商家漫天要价。相反，商家应当将涨价的缘由、涨价标准予以明示，满足消费者的知情权，而不是坐地起价，趁机发国难财。国家应对哄抬物价、发国难财的行为加强监管，坚决打击。

综上所述，我们反对疫情期间物价猛涨，政府也应当出台政策限制物

价的上涨。

4. 评估和结论

4.1 对上述正反论证的比较和评估

比较：正方是从疫情的特殊时期背景出发，站在生产者的角度指出了疫情导致生产环境风险加大、物流成本和人工成本上升，站在消费者的角度指出了特殊时期消费者心理发生的变化对物价上涨的推动作用，进而指出了物价上涨的合理性。而反方将疫情暴发之时正处于欢度春节的特殊时期的因素考虑了进去，同时指出了物价上涨主要集中在生活必需品和医疗物资上，且上涨幅度基本保持在可控范围之内，同时站在经济社会发展的角度指出了政府应对物价上涨采取合理的控制手段。

评估：因为疫情的特殊原因，正方从生产风险、物流成本、人工成本和消费者心理变化四个方面，主要使用演绎推理的方法指出了物价上涨的合理性。从供给和需求两个方面分析了供求矛盾的变化导致了物价上涨。但正方观点缺少充足的数据支撑，也没有具体的实例来支撑结论。正方仅从生产者和消费者的角度出发，物价上涨也可能是商家定价政策发生了变化，考虑方面不足。而反方主要采用类比推理和归纳推理的方法指出疫情期间物价上涨需要政府采取一定的手段进行控制。用具体的数据表明物价上涨的情况，从市场经济规律、社会公平、市场失灵等角度出发指出物价应得到一定控制的理由。但反方没有将特殊时期生产成本的变化、供需关系的变化等因素考虑进去。反方指出商家哄抬物价是疫情期间物价上涨的重要原因之一，但是市场上这种违反相关法律法规恶意抬高物价的商家只是少数，能否对整个市场的物价产生如此大的影响，反方并未在此做出具体的分析说明。

4.2 结论

经过以上分析，我们小组认为在疫情的特殊背景下，由于生产成本、生产风险等发生变化导致的物价上涨具有一定的合理性。但如果物价上涨严重违背了市场规律，政府就需要采取一定的宏观调控手段来加以控制。

参考文献：

[1] 吴晓林.疫情防控中的城市治理[J].决策与信息，2021（02）.

[2] 王为久，吴志杰.突发公共卫生事件中档案部门开展工作的路径研究——基于新冠疫情防控期间31个省级档案部门工作开展的实证分析[J].档案学研究，2021（01）.

[3] 张珂.疫情防控背景下经济犯罪之刑事政策适用问题[J].辽宁公安司法管理干部学院学报，2020（06）.

[4] 商务部.连锁企业要多方筹措货源 重点保障生活必需品供应[J].中国食品，2020（04）.

教师评语

该组学生作业以"疫情期间生活物资是否应该涨价"为主题进行正—反—正推理与论证分析，选题符合现实问题，具有深刻的思考性和社会意义。本组学生在知识点的运用上能够熟练使用，研究方法应用自如。能够灵活运用批判性思维理论，清晰、恰当明确问题背景、表明立场，同时对所持正面和反面立场，分别从疫情导致生产环境风险加大、物流成本加大、生产人工成本上升、消费心理变化四个方面进行了正面观点的论证；另一方面，从一系列事实论据中进行了反面论证，论证和理由充分，且每个论证前提和推理的运用正确、有效，并能够使用具有一定可靠性的信息及其来源加以解释和评价。结论和证据具有良好的对称性。该组作业整体论证逻辑清晰，呈现内容完整、文笔流畅、格式规范，文中所引用的数据或资料均有完整、正确的参考文献予以支持。

（点评教师：刘宇涵）

商家在疫情期间高价卖菜到底该不该罚？

会计2001/02　唐琪　姜然　韩子怡　周雨彤　张子涵

摘要：本文简要分析了新冠肺炎疫情对居民生活的影响以及对实体店商家盈利状况的影响，并针对"商家在疫情期间高价卖菜到底该不该罚？"这一问题进行探讨和辩论，分别站在商家和居民的角度对这一问题进行理性的分析，即"商家在疫情期间高价卖菜该罚"和"商家在疫情期间高价卖菜不该罚"这两个方面进行正反论证分析，并对此得出了相应的结论，也提出了本小组关于这个问题的观点和看法。

关键词：新冠肺炎疫情；商家；高价卖菜；居民生活

引　言

2021年，由于新冠肺炎疫情的再次反复，疫情防控形势也更加严峻，许多城市都限制了人员流动并要求人们进行居家隔离、减少外出以防范新冠病毒。这些政策的实施也影响到了人们的日常生活。疫情期间物资紧张，买菜成了人们的大问题，商家为了盈利而对瓜果蔬菜进行高价售卖，一棵白菜竟卖到78元。在人们居家隔离、无法出去工作的情况下，商家的这一行为严重影响了居民的生活质量，也扰乱了蔬菜市场的正常运行。

1. 问题背景及论点陈述

1.1 问题背景

自新冠肺炎疫情暴发以来，网上已经出现多起超市恶意抬价的事件。特别是2020年初疫情刚暴发的时候，很多地方的超市在一夜之间被抢购一空。随后，部分超市开始恶意抬价，一棵大白菜竟被卖到70多元，胡萝卜及其他多种蔬菜的价格也是远超平常的价格。有的人故意选择在疫情暴发阶段公开来制造热点，引发恐慌并从中敛财。针对这些情况，市场监管局第一时间进行调查处理，对恶意抬价的商家进行处罚。而在2021年，因新冠肺炎疫情严重反复，上海、广州等地又出现了商家高价卖菜的现象。买菜难、无法点外卖、网上购物不发货，成了人们日常生活的难题。而菜价飞涨的同时，仍然有很多人买不到，市场瞬间变为卖方市场。面对这一现象，市场监管局再一次第一时间介入调查，处罚恶意抬价的商家。其实，我国在经历多次疫情的反复后，在粮食、蔬菜储备和供应方面积累了丰富的经验，即便某地真的因疫情而不得不封锁，也不会出现粮食蔬菜短缺的问题。各地方市场监管局近两年也对多起恶意哄抬物价的商家进行了处罚与教育。

对于市场监管局的这一做法，部分商家表示不能理解，即在疫情期间实体商家进货困难、经营困难，但同时还需要支付其店铺的租金，在基本没有盈利可言的情况下，冒着很多风险经营，却还要因为抬高蔬菜价格而受到处罚。但大多数居民还是赞同市场监管局这一做法的。这两种看法就引出了一个关于"商家在疫情期间高价卖菜到底该不该罚"的问题。

1.2 论点陈述

在疫情期间，因为商家和居民各自的利益不同，所以导致对于高价卖菜这个问题的看法也不尽相同。商家为实体店盈利着想认为高价卖菜不该罚，而居民则为其生活质量着想认为高价卖菜应该进行处罚。对此，我们小组认为，商家高价卖菜应该受到处罚。在特殊的社会形势下，集体的利益要高于个人的利益，只有集体受益，个人才能跟着受益。所以我们小组认为商家不应因私欲而高价卖菜，而那些高价卖菜的商家也应该受到处罚以维持市场秩序，保障人民的日常生活。

2. 正方观点：商家在疫情期间高价卖菜该罚

2.1 论证分析一

观点：高价卖菜既影响人们的日常生活，又扰乱市场秩序。

由于2020年新冠肺炎疫情的暴发，并且一直持续到现在，导致我国许多产业都受到了巨大的冲击，经济发展速度下降。面对着巨大的经济压力，多数行业发展不景气，有许多个体户破产了，有部分职工因为公司资金周转困难被解雇了，还有许多职工的工资降低或者公司无法按时发放全部工资和奖金，导致人们的收入下降，有部分人还面临着房贷、车贷或者房租等每个月必须要缴纳的费用，生活压力大大增加，每个月的消费必须严格控制，才能够保证偿还全部的费用。所以，如果这个时候商家高价卖菜，虽然会获得更多的经济利益，增加企业和个人的收入，但是对于那些生活困难的人们，无疑是雪上加霜，他们已经无法拿出多余的钱去购买昂贵的食物，日子会过得越来越困难。就算是普通家庭手里有些积蓄，也支撑不住每天在饮食上有这么大的花销，长此以往可能导致不能维持正常的生活，所以商家在疫情期间高价卖菜该罚。

在疫情期间，商家与居民一荣俱荣，一损俱损，在商家高抬菜价的同时，虽然表面上获得了盈利收入，但如果所有的商家都这么做，那么高抬菜价的那一方也不会好过，因为商家不仅是商家和卖家，也是消费者和买家，当大家都哄抬菜价的时候，自己又怎会幸免呢？在疫情严重的当下，如果我们不能互相帮助，那么最后伤害的还是我们自己。所以商家在疫情期间高价卖菜该罚，这既是为了稳定市场秩序、保障人民生活的需要，也是为了国家和经济发展的需要。

2.2 论证分析二

观点：高价卖菜会引起恐慌心理，妨碍疫情防控的效果。

自2022年3月以来疫情愈发严重，全国每个省市都有许多病例增加，上海和吉林是疫情最严重的地方，严重的时候可以达到每天日增千例，两个地方都开始实行封闭管理，有大部分人进行居家隔离，对于有些日常没有囤货习惯的家庭而言，这种情况是一场生存挑战。由于没有充足的食物和生活用品等，他们只能每天依靠早起抢菜，才能够保证每天都有充足的食物维持生活。我们也可以通过很多的社交软件看见许多上海的居民早起抢菜失败，买不到自己想要的食物，有许多的食物秒无。如果在这个时候还要提高食物的价格，那么会有更多的人吃不上饭，无法保证正常的生理需求，会使更多的人处在不健康的状态，身体会出现很多疾病，医院会增加更多病人，医护人员会超负荷工作，导致疫情更难以控制，甚至会导致社会不稳定，所以商家高价卖菜该罚。

在疫情期间，作为商家不应该只顾自己的私利，而应该为社会做出贡献，助力国家疫情防控。高价卖菜会导致居民产生恐慌心理，尤其是在疫情多次反复的形势下，人们会担心自己以后的生活状况，会担心物资是否紧缺，父母的身体如果出现问题能否得到及时的救治等问题。所以高抬菜价不仅会扰乱市场秩序，也会对人们的心理状况造成不好的影响，使人们产生不安感和恐慌感，甚至会导致那些心理脆弱的人们患上抑郁症等，从而严重妨碍了疫情防控的进度和效果。所以商家高价卖菜该罚。

3. 反方观点：商家在疫情期间高价卖菜不该罚

3.1 论证分析一

观点：高价卖菜使购买者多了一种选择，多了一种购买途径。

在疫情期间高价卖菜的商家，只是给消费者多提供了一个选择，对购买者来说也是有好处的。在被报道出的事件中，我们不难发现，高价菜并不是所有菜都高得离谱，只是个别品类特别突出，如"78元一棵大白菜"。那么，也就是说，购买者完全有选择是否购买的权利。换句话说，无论出于什么原因，选择购买高价菜的人都是能够接受此等价格水平的人，那么交易就存在平等性。此外，还存在着一个现象：不知道多少人，一边痛斥在疫情期间高价售菜的商家，一边在各个平台渠道上，蹲守一切可能买到蔬菜的机会，定点抢结果"秒没"，一边在朋友圈里，不惜加价参加万个起购的拼购，结果当然是到货遥遥无期。由此可见，商家售卖高价菜也未尝不是一个可选项。所以商家高价卖菜不该罚。

3.2 论证分析二

观点：高价卖菜缓解了蔬菜紧缺的问题。

从经济学角度出发，在一些疫情较严重的地区，蔬菜需求激增，每个人都在通过各种渠道寻求购买蔬菜，甚至已经出现一些家庭为了下一顿的蔬菜绞尽脑汁的情况。这时出现了售卖蔬菜的人，何尝不是为人们的生活提供方便呢。况且出现蔬菜供不应求的地区都是疫情已经相对比较严重的地区，存在着较高的感染风险。这时商家冒着巨大的风险，克服了一定困难才找到货源，冒着可能暴露给病毒的风险，快速从其他地区购买来蔬菜，再进行售卖，这其中所包含的附加价值十分巨大：运输风险、时间价值、风险价值……因此高价无可厚非。比尔·盖茨曾经说过："商业是最大的慈善。"这是他多年在世界范围内做慈善的最大心得，说明在分配资源问题上，商业是最有效的方式。正是因为一部分人赚到了该赚的钱，才有能力去做出更大的调节。

假设一味地惩罚售卖高价菜的人，可能让遭受蔬菜短缺的人情况更加糟糕。购买高价菜的人需求是很朴素的：急需蔬菜！那么售卖高价菜的商人又恰好能够解决购买者的燃眉之急。售卖高价菜的商人被罚了，但解决问题都需要时间，无论是从其他地区调菜还是对有限蔬菜再分配，都需要一定的时间，也就造成了部分人的状况没有得到及时的改善，反而不如售卖高价菜改善状况来得快速。并且，出现售卖高价菜这种现象，就已经证实供不应求的经济现象出现了。这时，仍一味地处罚高价卖菜的商家，只会为政府以及当地蔬菜基础供给工作增加工作量，提高难度。

另外，发挥价格应有的调节机制也是关键。菜价高的根本原因是需求过剩、供给不足，而商家在疫情期间高价卖菜可能是增加供给的最好办法。很多人认为售卖高价菜不对，但如果没有高价利润，怎能激励别人费尽心思、不计回报去采购那些人们最需要的蔬菜呢？因此，他们本身的行为就是增加了市场的供给，无形中使蔬菜的价格下降，缓解了供需矛盾，只是不容易被看见而已。所以商家在疫情期间高价卖菜不该罚。

4. 对双方观点的分析评估

综上可知：正方观点认为商家在疫情期间高价卖菜该罚，其理由一是涨价会使人们的生活更加艰难。疫情期间，人心惶惶，物资较为紧缺。国家推出了居家隔离的政策，人们不能像以往那样经常外出。因此，人们会增加物资的囤量。有一些商贩看见其有利可图，因此会抬高物资的价格。但此举动会加重人们的心理负担，使生活更加艰难。理由二是涨价会使国家损失惨重。疫情期间，物资紧缺使蔬菜供给量小于需求量，继而导致货币贬值，出现通货膨胀，对国家经济造成巨大损失。

反方观点认为商家在疫情期间高价卖菜不该罚，其理由一是涨价为人们提供了选择。因为疫情期间并不是所有的蔬菜都涨价，只是个别蔬菜。人们可以对其进行选择，而不是必须。同时，部分地区甚至出现"一菜难求"的局面，高价菜的出现无疑为人们提供了新的渠道获得物资。其理由二是惩罚商家可能会影响市场供应量。疫情期间，因为人员流动不易，一些小商贩因为缺少顾客而倒闭的现象层出不穷。但这些商贩也需要生活，也需要他们供应物资以维持高风险地区人民的生活。如果一味地惩罚他们，他们可能会放弃供应，这对于人民来说缺少了一条获得物资的渠道，对于国家来说会减少市场供应量。

对于以上两种看法进行比较后，我们小组通过考虑多方面因素，一致认为：商家在疫情期间高价卖菜该罚。理由如下：

4.1 法律规定

法律明确提出，违反国家在预防、控制突发传染病疫情等灾害期间有关市场经营、价格管理等规定，哄抬物价、牟取暴利，严重扰乱市场秩序，违法所得数额较大或者有其他严重情节的，依照刑法第二百二十五条第（四）项的规定，以非法经营罪定罪，依法从重处罚。因此，商家在疫情期间高价卖菜该罚。

4.2 稳定市场秩序的需求

国家市场监管总局出台"三保"政策，物美、阿里巴巴、中粮集团、沃尔玛（中国）、首农集团、伊利集团、禧云国际等众多良心企业积极响应。但有一些商家无视"三保"政策、无视百姓生活保障，在进货及销售成本并未大幅提高的情况下，哄抬蔬菜价格扰乱市场秩序。

同时，疫情对许多线下门店造成了冲击，但线上经营并未受到过多影响，因此哄抬价格问题仍然不容忽视。国家应对相关主体严格监督，稳定线上线下市场秩序。因此，商家在疫情期间高价卖菜该罚。

4.3 从人民群众需求出发

商家在疫情期间高价卖菜，对于生活在底层的人来说，这无疑是雪上加霜。国家在面对重大危机时，应从人民群众的生活需求出发，想人民之所思，做群众之所为。实事求是，制定符合群众需求的售卖体系，严厉打击高价售卖、哄抬价格行为，减轻底层人民心理负担。因此，商家在疫情期间高价卖菜该罚。

结　论

在疫情多次反复的情况下，商家不应该高价卖菜、只顾自身利益，而应该积极地响应国家政策，保持市场物价稳定，助力国家疫情防控。众志成城，抗击疫情。市场监管部门也应该时时关注恶意抬高物价的行为，及时地作出调查和处罚，并合理地调节市场供需关系。作为普通的消费者，看到有人恶意抬高物价的行为也应该及时向市场监管部门反映，以减少高价卖菜这种现象的发生。

教师评语

疫情从2020年开始，至今已经三年有余。疫情期间由于对部分区域采取封控、管控等控制疫情蔓延的措施，使得人们的生活受到了一定的影响。在这种背景下，讨论"商家在疫情期间高价卖菜到底该不该罚"的问题，非常具有现实意义。

本小组首先介绍了事件背景，阐述了自己的观点，清楚明确。在论证及反证部分，虽均提供了两条论据进行支撑，但是总体来说，论述得比较深入，语言也通顺流畅。若是能发掘更多的论据支持论点，则对丰富论文的论证更为有利。

比较值得称道的是报告的评估部分。该小组既归纳总结了正反双方的观点，又从"法律规定、稳定市场秩序的需求、从人民群众出发"三个方面进行了评估，有理有据有节，比较充分地体现出当代大学生的家国情怀和责任担当意识。

最后的结论水到渠成。难能可贵的是，该组同学不仅鲜明地表明了立场，而且也对改变这一状况提出了自己的建议，比如商家应该积极地响应国家政策，保持市场物价稳定，助力国家疫情防控；市场监管部门也应该时时关注恶意抬高物价的行为，及时做出调查和处罚并合理调节市场的供需关系。这样比较全面地考虑问题无疑有助于问题的解决，以便较好地缓解在非常时期百姓买菜难等生活问题。

（点评教师：郑丽）

公共电视台是否应该取消播放酒类产品广告？

金融1901　张春蕊　张思嘉　张稳　陈雨竹　陈淑雅

摘要：近年来，随着社会快速发展，人们的物质生活越来越丰富，酒类产品成了人们闲暇时刻小酌一杯的佳品。随之而来的酒类产品广告越来越多，公共电视台也播放，如央视是酒类广告投放的主要渠道。从历史数据看，酒公司屡屡成为央视标王，包括秦池、茅台、剑南春等。自酒类广告播放以来，"旁观者"的批评声和"爱酒者"的支持声都不绝于耳，但广告却始终顽强生存着。本文结合正反两方面的论证和比较评估来探讨公共电视台是否应该取消播放酒类产品广告。

关键词：酒类产品广告；公共电视台；利弊

引　言

提到"公共电视台播放的酒类产品广告"，脑海中浮现的总是《新闻联播》开播前的"国酒茅台为您报时"，即使不怎么看电视的人群也总能想起那一句句经典的酒类广告台词，"品味中国，国窖1573""中国的五粮液，世界的五粮液"。广告画面也总是唯美而悠远，让人记忆深刻，但对于酒类产品广告的反应却褒贬不一。反对的声音渐渐出现：酒类产品可能会诱导未成年人饮酒，正在戒酒的成年人看了酒类广告可能会前功尽弃等。支持者也同样有自己的理由：每种产品都有宣传自己产品的权利，适当饮酒有益于身心健康等。正如一句英国谚语所说，每一枚硬币都有正反两面。在公共电视台播放酒类产品广告自然也是利弊共存。

1. 正方观点及论述——公共电视台不应该禁止播放酒类产品广告

我方认为，公共电视台的酒类产品广告之所以能蓬勃发展，其存在的优点是不能忽视的。

广告是为了某种特定的需要，通过一定形式的媒体，公开而广泛地向公众传递信息的宣传手段。而酒类产品广告属于狭义广告，也就是商业广告，则是指以盈利为目的的广告，通常是商品生产者、经营者和消费者之间沟通信息的重要手段，或企业占领市场、推销产品、提供劳务的重要形式，主要目的是扩大经济效益，且每种产品都有宣传自己产品的权利；而深入人心的国酒茅台也是中国独有的一种标志，其代表了中国的酒文化，好的酒品广告能让世界更好地认识中国。与此同时，适度饮酒有益于人的身心健康，心情愁闷时小酌一杯更能扫走心灵上的阴霾。

1.1 从传播角度来看

每种产品都有宣传传播的权利。酒类产品作为一种产品同样可以宣传，采取广告的方式来扩大受众面，让更多消费者了解相关的酒类产品，同时还能够让消费者了解到不同酒类产品的特色，比如其如何制作等，从而拓宽消费者的眼界，还可以帮助相关产业提高其经济效益，促进经济发展。对于酒类产品的广告宣传，国家新闻出版广电总局出台的《广播电视广告播出管理办法》第二十五条指出，播出机构应当严格控制酒类商业广告，不得在以未成年人为主要传播对象的频率、频道、节（栏）目中播出。广播电台每套节目每小时播出的烈性酒类商业广告，不得超过2条；电视台每套节目每日播出的烈性酒类商业广告不得超过12条，其中19：00至21：00不得超过2条。由此可见，国家对此已经推出相关法律来进行约束及限制，是为了创造更好的酒产品宣传氛围和效果。

1.2 从文化角度来看

酒类产品有属于自己的酒文化，有的地方有属于自己特产的酒类产品，在公共电视台播放酒类产品可以使相关的酒类产品文化得以传播和推广。比如茅台酒是贵州省遵义市仁怀市茅台镇特产，中国国家地理标志产品。茅台酒是中国的传统特产酒，与苏格兰威士忌、法国科涅克白兰地齐名的世界三大蒸馏名酒之一，同时是中国三大名酒"茅五剑"之一。茅台酒是大曲酱香型白酒的鼻祖，已有800多年的历史。贵州茅台酒的风格质量特点是"酱香突出、幽雅细腻、酒体醇厚、回味悠长、空杯留香持久"，其特殊的风格来自历经岁月积淀而形成的独特传统酿造技艺，酿造方法与其赤水河流域的农业生产相结合，受环境的影响，季节性生产，端午踩曲、重阳投料，保留了当地一些原始的生活痕迹。2001年，茅台酒传统工艺列入国家级首批非物质文化遗产。2006年，国务院批准将"茅台酒传统酿造工艺"列入首批国家级非物质文化遗产名录，并申报世界非物质文化遗产。

五粮液是四川省宜宾市浓香型白酒代表，是中国国家地理标志产品。以五粮液为代表的中国白酒，有着3000多年的酿造历史，堪称世界最古老、最具神秘特色的食品制造产业之一。五粮液运用600多年的古法技艺，集高粱、大米、糯米、小麦和玉米等之精华，在独特的自然环境下酿造而成。2012年7月10日，国家质检总局批准对"五粮液"实施原产地域产品保护。

像茅台、五粮液这种具有地方特性的酒类产品是带有地方文化特色的，在公共电视台播放这样的酒类产品有助于传播地方文化，了解其独特的地方酒类文化，在新时代这张宏伟的画布上大展宏图。作为大国之酿，白酒不仅是情感抒发的重要载体，同时其所代表的中国传统文化，也是中国走向世界的亮丽名片，更是世界解读中国的独特视角。酒的价值寄托着人民对美好生活的向往，肩负着中国优秀传统文化的复兴，也担当着中国美酒沿"一带一路"与世界共享的使命，让中国酿，让世界香！

1.3 从身心健康角度来看

在身体健康的情况下，合理适当饮酒有助于人们的身心健康。专家解释说，适当饮酒确实对部分心脑血管疾病有益。研究表明，与不饮酒相比，饮酒者患上冠心病的风险要低最少31%，平均每天饮酒量为36g酒精时其风险降低最显著。同时，心衰风险也会降低最少17%，每天饮酒量为84g酒精时风险降低最多。中风风险也会降低最少15%，每天饮酒量在14g酒精时风险降低最多。需要注意的是专家建议饮酒者限量饮酒，但不建议不饮酒者为了预防疾病开始"适当"饮酒。要明确适量饮酒只是利于减少冠心病、心衰、中风的风险，但无论饮酒多少，都会增加房颤的风险，每天饮酒60g可使房颤的风险增加47%。也就是说，适量饮酒只对部分心血管疾病有预防作用，但同时会加大其他心血管疾病的发病概率。

隶属于牛津大学的英国心脏基金会健康促进研究所，组织研究人员对长期饮酒有关的死亡原因进行分析，研究人员指出，每天摄入不超过5g酒精才是"适量喝酒"，相当于125ml的啤酒或1/4杯的红酒。合理适量饮酒可以保护心脏，哈佛大学公共卫生学院的一项研究发现，适量喝酒能够增加人体高密度脂蛋白的水平，可以更好地保护人体和对抗心脏疾病。意大利研究也发现，适量喝啤酒的人比滴酒不沾的人罹患心脏病的危险可以降低42%，同时可以降低心血管疾病风险，加拿大的《蒙特利尔日报》中提到适量喝酒能降低罹患心血管疾病的风险。因为适量喝酒可以提高胰岛素的敏感性，从而改善血栓情况，起到预防血管中形成血块，减少患脑血栓、心脏血栓及动脉血栓等疾病的风险。

大量饮酒有害健康，适量饮酒有益健康。酒是一种古老而又永远散发着青春气息的饮品，是人类物质文明的产物与标志之一。无论是白酒、啤酒、葡萄酒、黄酒都含乙醇，而凡是含乙醇的饮料都统称为酒。常言道"有酒才有宴，才有佳肴，也才有宴饮文化"，所以，酒对于中国饮食文化而言是重要的组成部分。酒有功于人类文明，但也为人类生活带来许多麻烦，甚至还有灾难。从历史发展看，酒自从酿造出来的那天起，它的双重效果就已注定了。李时珍在《本草纲目》中对酒的双刃效应描述得淋漓尽致："面曲之酒，少饮则和血行气，壮神御寒，若夫沉湎无度，醉以为常者，轻则致疾败行，甚则丧躯殒命，其害可胜言哉。"

通过以上论述，公共电视台播放酒类产品广告可以使人们更好地了解酒类文化及其地方文化，传播弘扬中华传统文化，同时适量饮酒有助于人们的身心健康，缓解压力，让生活变得更美好，而且国家出台了相关法律来限制其播出频率和时段，营造了良好的公共播放氛围。所以，我们认为不应该取消公共电视台播放酒类产品广告。

2. 反方观点及论述——公共电视台应该禁止播放酒类产品广告

反方观点与正方观点相悖，播放酒类产品广告固然有其积极的一面，但也在客观上存在着一些不尽如人意的地方，诸如酒类广告的大量出现会诱导未成年人饮酒，容易勾起戒酒者的酒瘾，导致酗酒文化盛行等。接下来我们对播放酒类产品广告所存在的问题进行分析。

2.1 酒类产品广告会诱导未成年人饮酒

美国波士顿大学的一项研究显示，酒类广告对未成年人影响非常大。18岁以下未成年人，看过酒类电视广告的，以后购买广告品牌酒类的概率是未看过广告之人的5倍；看过酒类平面广告的，以后购买广告品牌酒类的概率比未看过广告的高36%。研究人员从尼尔森市场研究公司的广告数据了解到2011至2012年间多少未成年人看各种品牌酒类的广告，对比对应国家和地区12岁至20岁年轻人的饮酒习惯，得出上述结果。研究结果刊载于美国《酒精与毒品研究杂志》。

与其他国家相比，我国的相关法律还不够健全。例如，美国规定在公开场合饮酒的最低合法年限是21岁，在此之前都将被视为严重的不良行为，被发现后有可能要接受离开家庭的矫治和特殊教育；而一旦有经营者向未成年人卖酒，轻则对其罚款，重则吊销其营业执照。对于无法界定未成年人年龄的问题，国外多采取购买实名制的办法，要求商家查看顾客的身份证件。而在我国，法律没有明确规定未成年人不能饮酒，只有《预防未成年人犯罪法》第15条规定："任何经营场所不得向未成年人出售烟酒"；《酒类商品零售经营管理规范》规定，"酒类零售经营者不应向未成年人销售酒类商品"。

从商家的角度看，有调查表明，以不知道法律规定、无法判定是否为未成年人等各种理由向未成年人销售酒类商品者比比皆是，对法律法规视若无睹本质上还是"唯利是图"的心理在作怪。

酒精对青少年影响极大。我国青少年饮酒行为存在普遍化、低龄化等趋势。据2013—2014年开展的六城市青少年饮酒状况调查显示，12岁以上中学生的曾饮酒率高达51%；在曾饮酒的学生中，10岁以前开始饮酒的人占28%。

有11%的中学生饮酒后感觉不适、生病，或出现打架、逃学等行为。据国外一项调查统计，饮酒是16～24岁年轻人死亡的主要原因，占27%。有研究表明，初试酒类的人年龄越小，发生酒精使用障碍的可能就越大。例如首次饮用酒类的年龄在15岁以前，那么他成为成瘾者的可能性是20岁或20岁以上首次饮用者的4倍。预防甚至仅仅推迟年青人饮用酒类的年龄，对于降低可能引起的严重问题是十分重要的。

2.2 酒类产品广告播放容易勾起戒酒者的酒瘾

据报告显示饮酒受诸多因素影响，如社会经济文化、民族风俗习惯等。在当今社会，酒类已经成为一种稳定可靠的经济产业，以至于为了加大各自品牌的销售量，各地的酒厂都大肆进行广告宣传，各种各样的宣传方式起到了推波助澜的作用，对年青一代产生较大的影响，使得他们对饮酒的态度发生改变，这大大增加了有害酒精的使用程度。众所周知，戒瘾是一件极其困难的事。戒酒也是如此。酒精依赖者在心理上患有精神依赖症、躯体依赖症、戒断综合征和耐受性。酒精患者在戒酒期间，以上临床特征会更加明显。当那种声称喝酒可以"酿造高品位生活"的酒精广告频繁出现在酒精患者面前，继续戒酒将会是戒酒者面临的非常大的障碍。

2.3 酒类产品广告播放可能导致酗酒文化盛行

我国是世界上少数几个在公共电视台上频繁播放酒类产品的国家之一。从中央到地方的公共电视台，几乎每天都在播放，尤其是烈性白酒的广告，不仅出现饮酒场面，还有著名演艺界人士代言，吹嘘是"国家名牌"，声称"酿造高品位的生活""喝出男人味"。这致使有一大部分人错误地认为饮酒对人的身体、心理有好处，人们一起喝酒有利于人际关系。这其实是一个很大的误解。酒类饮料即含有酒精的液体：啤酒一般含5%的酒精；葡萄酒一般含12%的酒精；蒸馏酒即白酒一般含40%及以上的酒精。与尼古丁、海洛因、可卡因一样，酒精容易上瘾。

据世界卫生组织估计，在世界范围内大约有7630万人被诊断患有酒精引起的障碍，大约4.5%的全球疾病负担和损伤是由酒精所致。酒精导致的死亡在全世界每年为250万人，在全部死亡人数中占4%（死因是酒精引起的心脏病、肝病、交通事故、自杀和多种癌症等）。世界卫生组织的一组数据显示，由酒精引起的死亡率和发病率，是麻疹和疟疾的总和，而且也高于吸烟引起的死亡率和发病率。在我国，每年有11万余人死于酒精中毒，占总死亡率的1.3%；致残273万余人，占总致残率的3.0%。

一个不争的事实是：公共电视台的酒类广告播放频率与国人饮酒率双双攀升。公共电视台在过多地播放酒精广告的同时，我国饮酒人数也一直呈上升趋势，目前已超过5亿人。我国饮酒人群平均单次饮酒量为纯酒精41.04克，比世界卫生组织"男性每天摄入酒精量不超过20克，女性不超过10克"的安全饮用标准高了2倍之多。

我国的公共电视节目中呈现的是一种认知分裂现象：一方面大做酒类广告鼓励人们痛饮美酒；另一方面许多镜头朝向被罚款扣分的酒驾者。殊不知，酒类广告和酒驾本身存在着不能回避的内在关系。

2.4 存在明显诱导因素的酒类广告违反伦理原则

从新闻报道和广告刊登的伦理原则看，在公共电视台播放酒类产品的广告，也是存在问题的。

首先，公共电视台酒类广告违反新闻和广告伦理学的基本原则。新闻伦理学有一条基本伦理原则是独立性，不能代表特殊利益集团来说话，要防止发生利益冲突。我国的电视台播放酒类广告，没有如实向读者报告酒可能对人体和社会造成严重负面后果，而完全为酒业公司谋取利益，损害了他们本应为之服务的观众的利益，这是明显的利益冲突。

在国际间得到公认的广告伦理学中，其基本伦理原则是：真实、社会责任和坚持人的尊严。我国电视台播放酒类广告明显违反了这三个基本原则，他们向观众隐瞒了酒精严重伤害人体的事实，鼓吹"酿造高品位生活"，而完全不顾其可能产生的不良后果：使观众因受酒精广告的诱导而对酒精上瘾，进而危及健康和生命，甚至使家庭和社会背负沉重的经济负担。这是缺少社会责任的做法，不是说一句"可不要贪杯哦"所能搪塞过去的。

我国电视台播放酒类产品广告的做法也违反我国的相关法律法规。我国的《广告法》第四条规定"广告不得含有虚假或者引人误解的内容，不得欺骗、误导消费者"；第二十三条就酒类广告明确规定，不得含有下列内容：诱导、怂恿饮酒或者宣传无节制饮酒；出现饮酒的动作；明示或者暗示饮酒有消除紧张和焦虑、增加体力等功效。然而，放眼我国公共电视台的酒类广告，不仅有饮酒场面，而且出现"喝出男人味"和"酿造高品位生活"字样，存在明显的诱导、误导因素。

鉴于以上理由，我们的结论是：公共电视台播放酒类产品广告不能在伦理学上得到辩护，应该对公共电视台播放的酒类产品广告进行严格管控，尤其要注意禁止在公共电视台的节目中插播酒类产品广告，以免贻害公众特别是青少年。

3. 对上述观点的评估

虽然酒类产品广告的播放会带来诸多好处，但同时也带来了很多隐患。下面我们从两个方面对上述正反方的论证进行评估。

3.1 评估一：关于身体健康

正方观点提出，适当饮酒有益身心健康，合理饮酒对部分心脑血管疾病有益，并引用哈佛大学公共卫生实验，加拿大《蒙特利尔日报》以及中国传统医药图书《本草纲目》为其证明（正方观点三）。但是反方提出，过早饮酒对青少年危害极大，极其容易引起青少年身体不适和生病，反方用美国波士顿大学一项研究为其作证（反方观点一）。

评估："酒"是大众日常生活中十分常见的商品，也是相当一部分人必不可少的生活"伴侣"。随着现代科技的进步，人们生活质量的逐渐提高，我们对酒的认识，尤其是酒精对人们身体健康的影响变得越来越明显。大量的科学研究与临床调查试验结果，均提供了关于饮酒对身体的好坏两方面的影响，以及相关证据。饮酒就像一把双刃剑，既有对人体有利的一面，也有不利的一面。饮之得当，会使人体健康，给人们带来欢乐；饮之不当，又常常给人带来痛苦和疾病。这就需要我们能够把握一个度，保持一个度，不过度饮酒、酗酒，适量小酌，从而保持身体健康。

3.2 评估二：关于社会大众

反方观点提出，酒类产品广告的大量出现可能导致酗酒文化盛行，从而导致灾难发生（反方观点三）。从新闻报道和广告刊登的伦理原则看，在公共电视台播放酒精产品的广告，也是存在问题的（反方观点四）。而正方观点则提出，酒类产品作为一种产品同样可以宣传，采取广告的方式来扩大受众面，让更多消费者了解相关的酒类产品，还能够让消费者认知到不同的酒类产品，拓宽眼界，帮助相关产业提高其经济效益，促进经济发展（正方观点一）。并且酒的价值寄托着人民对美好生活的向往，肩负着中国优秀传统文化的复兴，也担当着中国美酒沿"一带一路"与世界共享的使命，通过广告这种形式弘扬传承酒文化（正方观点二）。

评估：看问题分两面。广告不仅仅是商品销售的手段，也是最大、最快、最广泛的传播信息的媒介；酒类广告同样具有利和弊，它不仅仅可以促进酒产业的发展，同样也可向大众传播正确的饮酒价值观，呼吁大众非必要不饮酒。

3.3 评估总结

我们可以从前面的论证分析过程中得到以下两点：首先从正方角度来说，他们大多认为合理饮酒有益身心健康，其次，每一种产品都有宣传自己的权利，而多种多样的广告可以让更多的消费者了解不同的酒类产品，有助于消费者选购为自身所需的产品；最重要的是酒文化是中国的珍贵传统文化，酒传承关乎着文化传承；从反方来看，他们更关注青少年健康、想要摆脱酒精依赖的戒酒者的需求、广告本应遵守的伦理原则以及酗酒文化的盛行对整个社会的危害。

结 论

以上是大家从不同的角度分析酒类广告是否应该被禁止的思考,实际上我们应该用全面的视角看问题,不能偏激,应多方考虑。

当然,我们不能否认酒类广告对诸多受众者产生了一定的影响以及危害,我们应当正视这些问题,但酒产业是我国很重要的经济产业,不应因为它的一些弊端忽略其在我国经济发展中的重要性。堵不如疏,酒类广告不仅仅只是宣传酒的媒介,同样其也可以是呼吁合理适量饮酒的途径,抓住关键利好的同时不断克服弊端,让酒产业的消费者品尝到酒的同时获取更正确的饮酒价值观,将是我们未来酒类广告最大的目标。

参考文献:

[1] 李安军. 文明饮酒健康生活 [J]. 食品科学技术学报, 2020, 38(05): 10-13+40.

[2] 曹瑞红, 雷振河. 饮酒与健康之间的关系研究分析 [J]. 酿酒科技, 2019(02): 135-142.

[3] 赵禹. 未成年人饮酒应引起全社会重视 [N]. 中国消费者报, 2008-11-05(C01).

[4] 韩守雷. 团体心理治疗对男性酒精依赖患者疗效的观察 [D]. 青岛: 青岛大学, 2020.

教师评语

中国的酒及酒文化源远流长,其为人们的生活及工作等多方面带来的影响也非常广泛。该小组以"公共电视台是否应该取消播放酒类产品广告"为研究问题开展讨论和探究,具有一定的现实意义。

从该报告中可以看出,该小组对主题的介绍以及对问题的识别基本清晰,考虑到了问题的复杂性和多样性。在论证分析中,能够有理有力地提出论据支持己方观点，有数据，有说明，有管理办法，论证充分翔实。在反证时，从"酒类产品广告可能会诱导未成年人饮酒、容易勾起戒酒者的酒瘾、可能导致酗酒文化盛行以及存在明显诱导因素的酒类广告违反伦理原则"四个方面进行了论证，对问题的认识较为全面、深刻。尤其值得称赞的是，该小组能够对论证和反证进行逐条比较和评估总结，逻辑清晰，结构合理，并在全面总结的基础上得出结论。

总体来说，该小组完成报告的质量较好。从报告中可以看到小组同学在思考问题时能够比较辩证地进行考虑，对问题的认识及分析体现出了思维的深度和广度，显示出一定的批判性思维意识及分析问题、提出并捍卫自己观点的能力。需要指出的是，在报告中引用的数据及资料相对比较陈旧，这会在一定程度上削弱论证的力量，同时也容易让读者产生质疑。这一点在后续的学习中要加以注意及改进。

（点评教师：郑丽）

不同省市的高考录取分数线不同，是否体现了教育公平？——之一

金融1901　刘雅卓　代纪婷　艾非曼　刘鑫

摘要： 教育公平，是社会公平的重要内容，也是评价一个国家和地区教育改革发展成就与水平的基本标准。高考是一种相对公正、公平、公开的全国性人才选拔形式，自1977年我国恢复高考以来，高考作为我国最主要的人才选拔方式，各地的录取分数线直接影响了教育公平的实现，其重要性不言而喻。然而近年来，全国不同省市不再执行统一的高考录取分数线，这是否体现了教育公平？这一问题已成为社会热点问题。虽然随着我国经济的高速发展与社会事业建设的不断深化，我国教育事业改革已取得巨大的进步与空前的成就，但是依然存在一定的矛盾和问题，存在不同省市的本科录取率差异较大、高考移民等现象。本小组通过查阅文献和数据，经过正—反—正论证，认为中国不同省市的高考录取分数线不同，体现了教育公平。

关键词： 教育公平；录取分数线；录取率；高考移民

引　言

近年来，随着我国各行各业的迅速发展，教育水平也不断提高，本科率越来越高，但考学压力也随之上升，各省市高考录取分数线不同是否体现了教育公平成了人们讨论的热点话题。在各个省市，因为经济发展的水平不同，以及地方的保护措施、高考制度等存在差异，所以在高考上要说绝对的公平是做不到的，只能说在高考制度的逐渐改革中实现相对公平而已。教育公平是民主与理性这一现代社会的基本价值取向在教育领域的具体体现，教育平等权实质上是一项公民的基本权利，追求平等是一个长期目标。事实上，平等也是相对的，客观地看待国家的高考制度及高考录取原则才是最好的态度。

1. 基本概念界定

在开始论证之前,为了消除读者们在理解、讨论等方面容易产生的歧义,首先对本文中用到的一些核心词语进行概念界定。

1.1 教育公平

教育公平是指国家对教育资源进行配置时所依据的合理性的规范或原则。这里所说的"合理"是指要符合社会整体的发展和稳定,符合社会成员的个体发展和需要,并从两者的辩证关系出发来统一配置教育资源。

1.2 高考录取分数线

高考录取分数线是指普通高等学校招生全国统一考试录取分数线。每年高考结束后,该分数线由省级教育招生主管部门统计后公布。

1.3 高考移民

部分考生利用各地存在的高考分数线的差异及录取率的高低,通过转学或迁移户口等办法到高考分数线相对较低、录取率较高的地区应考,这种现象被称为"高考移民"。高考移民的移入地区分为三类:一是京、沪等经济水平高而高考录取分数线低的直辖市;二是经济水平低且高考录取分数线也低的东部省份;三是海拔高、经济和教育水平低而高考录取分数线更低的西部地区。

2. 正方观点:不同省市的高考录取分数线不同体现了教育公平

2.1 论证分析一

观点:衡量教育的公平性不能仅看录取分数线。

基于高考录取分数来审视中国教育的公平性,本质是唯分数论,是不全面不充分的,进一步强调唯分数论,并不能提升高考公平和教育公平。全国统一分数线录取,与目前全省统一分数线录取,其实同理。在2012年实行国家扶贫定向招生计划之前，我国农村学生进重点大学的比例逐渐下降，之所以出现这一问题，是因为农村学生高考分数考不过城市学生。据相关统计数据显示，我国农村学生高考分数平均比城市学生低40分，原因是他们的教育起点、教育资源与城市学生相比要差很多，农村学生进重点大学越来越难。那么，推行全国统一分数线就能解决这一问题吗？答案是否定的。

2.2 论证分析二

观点：各省市教育水平不同，不统一分数线有助于教育公平。

如果将分数线统一作为教育公平的条件之一，前提是各省市的教育水平一致。但必须承认的现实是，我国教育资源分配还不均衡，这必然会导致不同省市的教育水平不同，一线城市肯定比其他城市教育水平高。我国实行义务教育均衡的节奏，是先县域内均衡，再省域内均衡，最终实现全国均衡，这需要一个比较长的过程。无视基础教育水平不均衡发展的现状，想通过简单方式来实现结果公平是不现实的。不统一高考录取分数线，对教育水平较低和偏远地区的学生是有利的，所以有助于教育公平。

2.3 论证分析三

观点：我国各省市高考不统一分数线，未违反法律法规。

《中华人民共和国教育法》第五章"受教育者"第三十七条中有明确规定"受教育者在入学、升学、就业等方面依法享有平等权利"。《宪法》中也规定"公民应享有平等受教育的权利"。

省级教育招生主管部门制定录取分数线时应遵守法律法规，考虑了教育公平。

2.4 论证分析四

观点：全国统一录取分数线会加剧教育不公。

实行全国统一分数线和试卷是无视各地教育资源的差距，以及实行这一考试、录取模式之后的升学应试竞争问题。如果全国用一张考卷，全国统一报名，一个分数录取，受冲击最大的不是京沪津，因为京沪津的基础教育比较发达,家庭重视教育,学生学习水平较高;受冲击最大的是以青藏为代表的西部地区,这些省份基础教育差,学生得到的教育资源少,如果一张考卷一个分数,不照顾他们的地域劣势,很可能考上优质大学的学生就更少了。

如果全国各省市统一分数线,则其可能会造成的影响如下:基础教育发达地区高考升学率遥遥领先,不发达的地区成为高考的"沙漠"。大学生分布发生倾斜,直接导致不发达地区人才危机,形成恶性循环。

所以各省市统一录取分数线,实际上是让不发达地区的考生承担了基础教育不发达的恶果,很显然是不公平的。

3. 反方观点:不同省市的高考录取分数线不同未体现教育公平

3.1 不同省市本科录取率不同

在我国,接受教育机会的不公平现象依然严峻,经济社会发展不平衡,由于自然条件、历史基础和具体政策等多种原因,我国城乡、区域发展差距大。而发展教育特别是基础教育的责任主要在地方,地方的教育水平直接受当地经济社会发展水平的制约,区域和城乡之间发展的差距必然带来教育发展的差距。

不同省市的高考录取分数线不同以及高考难度不同会导致录取情况差异,如表5所示,2020年高考的上线率北京高居第一,高达45%,其次是天津和上海,都在30%以上,而使用难度最大的全国Ⅰ卷的省市上线率普遍偏低,最低仅11%,最高也只有21%,证明录取分数线不同会导致本科录取率不同。

表5　2020年不同省市试卷类型、报考人数及上线率

试卷类别	省市	2020年报名人数(万人)	2020年分数线 文科	2020年分数线 理科	对应位次累计人数 文科	对应位次累计人数 理科	上线总人数	上线率
全国Ⅰ卷	江西	46.19	547	535	10 974	43 925	54 999	11.89%
	广东	77.96	536	524	20 392	80 884	101 276	12.99%
	湖北	39.48	531	521	12 571	54 896	67 467	17.09%
	河北	62.48	538	520	21 073	97 902	118 975	19.04%

续表

试卷类别	省市	2020年报名人数（万人）	2020年分数线 文科	2020年分数线 理科	对应位次累计人数 文科	对应位次累计人数 理科	上线总人数	上线率
全国Ⅰ卷	安徽	52.38	541	515	20 208	83 094	103 302	19.72%
	山西	32.57	542	537	5897	32 871	38 768	11.90%
	福建	20.26	550	516	6946	36 946	43 892	21.66%
	湖南	53.7	550	507	19 662	73 908	93 570	17.42%
	河南	115.6	556	544	22 087	110 870	132 957	11.48%
全国Ⅱ卷	辽宁	21.83	567	500	7194	42 306	49 500	22.68%
	重庆	28.3	536	500	11 117	42 071	53 188	18.79%
	甘肃	26.31	520	450	8019	35 874	43 893	16.68%
	黑龙江	18.9	483	455	8311	39 172	47 483	25.12%
	内蒙古	19.8	520	452	7053	27 598	34 651	17.50%
	陕西	32.23	512	451	15 118	62 800	77 918	24.18%
	宁夏	6.03	523	434	3241	12 733	15 974	26.49%
	吉林	15	543	517	3386	17 784	21 170	14.11%
	青海	4.66	439	352	3750	8 262	12 012	25.78%
全国Ⅲ卷	云南	34.37	555	535	10 519	34 756	45 275	13.17%
	四川	67	527	529	17 704	81 375	99 079	14.79%
	广西	50.7	500	496	9798	41 811	51 609	10.18%
	贵州	47	548	480	9412	45 676	55 088	11.72%
自主命题	江苏	34.89	343	347	19 608	83 058	102 666	29.43%
新高考	山东	53	532		110 794		110 794	20.90%
	北京	4.92	526		22 474		22 474	45.68%
	天津	5.6	587		17 097		17 079	30.50%
	浙江	32.57	594		53 756		63 756	16.50%
	上海	5	502		15 145		15 145	30.29%
	海南	5.73	569		14 454		14 454	25.23%

3.2 录取名额分配不均

许多大学在不同省市的招生名额分配不均衡，学校所在地省份所得到的招生名额通常明显高于其他省市，呈现出"本地化"的特点。按区域招生与名校招生名额的区域化偏好、无视城乡教育质量不同的同标准竞争；从"雇佣枪手代考""有组织集体作弊"到利用公权力和财势直接插手高考招生、破坏教育公平等现象，都证明了高考录取名额分配不均导致的教育不公。

我国目前高考的招生名额是按省分配的，国家按照一定的原则给各省市分配招生名额，专业术语叫作"分省定额"，高校在国家划定的招生规模内自行编制招生计划，包括专业招生人数、各省招生人数。高考人数多的地方虽然分得了较多招生名额，但招生名额并不是按高考人数成比例分配的，一些省市看起来招得不多，但录取比例比较高，这从一个侧面反映出高考录取名额分配不均。

3.3 高考移民现象

高考移民现象，是由于教育不公导致的直接现象。即部分基础教育资源较好、录取分数线较高、录取率较低地区的考生借助户籍变更，取得在基础教育资源较差、录取分数线较低、录取率较高的地区参加高考的资格；高考移民现象由来已久，都是考生从低录取率省份向高录取率省份、从上大学难向上大学相对容易的省份移民，从而达到升学的目的。如湖北籍考生李洋在高考中成为海南省理科状元，并有望被清华大学录取，但因为在海南就读未满两年，所以失去了被清华大学录取的资格。为分享更好的高校教育资源，更多的"李洋"们继续选择高考移民这条路。

当前，"高考移民"还衍生出"汉族考生冒充少数民族参加考试"和"高考境外移民"（包括获得港澳台同胞身份参加大陆高校针对港澳台学生及华侨生的考试和获得外国国籍参加留学生入学考试）等表现形式。这些现象都表明我国的教育存在某种程度的不公平。

4. 评估和总结

4.1 各地区经济实力和教育水平存在差异

近年来一直有实行统一考试、统一分数线录取的呼声，即全国考生用一张试卷考试，考完之后全国划线。这貌似公平，然而，却无视各地教育资源的差距，以及实行这一考试、录取模式之后的升学应试竞争问题。在这种模式下，考试、录取不再有区域的限制，进而必然会出现全国性的超级高中，有条件的家庭会送孩子到教育发达的地区学习，以提高自己的考试分数，在应试竞争加剧的同时，地区、家庭的教育差距会更明显。

4.2 教育不公主要是因为教育资源配置失衡和区域差异

教育资源配置的不公平必然导致公民接受教育的不公平。在教育资源总量和受教育者总量一定的情况下，由于资源配置和投入的不公平，受教育者总是趋向于优质教育资源。从公民的平等原则讲，没有教育资源配置的平等当然不会有接受教育的平等，没有接受教育的平等便不会有所谓的教育公平。各省市本科录取率不同以及高考移民等现象，不是因为录取分数线不同，而是因为高等教育资源配置的不均衡，地区接受高等教育的机会不均以及重点大学分配地区招生计划差异等造成的。

不同省市的经济发展水平不同，政策倾斜不同，家庭教育投入也不同。实行全国统一录取分数线，从表象上看，确实为各地学生搭建了一个有利于公平竞争的平台，但由于地域差距的客观存在，让教育基础及教育投入力度比较薄弱的地区的学生，与拥有良好教育资源的发达地区的学生站在同一起跑线上，这本身就很不公平。

4.3 统一分数线会加剧教育不公

如果录取分数线全部统一，就会使中心城市、教育发达地区的学生更具有竞争优势，更能考上好的学校，而教育水平相对落后的地区，学生非但很难上好大学，甚至连原有的名额指标也有可能丧失，这反而会加剧部分地区的上学难问题，产生更为严重的不公平。

事物不可能做到绝对的公平，公平也是相对的，各省市不同的录取分数线虽然也会导致一些问题，但瑕不掩瑜，它维护了多数人的教育公平，如果想要进一步提高教育公平性，不应是统一分数线，而应推动合理分配教育资源，提高资源利用率，适当增加弱势地区的教育支出，完善招生制度，以此来促进我国教育的公平性。

综上所述，我们认为不同省市的高考录取分数线不同体现了教育公平。

参考文献：

[1] 黄国泰. 教育公平与教育改革创新研究 [M]. 北京：中国社会科学出版社，2010：10-8.

[2] 杨卫军. 教育公平视阈下之"高考移民"现象透析 [J]. 现代管理科学，2010（08）.

[3] 魏翔飞. 现阶段我国教育公平研究 [D]. 呼和浩特：内蒙古大学，2011.

教师评语

"教育公平"是一个永恒的话题。本小组选题体现了同学们对现实情况的关注，也反映出学生们结合自身经历所带来的思考。

该小组作业对主题的介绍比较清晰，对问题的识别也较为准确。相较而言，反证比论证更加深入充分。在反证中，小组同学分别选取了"不同省市本科录取率不同""录取名额分配不均""高考移民现象"三个角度说明不同省市的高考录取分数线不同未体现教育公平。对正、反论证的评估和总结引发了人们更多的思考，也有助于人们更加深入地分析，如何确保当前教育水平较低的地区能够享受到公平的教育资源，逐步缩小不同区域之间的差异。

文章结构合理，逻辑清晰，论证充分，但在内容的呈现上还存在一些不足，不够规范；在参考文献的引用上也比较陈旧，需要关注最新的政策及数据、资料，这些都有待进一步改进。

值得一提的是，下一篇报告是2020级学生根据同一主题做的研究。现把这两篇报告安排在前后篇，便于读者对比分析，也便于大家以小见大，从更广阔的视角来审视高考录取制度所反映出的教育公平问题。

（点评教师：郑丽）

不同省市的高考录取分数线不同，是否体现了教育公平？——之二

会计2001/02 关锦林 杨博 张博文 叶梓添

摘要： 随着1977年恢复高考以及改革开放，我国大陆地区的经济、文化等都进入高速发展时期，人才资源变得尤为重要，而人才培育的优劣反映出一个国家的教育发展水平。为此，国家大力推进教育发展，施行九年义务教育制度，推进各地教育水平提升，高考更是成了大陆地区人才筛选最大的关卡。经过四十余年的发展，高考制度不断完善，但仍存在一些问题。从各地单独命题，到如今全国卷的推行，其结果是大多数省份都采用了全国卷统一考试，但仍存在一部分地方卷。除此之外，各地的招生分数线不尽相同，各高校对各个省市的招生分数要求也存在差异，由此可能会导致部分省份学生产生不满情绪，亦造成了异地高考现象的发生。本文简要分析不同省市之间高考录取分数不同的原因和实质，进而分析上述现象是否符合教育的公平性。对这一问题进行探讨和辩论，并运用正—反—正的论证方法进行详细分析。

关键词： 地区情况差异；高考录取制度；录取分数线；教育公平

引 言

自1977年中国教育部决定恢复中断十余年的高考制度至今已经有45年之久。这45年之中，高考制度改变了无数人的人生和命运，也为中国的社会主义建设提供了坚实的人才基础和科技基础。作为我国最高规格的人才选拔制度，高考也在随着时代变化不断完善，愈加公平公正，让每一个人能公平地竞争，博取最终优异的成绩。但是，不同省市之间的高考录取分数不同，引发了很多人的热议，这是否体现了教育的公平？

在步入高校后，学生均来自五湖四海，全国不同省份的学生齐聚一堂，当新生聚集在一起讨论的时候，关于各自高考分数以及对学校的评价自然褒

贬不一。一部分学生认为自己的成绩本应就读更好的学校，却因为不同省份的招生政策就读了低一级的学校；另一部分学生却认为自己的成绩确实应该就读这所学校。经过对比两类学生的高考分数发现，认为本应就读更好学校的学生高考成绩隶属于其所在省市的前列，若就读于该省市高校理应就读更优秀的高校；而认为成绩合适的学生，在该省市的分数排名中就读该校是合理的。本文以此差异现象作为切入点，探究了出现此现象的原因，并进而探讨各省不同的招生分数是否符合教育公平的要求。

1. 问题背景及论点概述

1.1 问题背景

随着社会的发展，社会主义制度的日渐完善，公平正义的理念日渐深入人心。中国是世界上人口最多的国家，人才培养是维持中国高速发展的关键，因而推行教育公平就显得尤为重要，教育公平也是实现教育强国的重要基础。作为中国最高规格人才选拔考试的高考制度，其公平性一定程度上代表了教育的公平性，因此其公平性必须得到充分的保障。但在现行高考制度实施过程中，各省市之间高考录取分数存在差异，这无疑让人对高考的公平性产生质疑。

不公平是不同省份的人按比例招生，那么成绩更好的省份的学生可能会因为名额问题导致其他省市的学生获得其学位，从而只能去低一级的大学。同时因为不同省份采取不同的录取分数线，亦催生了异地高考等问题。

1.2 论点阐述

目前针对高考分数线差异问题普遍存在两种观点：考试公平和区域公平。考试公平即高考的分数才是选拔人才的唯一指标，高考人才选拔不应区分省市，在全国范围内应使用统一试卷，按照统一分数线录取；区域公平即考虑地区与地区之间存在的社会基础、政治环境、经济水平等差异，主张高考的公平形式只能是相对公平，目前不能实现理想中的绝对公平。

公平是从全局观视角出发，认为国家必须照顾经济落后地区的教育，让落后地区的人也能得到机会学习，学有所成也能返乡创业带动经济发展。如果全国都采用统一试卷和统一录取分数，那是极致的平均主义。公平自古以来便是人民的追求，但如果追求公平的方式只是"一刀切"，那么最终实现的绝对公平反而是不公平。我们小组认为，各省市之间高考录取分数线不同，反而是教育公平性的体现。

2. 正方观点：各省市高考录取分数线理应存在差异

2.1 论证分析一：考试公平的前提是教育公平

中国是一个地域广大、人口众多的国家，各地区之间在人口数量、经济基础、民俗文化等方面都存在着很大差异。高考作为中国最高规格的人才选拔制度，其公平公正性必须得到充分的体现，才能满足不同地区人民对享有优质教育的追求。教育领域中公平问题的关键在于教育资源如何分配，教育如何做到公平公正，每一个公民的受教育权如何得到充分的实现和保障，公民受教育的机会是否均等。虽然受教育者可能在天赋方面存在差异，但其受教育的权利不能被差别对待。

由于我国东部与西部、南方和北方的经济发展存在巨大差异，导致了教育资源的分配存在差异，甚至教育理念、老师教学所用的辅助性工具也存在差异。在西部山村，有的孩子需徒步走很远来到学校上学，学校的基础设施非常不健全，师资力量相当薄弱，老师一人教多科的现象相当普遍，有的孩子甚至出于生计考虑被迫辍学。而北京、天津、上海等发达地区的学生，享有优越的基础设施，所在学校师资力量雄厚，教师教育教学理念先进，学生们受教育机会较多。在存在如此巨大的教育差异，每个人不能享受同等受教育条件的情况下，何谈高考录取分数的绝对公平？否则只会产生"富者愈富，贫者愈贫"的现象，反而脱离了教育公平的本质。

2.2 论证分析二：教育侧重点不同

每个省份自身的经济发展存在差异，也会导致教育理念的差异，对教育的侧重点也不尽相同。以北京为例，北京市从幼儿园起，小学、初中、高中更多地注重对学生兴趣的培养，在实践之中汲取知识，获得成长，再引导学生如何将知识应用于实践。如此一来，学习成绩就不是衡量一个学生能力的唯一标准，更注重的是素质的提升。而国内的高考大省如河北、山东等地，衡水中学、毛坦厂中学这类被称为"高考加工厂"的学校，采取强硬的军事化管理，严格的应试教育，教育的主要目的便是通过高考"鲤鱼跃龙门"。

在这样的教育环境之下，只通过高考成绩来评判学生就会有些不尽如人意。如果实行考试公平，全国范围内统一录取分数线，那么也是对一些更科学教育理念的驳斥，并不是真正的公平。

2.3 论证分析三：国家政策的侧重点不同

团结互助是中华民族延续了五千年的优秀传统美德，由于经济资源、对外联系等客观条件存在差异，那么经济发展必然存在不同，而教育和经济发展之间的关系及作用是互相影响、相辅相成的。经济发展好了，教育的基础条件才会得到改善；教育得到了充分发展，才会有更多的人才储备助力经济发展。我国是社会主义国家，共同富裕是社会主义的本质要求，是人民群众的共同期盼。为了更好地帮助边远地区的经济发展，对于经济发展相对落后的地区和少数民族地区都会有相应的优惠政策，帮助他们提升科技文化实力是其中之一。在这种优惠政策下，高考录取分数线必然存在差异并且也理应存在差异。

3. 反方观点：各省市高考录取分数线不应存在差异

3.1 论证分析一：高考成绩就是一个人能力的体现

很多人认为，高考是最公平公正的，也是最能体现一个人综合能力的考试，那么高考成绩就是每一位考生综合实力的反映。考试公平是对每个人之间的公平，区域公平是区域之间的公平，作为全国性考试，应该以统一标准选拔人才，这样才能体现高考选拔优秀人才来接受高等教育的目的。

另一方面，由于存在着区域差异，有一部分考生取巧进行"高考移民"，在一些应对高考教育更为发达的省份，锤炼自身对于高考范围内知识点的学习，然后迁往高考录取成绩偏低的地区进行高考。这无疑更为不公，甚至有的地区因此诞生了以迁转学籍为主营业务的"灰色产业链"。如果取消区域差异，这些问题也终将会迎刃而解。

3.2 论证分析二：对落后地区的补偿不应由发达地区考生承担

区域公平的政策，是对落后地区的补偿，但是这无疑会使许多能力不及的人依旧可以通过这种方式获得机会，这是对发达地区考生的不公平。对落后地区的补偿为什么要通过牺牲发达地区考生的利益来实现？尽管在补偿性正义的原则下，获利较多者占据了更多的公共教育资源，可以看作是间接接受了欠发达地区的"贡献"，理应对获利较少者进行补偿，但是这种间接的贡献是否成立仍然有待商榷。

现行高考政策的弊端还存在着僵硬化等不足，区域公平是各省市之间考生与本省人员竞争，但也存在着把户籍差异理解为区域差异的缩影，本区域高等教育只能由本地区户籍考生参加。城镇化带来大量的进城务工人员，随迁子女入学教育问题也随之而来。在高考制度作用下，一旦务工人员无法得到流入地户口，就无法在当地进行高考，必须返回户籍所在地参加高考，这就会产生很多问题，无疑也是对这些进城务工子女的不公平。

4. 观点总结和评估

4.1 国家发展阶段与政策导向决定了当前的教育水平差距

从政策学的角度来看，教育公平所要调节的是公共教育资源的供给方式，包括教育权利、教育机会、教育条件等由政府通过各种教育政策投入教育实践活动之中，教育政策必然涉及政策选择，而政策选择实质上就是基于公平还是效率的基本价值选择。

1978年改革开放以后，我国经济飞速发展，社会发生了翻天覆地的变化，教育政策经历了多次调整，调整后的教育政策从侧面反映了国家在教育公平问题上的价值导向，凸显了教育公平的内涵和特质。而教育公平的实现是一个长久而艰难的过程。当前，我国正处于并将长期处于社会主义初级阶段，地区间发展不平衡是一大难题，在此基础上发展的教育事业更不会是绝对公平的。师资力量、知识储备、基础设施，这些都是地区间教育水平存在差距的体现，国家正在努力弥补这种差距，西部计划、新时代基础教育强师计划，这些都是正在实施或将要实施的以弥补当前地区间教育公平问题的措施。但在没有实现人民所向往的公平的教育事业前，地区间教育水平的差距还将持续一段时期。

4.2 家庭间教育投入不均衡影响教育公平

家庭教育是学生身心发展的起点，在学生能力发展、教育获得过程中扮演重要角色。为了"不让孩子输在起跑线上"，家长通过教育消费、父母参与、情感支持等方式，深度参与孩子的教育生活。受经济条件、家中长辈观念和父母受教育水平影响，家庭对于教育的投入存在差异。家庭间教育投入不仅包括经济上的投入，还包括学识、辅导、时间和情感等投入。家庭教育资金、资源的投入受家庭经济收入影响，家庭教育的学识、辅导、时间、情感等投入则受父母学历、能力、时间和性格等影响，存在着显著的阶层差距和城乡差异。一般来说，私人家教带来的学习体验和学校中的是不一样的，在此基础上体现的学习水平差距也是难以弥补的。

4.3 学生间教育接受不均衡影响着教育公平

学生间教育接受不均衡是各种教育资源不均衡的累积效应，是教育不均衡作用于学生的教育结果表现。在基层教育单位中，尤为显著的是人为性分层带来的学生间教育接受不均衡问题。例如，有的地区和学校存在设置实验班、试验班、重点班等现象，人为地拉大了学生间教育接受的不均衡；部分教师有意无意地偏向学习优秀的同学，歧视学习较差的同学，人为地制造了学生间教育接受的不均衡。学生间教育接受不均衡影响了学生的学习获得、学习体验和公平意识，妨碍了学生的社会参与和社会行为。这些因素对于学生个人的学习发展尤为重要。

结　论

不同省市之间高考录取分数差异，能够体现教育公平。

教育事业作为上层建筑的一部分，其发展必然受到经济基础的影响。地区间、城乡间，乃至学生与学生之间的教育水平差距是其所处地区经济发展差距的体现，为减少这个差距，在高考师范类院校招生政策中也有着相对应的措施：以低于一般录取分数线的成绩录取学生，但其毕业后需下乡支教一定的年数，这便是国家尽力解决各地由于经济发展带来的教育失衡问题的措施。没有绝对的教育公平，只有与其所处的地区发展相匹配的相对公平。当前，各省市高考录取分数线仍应存在合理差异，有利于各地区学子在其所处的环境中健康学习、快乐成长。教育工作是永远在路上的事业，教育公平的实现需要久久为功，不断努力。

参考文献：

[1] 禹藏，胡中锋.高考招生区域差异政策制定的理论逻辑与现实境遇[J].全球教育展望，2021，50（11）：115-128.

[2] 黄济.教育哲学通论[M].太原：山西教育出版社，1998：9-10.

[3] 严飞.为什么高考招生计划要按省分配？[J].视野，2022（01）：32-34.

[4] 征玉韦.高等教育获得机会省际差异研究[D].武汉：华中师范大学，2009.

[5] 张娜.多源流理论视域下异地高考政策分析及困境破解[J].教学与管理，2018（03）：36-39.

教师评语

本小组选择"不同省市的高考录取分数不同,是否体现了教育公平"这一被社会各界广泛关注的问题作为研究问题,开展了较为全面、深入的论证分析,具有较强的现实意义。

首先,介绍了问题背景,阐述了目前针对高考分数线差异问题普遍存在的两种观点:考试公平和区域公平,并阐明了小组观点"各省市之间高考录取分数线不同,反而是教育公平性的体现",表述清晰,立场鲜明。

其次,在接下来的论证中,提出了正方观点:各省市高考录取分数线理应存在差异,并从"考试公平的前提是教育公平、教育侧重点不同、国家政策的侧重点不同"三个方面提供论证依据。小组同学分析了什么是考试公平,并剖析了蕴含于其中的内在原因"教育公平",将问题引入了更深层次,从表面的高考录取分数异同是否符合考试公平的问题,转向探究不同区域的学生是否享有教育公平的问题。

再次,小组提出了反方观点:各省市高考录取分数线不应存在差异,并给出了两条理由,分别是高考成绩就是一个人能力的体现、对落后地区的补偿不应由发达地区考生承担。提供两条理由来进行反证虽然略显单薄,但就这两条理由本身而言,每一条分析也都合情合理。不仅如此,小组还提出了如果高考录取分数线在不同区域间存在差异,则会造成一些人利用政策漏洞获得非正常利益的后果,这在现实中确实也发生过类似现象。另外,对打工子弟到底是在哪里参加高考——是其父母打工所在地,还是其户籍所在地,都是一个很难两全其美的难题。

最后,对上述正反两种观点,小组从三个方面进行了评估比较:国家发展阶段与政策导向决定了当前的教育水平差距、家庭间教育投入不均衡影响着教育公平、学生间教育接受不均衡影响着教育公平。总的来说,这个评估比较全面,既考虑到了我国各地经济、教育、家长对教育的投入,学校对教育理念的更新等各方面的发展不均衡,处于不同的发展阶段,要想实现绝对的教育公平的确是一个长久而艰难的过程;又指出国家在面对这一问题时正在实施或将要实施的一些措施，分析了国家层面提出的解决方案以弥补当前地区间存在的问题。比较与评估客观、翔实，考虑了从国家到学校、家庭等多个层面的问题。

通过上述论证—反证—评估等一系列过程，同学们比较自然地得出了他们的结论"不同省市之间高考录取分数差异，能够体现教育公平"。同时指出，"没有绝对的教育公平，只有与其所处的地区发展相匹配的相对公平"，他们最终认为"教育工作是永远在路上的事业，教育公平的实现仍需久久为功，不断努力。"凡此种种，皆体现了同学们辩证、开放的思维方式，也让人看到了他们乐观、积极的态度和进取精神。

（点评教师：郑丽）

线上教育是否可以完全代替线下教育

国商 1801　芮妮　杨李一　董育文　李晴

摘要： 随着新型冠状病毒肺炎疫情的暴发，各大学校以及教育机构纷纷由线下授课转为线上网课形式进行课程的学习。此次批判性思维课程作业，我们将针对线上教育是否可以完全替代线下教育这一主题，对问题背景、概念界定、论点等内容进行陈述，并从正反两方面来展开分析、推断，对其正反论证的内容展开比较和评估，最后运用图尔敏模型来深入批判性的思维论证，从而更好地得出结论。

关键词： 线上教育；线下教育；完全替代

引　言

随着新型冠状病毒肺炎疫情的暴发，越来越多的学校以及教育机构将线下课程转变为线上课程形式展开学习，许多曾经鲜为人知的线上学习平台在疫情期间迅速火爆，例如"钉钉""爱学习平台""91好课""慕课堂""中国大学 MOOC""云班课"等，这些线上平台都为广大学生所知晓。随着线上课程的展开，线上教育也在迅猛发展，对此，此次课程大作业我们将以更加全面的观点，就线上教育是否可以完全替代线下教育为主题进行正—反—正的分析、推断，最终得出我们此次课程大作业的最终结论。

1. 问题定义及立场陈述

1.1 问题背景

随着新型冠状病毒肺炎疫情的暴发以及"互联网＋教育"科技的深入发展，各大高校纷纷将线下课程转变为线上课程的形式来开展，以避免人员流动加重疫情发展。受疫情影响，社会经济发展有所滞缓，而线上教育业却发展迅速。疫情期间，线下教育几乎都被线上教育所替代，经过一些时日的调整、适应，大部分同学也都接受了线上授课的形式来进行课程的学习，那么线上教育能否完全替代线下教育呢？此次课程大作业我们将针对线上教育是否可以完全代替线下教育这一问题展开讨论、分析以及推断。

1.2 概念界定

线下教育：即传统教育，指学生和老师线下面对面沟通。这种教育方式受时间和地域的限制较大。线下教育属于传统的教育方式，更加强调老师教，学生被动地接受知识，但可以更好地面对面沟通、解决问题。

线上教育：也被称为远程教育，即通过应用信息科技和互联网技术进行内容传播以及快速学习的方法。线上教育可以使学生具有更多自主学习的空间，强调的是主动学习，学生对于时间的掌握和把控，更加灵活、自由、具有能动性。

1.3 论点陈述

我们认为目前线上教育虽然发展迅速，但在短期内还无法完全取代线下教育。未来的教育，一定是以线上、线下教育相结合的形式，使学习资源得到最大程度的分配，从而将教育理念真正贯彻下去。线下教师可以根据不同学生的听课情况，因材施教，及时发现和解决学生的问题，课后再通过线上查漏补缺，及时巩固学生所学，起到了事半功倍的效果。线上教育和线下教育各有其优势，而且学生们对于学习形式的接受程度也是因人而异的。线下教育一直是我们传统的学习方式，发展较为成熟，而线上教育属于新兴的教育模式，仍存在许多需要解决的问题。因此我们认为线上教育不可以完全代替线下教育。

2. 正方观点：线上教育不可以完全代替线下教育

2.1 论证分析一：线上教育具有局限性（因果推理）

因为线上教育需要有稳定的线上平台作为支持才可以学习，但是目前许多线上教育平台的发展并不完善，有的平台并不能支持许多学生同时登录，比如上网课期间所发生的"钉钉崩了""慕课崩了"等事件，在大量学生涌入服务器的情况下很容易导致系统崩溃。所以，当线上学习平台服务器发生大面积崩溃的情况下，或者是受网速的限制，导致老师无法按时授课传授知识，按时保质保量地完成教学任务，同学们也无法按时、正常地获取平台的学习资源进行在线课程的学习。今日事今日毕固然是个很好的习惯，但是受平台系统崩溃的影响，学习进度也会有所延误，今日的事恐怕是不能今日毕了。而且线上学习系统的崩溃是不定期的，没准上课上到一半了，突然网络卡顿、系统崩溃，正讲得激情四溢的老师和听得起劲的同学一下子就被扫了兴致，不仅延误了学习的进度，还影响了学习的热情。线上课程的学习受不可控因素的影响较大，因此我们认为线上教育具有局限性，不能完全替代线下教育。

2.2 论证分析二：线上教育具有远程性（因果推理）

因为线上教育具有远程性，不能面对面地沟通交流，会使同学和老师之间产生距离感，老师很难兼顾到每一个同学。所以线上教育，老师对于学生学习动态的掌握是很薄弱的，老师无法监管学生的一举一动。学生受外界因素影响较大，家庭环境、噪声、手机游戏等，都是干扰学生认真学习的因素之一。所以线上课程完全靠学生的自律性、自觉性来学习，倘若学生不爱学习，手机一关，谁也没辙。而且就算学生进入线上平台来听课，老师也无法了解学生们的学习情况，只能通过测验或者课后作业的形式来验收学生的学习情况，但这种方式会在无形之中增加老师的负担和学生的学习压力。有些同学就算按时签到，记录考勤了，但是也会产生"身在曹营心在汉"的情况，很多不自觉、不自律的同学都很难自主学习、认真记笔记、认真听课，很多都是手机一放，老师讲老师的，自己玩自己的，只要老师不点名，就万事大吉。因此我们认为线上教育具有远程性，无法实时了解同学的学习状态，不能完全替代线下教育。

2.3 论证分析三：线上教育学习方式单一（因果推理）

因为线上教育的学习方式单一，老师一对多进行授课，同学和同学之间的联系较为薄弱。不像线下教育，遇到问题可以及时和同学讨论解决，或者专时专用，有不会的问题可以及时面对面请教老师。所以当同学在学习中遇到问题的时候，第一时间会选择寻求老师的帮助。但是老师不仅需要备课、批改作业、定期开会，还要回答同学的问题，工作压力巨大。而且老师管理的学生数量过多，老师只有一个人，而学生却有好几十个甚至上百个，而且每个同学所遇到问题是不一样的，老师需要根据同学提出的不同问题来具体问题具体回答，耗费大量时间及精力，加大在工作方面的压力。老师忙不过来，不能及时回复同学的问题，学生无法及时得到老师的回复，就会耽误学习、作业的完成进度，导致学习效率低下。线上教育主要靠自学，老师只是起到引导的作用，学习方式与线下相比较为单一，因此我们认为线上教育不可以完全替代线下教育。

2.4 论证分析四：都以老师授课为主（类比推理）

线上教育和线下教育都是以老师授课为主，都是为了让学生获取知识，讲课的内容是一样的，而且线上课程和线下课程的上课时间也都是一致的。所以我们认为线下课程中听讲效率低的学生线上课程听讲效率也低。在线下课程的学习中经常迟到早退、上课睡觉、不认真听讲，不按时完成作业的同学，在线上课程中也会如此表现，甚至更加严重。因为线上课程的约束更少，老师对于同学们课堂学习情况的把握薄弱，同学们对于时间的掌握也更加灵活，甚至有的学生以网络卡顿、身体不适作为迟到、早退、旷课的借口。线上教育更加要求同学学习的自主性，因此我们认为在线下学习中无法做到自律、自觉的同学，在线上课程的学习中也无法做到严格要求自己、自主学习。所以我们认为线上教育不可以完全替代线下教育。

2.5 论证分析五：都会与学生互动（类比推理）

线上教育和线下教育老师都会与学生互动，提问学生回答问题，或是以学生自觉主动地回答问题的方式进行互动，这无非是形式的转换，但是本质并没有改变。所以我们认为在线下课程中不爱参与互动的学生，在线上课程中的互动性也比较差。在线下课程中不爱表现自己、不爱回答问题的同学，在线上课程中也不会积极主动地回答问题。在线下，老师提问同学回答问题，同学便不得不回答。但是在线上课程中，同学会以掉线、卡了、刚刚没听清问题等为借口来避免回答问题，或是让老师重复问题来掩盖自己没有认真听课的事实。而且在线上，老师提问同学会耽误课程时间，因为需要给同学打开麦克风的时间。有些不认真听课的同学可能根本没有听到老师提问自己，还有些同学甚至手机一放直接去睡觉，只要老师不提问到自己便是爱讲什么讲什么。这样老师就会一直提问，但迟迟得不到回应，只好换其他同学来进行互动，延误了讲课的进度。那些想回答问题、参与课堂互动的同学都会立即回答、回复老师，但不想回答问题的同学即便是老师提问到了也会用很多借口来推托。所以我们认为线下不爱参与课堂回答问题的同学，线上也不爱回答问题，线上教育也无法完全替代线下教育。

2.6 论证分析六：都会留作业（类比推理）

线上教育和线下教育老师都会留一定的作业来检验同学们的学习情况。所以，我们认为线下教育不按时、不保质保量、不能独立自主完成作业的学生线上教育也同样如此。在线下课程中不爱写作业的同学，在线上课程中也不爱写作业，经常拖到截止日期才提交作业，或者截止时间到了也没有按时提交作业，等到老师催促要尽快提交的时候，就借口自己忘记提交，或是网络问题提交不上，从而拖延自己提交作业的时间。在网络信息如此发达的时代，很多不爱完成作业的同学为了应付作业，会随便在网上搜索，原封不动地照搬网上资料，从而达到应付作业的目的。而且就算提交了作业也无法保证是自己独立自主完成作业的，例如"百度一下你就知道"，很多作业在网上都能获取答案，当然，自己写的还是网上搜的、作业完成质量如何，在作业分数上自会有定夺，但是这无法改变不自律的同学不爱完成作业的事实。因此我们认为线下课程不按时、不保质保量、不能独立自主完成作业的同学，在线上课程中也同样如此。所以线上教育无法完全替代线下教育。

3. 反方观点：线上教育可以替代线下教育

3.1 论证分析一：线上教育的学习资源丰富（因果推理）

因为线上教育的学习资源非常丰富，而且学习起来既方便又快捷，还十分的自由，相对于线下教育来说可以灵活运用线上学习资源，合理分配学习时间，针对自己知识链的结构来自主学习，抓住学习侧重点，可以极大限度地提高学习效率。线上课程不仅资源丰富，而且无论何时都可以观看视频，如果有知识点没有听懂，可以反复播放视频，直到听懂为止。此外，学生的时间非常自由，只要想看视频就可以登录线上平台去观看，有不会的知识可以去看线上平台的知识讲解，或是通过网上搜索相关信息，便可以快速答疑解惑，不用再等待老师为同学逐一讲解了。除此之外，线上教育可以实现优质资源共享，在线下若是有名师讲课，虽然大家都想上课，但由于场地人数的限制不能让所有同学同时上课，上课人数过多也很难保证同学的学习效率。而线上授课由于人数不受限制，因此可以将名师授课的内容进行课程的录制，让更多的同学在平台上就可以自由学习课程。例如，"中国大学MOOC"线上平台，除了校内必修课的学习，学有余力的同学还可以挑选适合自己的网络课程进行学习，听名师讲课将不再困难，线上公开课的学习资源非常丰富，可以让同学们足不出户收获颇丰。所以我们认为线上教育可以替代线下教育。

3.2 论证分析二：线上教育具有自主性（因果推理）

因为线上教育是以网络授课的形式进行，与线下教育的"填鸭式教学"不同，线上教育的学习具有自主性。同学需要监督自己每天按时进入直播间，认真听课、记笔记，思考并回答老师的问题，因为在线上每个人回答问题的机会都是平等的，而且老师为了调动线上课堂的氛围，会增加提问的次数，这就要求每个同学都要认真听课，才能及时回答老师的问题。虽然在线下教育中，同学可能也得按时起床，但大部分人都是换个地方睡觉，身在曹营心在汉，老师也很少会提问，即使提问，同学们也会因为害羞、内向等原因不敢发表自己的真实想法。但在线上课程中，需要同学们自发地、自主地参与课堂，我们的课程才可以继续下去，无论是上课的提问互动，还是课后作业的完成提交，抑或是课前课程的预习工作，都是需要同学们主动完成的，这就比线下课程学习中填鸭式教育导致的上课不听、下课不学、作业借鉴、期末抱佛脚要好得多。关键"烂泥扶不上墙"，自己若是不想学，就算"填鸭式教育"也不能咸鱼翻身。线上教育则与其不同，更加注重同学们的自主学习，因为学习是给自己学的，不学也没人拦着，最后的成绩见分晓，这就使大家对学习有了新的认识，激励了大家好好学习。所以我们认为线上教育可以替代线下教育。

3.3 论证分析三：线上教育避免牵扯精力（因果推理）

因为线上教育不用去校园学习，只需在家里静下心来学习就可以，所以避免了很多没有意义的事情牵扯学习方面的精力。首先是人际交往，虽然线上也会有人际关系的互动交流，但相对于线下教育要更加单一、简单。人际关系交往的单一性在某种程度上有利于我们集中精力到学习上，不会被不相干的人或者事分散精力，而且会减少同学之间的相互影响。反之，在教室、宿舍、图书馆都无法安心学习，宿舍是因为人很多，易受场地大小的限制，也无法统一宿舍同学都专心学习，有的想学习而有的不想学习，甚至在旁边打游戏、聊天等。还有就是学习时间不够，宿舍熄灯时间早，教室和图书馆也不准许通宵学习，即便准许，在教室中也会有相互之间的影响，例如对于学习环境比较敏感的同学，可能周围的人小声说句话都会影响学习的注意力，不利于学习的专注性。其次是线上教育避免、减少或取消了很多形式主义的活动，例如早读取消了，升旗仪式也变为 App 线上升旗，连线下教育每天都要完成的3公里跑步活动也取消了，定期要开的班会也不用来回奔波，只需在微信群内交流想法即可。这些活动的取消有利于我们更加集中注意力在学习上，减少精力的分散，可以更加灵活、自由地分配自己的时间。还可以让我们专时专用，合理安排自己的时间。以上内容都可以充分说明线上教育避免牵扯精力，好处多多，所以我们认为线上教育可以替代线下教育。

3.4 论证分析四：都以老师授课为主（类比推理）

线上教育和线下教育都是以老师授课为主，都是为了让学生获取知识，讲课的内容是一样的，而且线上课程和线下课程的上课时间也都是一致的。所以我们认为线下课程中听讲效率高的学生线上课程听讲效率也高。在线下课程中表现积极、学习主动的同学在线上也会努力、自主学习，因为他们具有自律性，无论是什么情况，都会严格要求自己，不会因为老师管不到了，就放纵自己不学习。在线下课程中听讲效率高的同学，在线上也会认真听讲，完成好老师交代的任务。而且线上教育相对于线下教育更加注重同学们的自主学习，许多平时不爱学习的同学，在线上课程中的表现却难得的积极，虽然都是以老师授课为主，但是线上学习可以调动同学们学习的自主性和积极性。让线下课程中听讲效率高、热爱学习的同学，在线上课程中也保持高效率的听讲、学习状态，并且还能够带动部分在线下不爱听讲的同学积极参与到课堂中来。所以我们认为线上教育可以替代线下教育。

3.5 论证分析五：都会与学生互动（类比推理）

线上教育和线下教育老师都会与学生互动，提问学生回答问题，或是以学生自觉主动地回答问题的方式进行互动，这无非是形式的转换，但是本质并没有改变。所以我们认为在线下课程中积极参与互动的学生，在线上课程中也会积极和老师互动。在线下课程中喜欢表现自己、积极回答问题的同学，在线上课程中也会积极主动地回答问题。虽然线上教育和线下教育老师都会和学生进行课堂互动，但相对于线下教育来说，线上教育更加强调课堂互动。因为不能面对面沟通，这就显得课堂互动至关重要，无论是在企业微信群、云班课讨论区提问回答问题，还是慕课堂的讨论区的互动，都要求同学们积极、自主地参与，并将课堂互动表现计入同学们的平时成绩。线上教育课堂互动的形式比线下教育更加丰富多样，而且同学们的参与度也会有所提升，但线下不爱参与课堂互动的同学在线上也不爱参与，在线下积极主动回答问题的同学，在线上也会积极参与课堂互动，在讨论区积极发表自己的看法。所以我们认为线上教育可以替代线下教育。

3.6 论证分析六：都会留作业（类比推理）

线上教育和线下教育老师都会留一定的作业来检验同学们的学习情况。所以我们认为线下教育按时、保质保量、独立自主完成作业的学生线上教育也会同样如此。线下教育中许多同学不独立自主完成作业，经常抄袭同学的作业，导致班级内出现答案的版本只有几个的情况。或是不按时交作业，经常借口忘记带而延迟作业上交时间，向老师保证下次课之前一定上交。而在线上教育中作业的抄袭可没有那么简单，不是拿过来一份作业就可以"借鉴"的，尤其是自主思考的学科相对于微积分、线性代数等课程更不容易抄袭，每个人的想法、思路都不一样，写出来的内容肯定也不完全一样，倘若这样还有人想要抄袭作业，那就是在自讨苦吃。而且线上教育更加注重学习的自主性、独立性，每个人都会在作业上分出高低来，平时爱学习、独立自主完成作业的同学，在线上也会认真完成老师布置的作业。线上作业不同于线下，线下课程只要交了平时的课后作业就万事大吉，老师不会给出区分来，最多是大作业会有成绩的区别。小组作业大多也是搭便车，真正写作业的只有组内的一两个同学，其他同学不是糊弄了事，就是索性一点都不写。但是线上教育每次作业的完成情况都记录得非常清晰，每个同学都会通过作业成绩来区分出学习的情况，所以又有谁会借给别人抄作业呢？而且线上课程作业的截止时间和作业要求都非常清楚，线下认真完成作业的同学在线上自然会保质保量地完成作业。线上作业的形式也可以调动不爱完成作业的同学对于学习的积极性，而且即使是网上搜索答案，也不会有直接就能套用的内容，想要交作业，即便是敷衍作业，也还是需要自己思考加工的。所以我们认为线下教育按时、保质保量、独立自主完成作业的学生线上教育也会如此。

4. 评估和结论

4.1 对上述正反论证的比较和评估

线上教育需要有稳定的线上平台的支持才可以学习，但是目前许多线上教育平台的发展并不完善；线上教育具有远程性，不能面对面地沟通交流，会使同学和老师之间产生距离感，老师很难兼顾到每一位同学；线上教育的学习方式单一。

因此，线下课程中听讲效率低的学生线上课程听讲效率也低；在线下课程中不爱参与互动的学生，在线上课程中的互动性也差，线下教育不按时、不保质保量、不能独立自主完成作业的学生线上教育也不会按时、保质保量、独立自主地完成作业。

4.2 图尔敏模型

根据前面的论述，画出图尔敏模型，如图15所示。

4.2.1 立场：线上教育不可以替代线下教育

4.2.2 提供证据来支持论证

证据一：2020年3月10日所发生的"钉钉崩了"和之后上网课期间"慕课崩了"等事件，在大量学生涌入服务器的情况下很容易导致系统崩溃，从而导致学生线上教育效果较差。

证据二：在疫情期间，微博等社交软件总是不定期地出现"网课期间奇葩经历""网课班级群里的翻车现场""网课忘关麦了有什么后果"等热搜，可见，线上教育不可控因素非常多，同时，学生们的自律性差，很大程度上影响了学生们的上课效率。

证据三：线上教育老师讲课节奏慢，因此线上教育相比线下教育老师会留很多作业，在网上有人给他们命名为"网课作业之人间疾苦"。随着待在家的时间越来越长，学生们会遭到父母的嫌弃。可见，线上教育带给学生们的学习和心理压力很大。

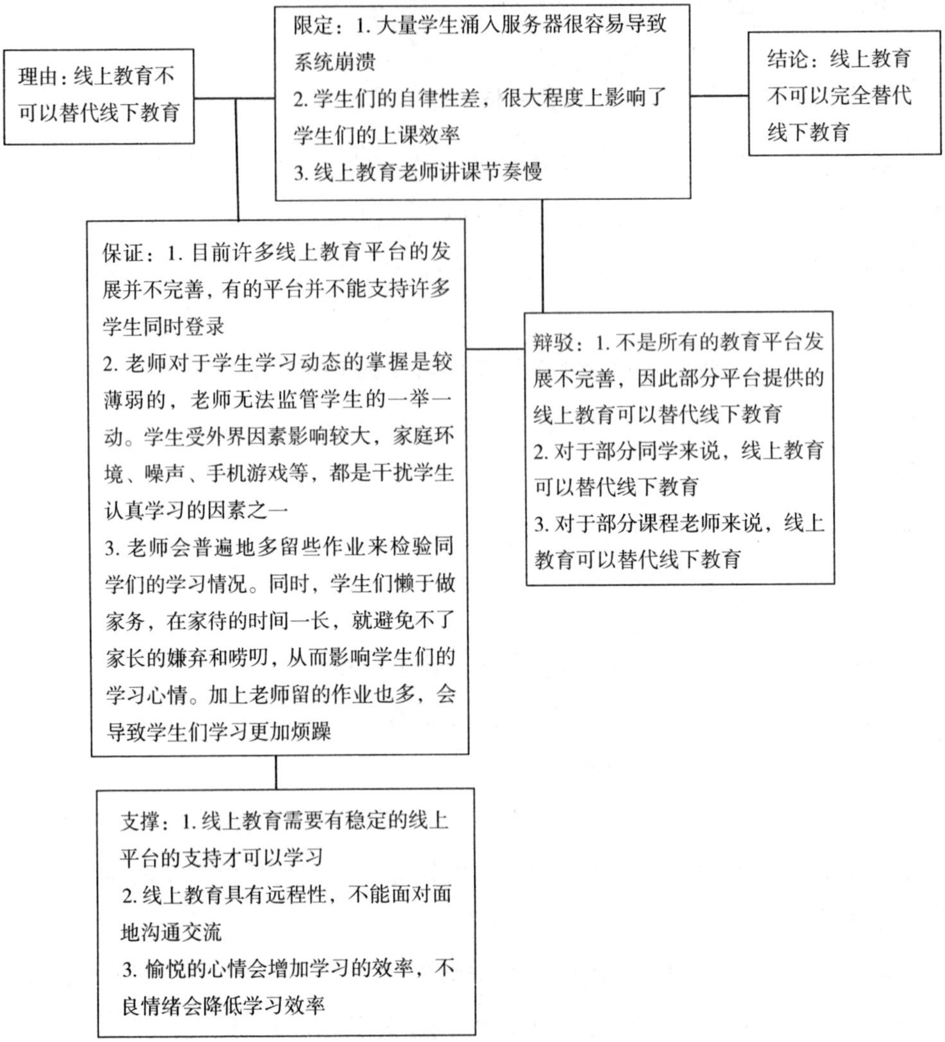

理由：线上教育不可以替代线下教育

限定：1. 大量学生涌入服务器很容易导致系统崩溃
2. 学生们的自律性差，很大程度上影响了学生们的上课效率
3. 线上教育老师讲课节奏慢

结论：线上教育不可以完全替代线下教育

保证：1. 目前许多线上教育平台的发展并不完善，有的平台并不能支持许多学生同时登录
2. 老师对于学生学习动态的掌握是较薄弱的，老师无法监管学生的一举一动。学生受外界因素影响较大，家庭环境、噪声、手机游戏等，都是干扰学生认真学习的因素之一
3. 老师会普遍地多留些作业来检验同学们的学习情况。同时，学生们懒于做家务，在家待的时间一长，就避免不了家长的嫌弃和唠叨，从而影响学生们的学习心情。加上老师留的作业也多，会导致学生们学习更加烦躁

辩驳：1. 不是所有的教育平台发展不完善，因此部分平台提供的线上教育可以替代线下教育
2. 对于部分同学来说，线上教育可以替代线下教育
3. 对于部分课程老师来说，线上教育可以替代线下教育

支撑：1. 线上教育需要有稳定的线上平台的支持才可以学习
2. 线上教育具有远程性，不能面对面地沟通交流
3. 愉悦的心情会增加学习的效率，不良情绪会降低学习效率

图15　图尔敏模型图

4.2.3 提供保证表明证据何以支持结论

保证一：目前许多线上教育平台的发展并不完善，有的平台并不能支持许多学生同时登录。

保证二：老师对于学生学习动态的掌握是较薄弱的，老师无法监管学生的一举一动。学生受外界因素影响较大，家庭环境、噪声、手机游戏等，都是干扰学生认真学习的因素。

保证三：因为老师不能切实地感受到同学们对知识的掌握情况，因此，老师会普遍地多留些作业来检验同学们的学习情况。同时，学生们懒于做家务，在家待的时间一长，就避免不了家长的嫌弃和唠叨，从而影响学生们的学习心情。加上老师留的作业也多，会导致学生们学习更加烦躁。

4.2.4 提供支撑保证的事实理由——根据实践和理论说明保证的合理性

支撑一：线上教育需要有稳定的线上平台的支持才可以学习。

支撑二：线上教育具有远程性，不能面对面地沟通交流。

支撑三：愉悦的心情会增加学习的效率，不良情绪会降低学习效率。

4.2.5 回答反驳和反例

反驳一：不是所有的教育平台发展都不完善，因此部分平台提供的线上教育可以替代线下教育。

回答一：对于那些教育平台来说，平台功能不够完善，或者出现了问题，平台技术人员会尽可能调试，并且会保证不会再犯同样的错误。因此，老师使用线上教育平台会越来越顺手，工作效率提高，备课心情好转，讲课效率自然提高，同时也越来越能吸引同学们的注意力，学生们获取的知识多了，上课的主动性也被调动起来，因而线上学习效率比线下高。

反驳二：对于部分同学来说，线上教育可以替代线下教育。

回答二：对于那些学习主动性高、自律性强的同学来说，无论老师用什么方式传授，遇到不懂的知识他们会主动探索，自己发现真理，而且，无论环境多么嘈杂，他们都能专注地完成自己的学习计划。

反驳三：对于部分课程老师来说，线上教育可以替代线下教育。

回答三：有些老师的声音可能会吸引同学们的注意；有些老师的传授方式善于捕捉同学们的知识漏洞，从而吸引同学们认真听讲；有些老师善于巧妙地对知识进行加工，用同学们喜欢的方式传授知识给学生。这些都促使该课程无论是线上还是线下，教师都能高效地完成教学计划，学生高效地汲取知识，所以线上教育可以替代线下教育。

4.3 结论

通过以上论述，我们可以得到线上教育不可以完全替代线下教育的结论。总结原因如下：

第一，大部分线上教育平台都要以稳定的网络为基础，教育平台的技术有待进一步完善。学生学习进度受网络环境影响较大，不利于学习的稳定性。第二，大部分同学的学习能动性较差，自律性不高，家里环境嘈杂，这些因素都影响了学生线上学习的效率。第三，学生是否热爱学习、是否具有自主学习的素质，虽受线上、线下教育形式影响，但大多是看学生个人对学习的态度，与线上还是线下教育的关系不大。而且老师在线上管理学生更加困难，不爱学习的同学可能会更加懒惰。第四，线上教育虽然好处多多，但永远不能取代线下教育面对面交流这一巨大优势，线下老师能调动课堂氛围，对每个学生的学习状况进行宏观把控，但线上老师掌握不到每位学生的学习动态，较为被动。第五，线上授课老师无法了解同学的学习情况，只能不断通过课堂互动来确认同学是否在听课，通过课后作业来检验同学对知识点的掌握情况，每科都有很多课后作业，导致同学课业压力、学习负担增大。

综上所述，我们最终得出了线上教育不可以完全替代线下教育这一结论。

参考文献：

[1] 钟启泉. 课程的逻辑 [M]. 上海：华东师范大学出版社，2008：244.

[2] 约翰·杜威. 我们怎样思维·经验与教育 [M]. 姜文闵（译）. 北京：人民教育出版社，2005.

[3] 刘莉. 美国纽约哥伦比亚大学核心课程的特色 [J]. 现代教育科学，2002（7）：45.

教师评语

该组学生作业以"线上教育是否可以完全代替线下教育"为主题进行

正—反—正推理与论证分析，学生能够通过当前生活实际，提出本次批判性思维课程大作业的选题，选题具有一定的研究价值。本组作业从正面和反面对该选题进行有效论证，灵活运用因果推理、类比推理等多种推理方法，逻辑严谨，从多角度保证论证的有效性与合理性。能够对批判性思维知识点做到灵活、合理地运用，准确、恰当地运用批判性思维推理，正面论证主要从线上教育具有一定局限性、远程性、学习方式单一、老师授课为主、与学生互动和作业等方面开展论证；反面论证主要从学习资源丰富、具有自主性、避免牵扯精力等方面开展论证，主题介绍和问题识别清晰，论点和立场的表达准确、充分。论证能够使用具有一定可靠性的信息及其来源加以解释和评价，并利用图尔敏模型将论证思路表达清晰，进行正反论证的合理比较和充分评估，且结论和证据具有良好的对称性。本组作业选题新颖、整体内容完整，逻辑清晰、表达严谨、文笔流畅。

（点评教师：刘宇涵）

线上教学和面对面授课,哪一种教学模式更胜一筹?

金融1901　杜嘉宁　吕嘉　刘令怡　王隽秀　王子晗

摘要: 本文简要分析了新冠肺炎疫情对教育行业的影响,然后对比分析了线上教学和面对面授课的利与弊,针对"线上教学和面对面授课,哪个更胜一筹?"这一问题进行探讨和辩论,并运用正—反—正的论证方法进行详细分析。本文的最终结论是:面对面授课的教学方式更胜一筹,但是也希望以线上教学为辅,这样对教学工作的有效进行能起到更好的效果。

关键词: 线上教学;面对面授课;学习效率;学习氛围;新冠病毒;时间规划

引 言

2020年一场来势汹汹的新型冠状病毒肺炎的疫情,使教育行业受到了许多影响,迎来了巨大的挑战,也促使其做出了很多改变。为了减少人员聚集,阻断疫情传播,保障学生生命安全和身体健康,线下面对面的授课形式,不得不处于停滞状态。2021年1月底,教育部发布通知,为切实保障师生卫生安全,在疫情没有得到完全控制前,暂停一切面对面授课模式。应教育部提出"停课不停学"的政策,传统线下教育迅速将课堂转到线上平台,线上教育迎来风口,发展迅速,成为在疫情期间广泛采用的一种教育模式。

随着线上教学与学生和教师之间的关联越来越密切,我们也发现了一些问题。线上教学与面对面授课的方式差距较大,学生在线学习时也存在一些这样或那样的问题。由此引发人们进一步思考:线上教学和面对面授课,到底哪一种教学模式更胜一筹?

1. 问题背景及论点陈述

1.1 问题背景

在过去相当长的时间内，面对面教学是最为普遍的教学方式，而且实际上也没有广泛应用的其他学习方式供人选择。如今随着科技的快速发展，电子设备和互联网已经进入千家万户。网络的使用率快速升高，网络上拥有的丰富的学习资源也可以为广大学习者使用。许多学校也逐步加强使用互联网建构班级家长群，进行分发作业或观看学习视频等活动。

从2019年底开始到2020年，我国陆续发现了多例新型冠状病毒感染的肺炎患者。为防止病毒大幅度扩散，各个单位、学校开始迅速改变工作方式及教学方式。为了响应各级教育主管部门"停课不停学"的倡议和要求，阻断疫情向校园蔓延，确保师生生命安全和身体健康，各级各类学校均改变了以往的面对面学习方式和教师面对面的教学方式，利用网络开展线上教学等活动，绝大部分的大中小学生则通过网络直播或是视频语音连线等方式进行新学期的知识学习。

面对前所未有的全新教学模式和学习环境，学生们一方面感到很新奇，另一方面在学习的过程中也产生了一定的困惑和问题。面对面授课和线上教学方式究竟哪一种更能为学生提供良好的学习体验？作为亲历者，我们希望对自己经历过的两种学习方式做出分析和比较。线上教学是否能够达到面对面教学的学习效率和学习氛围，甚至超过面对面教学？两种教学方式有着不同的特点，但哪一种更适合学生对知识的接收以及理解，更适合学生的健康成长？总之一句话：线上教学和面对面授课，哪个更胜一筹？针对这个问题，我们将进行详细论证。

1.2 论点陈述

因为受疫情影响，教育行业出现了线上教学这种教育方式，与传统的面对面授课形成对比。我们发现，这两种教育方式各具优势。有人认为，线上教育更胜一筹；也有人认为，面对面授课优势更多。而我们小组经过充分的研讨和分析后认为，面对面授课的教学方式更胜一筹，但是也希望能在某些环节辅之以线上教学，通过线上线下混合教学模式促进教与学的良好运行，使学生的学习获得更好的效果。

2. 正方观点：面对面教学更胜一筹

2.1 论证分析一

观点：面对面教学可以提高学习效率。

在面对面教学中，教师与学生之间的交流反馈会更加形象、直接。比如教师可以直接通过神态、动作等手段来辅助自己所讲述的知识内容，潜移默化地传达给学生知识的难易和重要程度。学生也可以用眼神等形态回馈给教师自己对知识的理解程度。这种眼神的对视交流可以使学生和教师之间形成良好的表达与反馈，提高学习效率。

在线下教学中，教师通常会根据自己的教学习惯写出板书，板书通常较为简明扼要，可以清楚直观地提醒学生所学知识的重点，使学生的思路条理更加清晰，便于学生更好地了解知识结构，从而大大提高学生的学习效率。

在面对面教学中，教师还可以对学生进行有效的管控，可以随时观察学生注意力的集中情况，并及时调整教学方法。在教学中学生还可以随时提出不理解的问题，教师及时发现学生的问题并现场进行解答，及时解决难点疑点，这在很大程度上保证了教学效果。

2.2 论证分析二

观点：面对面教学可以形成文化熏陶。

2016年，习近平总书记在全国高校思想政治工作会议上指出，要坚持不懈培育和弘扬社会主义核心价值观，引导广大师生做社会主义核心价值观的坚定信仰者、积极传播者、模范践行者。2019年3月再次指出，"要坚持显性教育和隐性教育相统一，挖掘其他课程和教学方式中蕴含的思想政治教育资源，实现全员全程全方位育人"的"三全"育人体系，把社会主义核心价值观教育融入专业课教育教学全过程，守好一段渠、种好责任田，使专业课充分发挥育人的主渠道作用。

校园面对面教学不仅是教授学生文化课的知识、学科知识，更重要的是教师要对学生的世界观、人生观、价值观进行正向引导。教师的行为举止会对学生产生潜移默化的影响，只有教师与学生长期面对面地交流、言传身教，才能形成教师对学生的文化熏陶，并进而影响学生的价值取向。

2.3 论证分析三

观点：面对面教学提供了良好的学习氛围。

个体—环境交互作用理论认为，在个体与环境构成的系统内，环境因素与个体因素并非独立起作用，而是相互依赖，共同产生作用。

学习氛围在学生的学习中起着至关重要的作用，面对面教学为学生提供了良好的学习氛围，教师可以直观面对学生的学习状态，学生与学生、学生与教师之间都可以进行无障碍的互动交流。团队合作在学生的学习乃至日后的工作中都是必不可少的一部分，面对面教学可以培养学生的合作精神，同时营造热烈的学习氛围，从而促进学生更好地掌握知识。

2.4 正方观点总结

根据以上三个方面总结一下本组立场：面对面教学可以通过增强学生与教师之间的互相反馈、提醒学生所学知识的重难点、教师对学生的有效管控来提高学生的学习效率；面对面教学可以通过教师的言传身教形成良好的文化熏陶；面对面教学可以通过团队合作营造良好的学习氛围，促进学生的学习。

3. 反方观点：线上教学更胜一筹

3.1 论证分析一

观点：线上教学有空间上的优势。

线上教学可以打破空间的限制。线上教育的全面发展，使人们可以直接在家里进行学习，降低了空间上通勤的成本。在疫情期间，为了防止疫情进一步扩散，学校延迟开学。如若学生都到校上课，那么，不仅在空间上会受到很大的限制，不利于教学的正常实施，而且会妨碍疫情防控。而线上教学能很好地弥补面对面授课的这一缺陷，人们现在只需一部电脑、一台手机，即可通过网络环境进行学习。这种方式缓解了学生"不能上课"的燃眉之急，不用去学校，避免了路上的交叉感染和人员聚集，同时也保障了学习进度和学生安全。

3.2 论证分析二

观点：线上教学有时间优势。

对于老师来说，线上教学可以让老师有充足的时间提前备课、录课，教学安排更加灵活，也可以有更多的时间用来给同学答疑。

对于学生来说，线上教学能支持课后重温，也就是说当你忘记了某个知识点，或者在听某节课分心了的时候，你都能对课程进行重新学习，无论何时何地，只要你想进行重温即可马上进行。这非常有助于弥补面对面授课下课后老师答疑的时间限制问题。

3.3 论证分析三

观点：线上教学打破学校的"围墙"，让知识可以开放共享。

随着互联网的发展，涌现了大批类似于微课、慕课等优质资源。其优势在于这些丰富的名校名师课程，有许多来自985高校的顶尖课程，从基础科学到文学艺术、哲学历史到工程技术、经管法学到农林医药，内容应有尽有，完全免费，让学生的学习有了更多的选择，也弥补了学生希望聆听名校名师名课的缺憾。

2020年初，新型冠状病毒疫情来势凶猛，为抵制疫情传播，全国人民都选择了减少外出。与此同时，各大网络平台成了人们在各自家中也能相互紧密联系的一个途径。在抖音直播上，涌现出了众多热心主播，以直播的形式开展线上教学，分享专业经验与心得，充实大家的生活，帮助大家顺利度过疫情时期。为积极响应"延期开学，如期开课"的号召，清华大学利用抖音直播，以直播的形式推出"云课堂"，并发布"云课堂"课程表，在延期返校期间的上午、下午、晚间时间，覆盖有三大板块的课程，打造实用、有趣且多元化的线上课堂，满足了大家"在家也能上清华"的愿望，其中最热门的一堂课吸引了16万观众一同在线学习。

3.4 反方观点总结

综上，将反方观点进行总结。第一，线上教学打破了传统面对面教学空间上的局限性；第二，线上教学打破了传统面对面教学时间上的局限性；第三，线上教学花费少的同时可以获得优质的资源。因而我们认为，线上教学将会是未来发展的一个趋势。

4. 比较和评估

学习效率方面：对比两种教学方式来看，面对面教学更加有学习效率，同样的时间下，面对面教学听课效率更高。但在学习后期的复习以及拓展学习方面，线上教学能够拥有视频资料，可以回放，可以利用本校或其他学校教师的视频资源，在此方面线上教学优势更加明显。

学习氛围方面：面对面教学能够与老师无障碍沟通，互相交流，能够很清楚地让老师了解学生学习的情况。而线上教学因疫情原因强制在家，学生不受教室环境影响可以自主选择较好的学习环境进行学习，同时更加方便。

时间安排：面对面教学时间比较固定，学校制定好学习课表，学生要准时到达教室上课，学习计划明确。而线上教学时间相对自由，如紧急事件发生可通过老师录制的视频自行安排学习时间。

因此我小组认为面对面教学更胜一筹，但在学习过程中也应该加入线上教学进行辅助学习。

结　论

大学生应该把学习放在第一位。线上教学和面对面教学两种学习方式各有利弊，但我们认为面对面教学更加传统，学习成果能够更为直观地体现，老师的监督帮助作用更为明显，老师潜移默化的影响也更具有深远意义。另外，课堂上提问、举手、发言、问答、协作学习等形式使得学习氛围更为浓厚，因此线下面对面教学从始至今一直都存在，而且也必然会长期存在下去，因为这确实是有它本身存在的意义。我们认为面对面授课不会被线上教学全部取代。未来将会有更多的线上学习与线下学习方式相结合的情况发生，每个人都可以根据自己喜好，在某一个特定的时刻选择适合自己的学习方式。

参考文献：

[1] 马玉春，董治中，李帆.社会主义核心价值观教育融入"腐蚀与防护"课程教学设计与实践[J].黑龙江教育（理论与实践），2021（04）：11-12.

[2] 钟平，潘红艳.新时期高校数学线上教学必要性与实现策略[J].公关世界，2020（10）：140-141.

[3] 居家也可以学习！清华大学抖音直播开课，三大板块课程令人满足[J].北青网，2020-02-17.

教师评语

本小组讨论的问题与他们的日常学习紧密相关。"线上教学和面对面授课，哪一种教学模式更胜一筹？"看到这个题目，作为任课教师，我被深深吸引。我非常希望看到同学们对这个问题的看法和他们所提出的依据，以及可能会出现的不同意见和讨论。

纵观全篇，本小组对问题的识别清晰准确，对问题出现的背景介绍简明扼要，对己方论点的陈述旗帜鲜明。为了支持己方观点，小组共提供了三个论据：（1）面对面教学有更高的教学效率；（2）面对面教学可以形成文化熏陶；

（3）面对面学习提供了良好的学习氛围。这些论证良好地反映出该小组对面授过程中形成的文化氛围、文化熏陶等非智力因素的认可。

换一个角度，本小组在反证中也提供了三个论据：（1）线上教学有空间上的优势；（2）线上教学有时间上的优势；（3）打破了学校的围墙，让知识可以开放共享。这些论据比较充分地论证了线上教学的优势以及未来发展的趋势。

值得称赞的是，该小组针对上述正、反两方面的论证进行了逐条比较和分析、评估。通过分析，小组同学支持了正方的观点"面对面授课更胜一筹"，但是也非常客观地阐明"在面对面授课过程中应该加上线上教学进行辅助"，这是一个很好的建议，也是来自学生们学习的切身体会，充分显示出他们辩证、全面的思维倾向。

在文章最后的总结中，小组高度概括了前面的论证、反证、评估，并顺理成章地得出了结论，水到渠成。

总体而言，该小组作业结构清晰，逻辑严谨，讨论有理有据，客观全面。文章的整体表达呈现也非常清楚。需要进一步提高的是，在分析问题及论证时要进一步在"深度和广度"等方面下功夫，使论证更加深刻、透彻。

（点评教师：郑丽）

论减负是否对学生有好处

国商1801　曹思奇　张珂　姜穆奇　贾君超　彭冉

摘要： 中小学生减负已是个老生常谈的话题了。可谈了很多年，究竟减下来多少呢？事实已经证明，现在中小学生课业负担、心理负担过重，压力过大，严重影响了学生的身心健康，应该切实引起高度重视，全社会共同努力，采取有效的措施，减轻中小学生负担。学生负担过重，不仅仅指的是课业负担，也包括心理负担以及成绩问题和来自各方面的压力。

关键词： 减负；负担；压力；身心健康；课业；成绩

引言

尽管国家已经出台了很多政策帮助学生们减负，但是某些地区的学生仍然觉得自己的学习压力很大。有这样一句话，"学习要从娃娃抓起"。在这个竞争日益激烈的社会环境中，学生们对老师的高标准、严要求和父母们的殷殷期盼会有些无所适从。无论是有形的压力，还是无形的压力，对孩子们的成长或多或少都会有一些影响。中小学生的课业负担一直是社会关注的焦点之一，针对"减负对学生们是否真的有好处"这个问题，我们做了如下深入研究。

1. 学生减负概况及论证

1.1 问题背景

通过观察我们发现，在课业负担过重的情况下，很多小学生出现了他们这个年龄段不该有的身体问题，比如，近视眼、驼背导致的脊椎畸形生长等等，因此得出结论：课业负担过重易导致小学生身心得不到健康发展。中小学减负问题被一次次舆论推向高潮,恰如古诗云:"一山放过一山拦"。几十年喊减负,有些地方孩子们的书包越喊越沉,课外负担越喊越重,睡眠和休息的时间越喊越少。校内减下来,校外加上去,补习班的迅猛发展增加了中小学生负担的同时,也加重了家长的负担。

1.2 概念界定

"减负"即减轻负担,多指减轻中小学生过重的课业和心理负担。减轻学生过重的课业负担以及不合理的心理负担,强调的是不合理、不必要的负担,而不是不要教学质量。其目的是通过减轻过重负担,推进素质教育的实施,从而促进学生德、智、体、美全面发展和身心健康成长。

1.3 论点陈述

论点陈述:"减负"减掉的应该是过于繁重的课外负担,而不是减少对学习的投入、对能力的培养,更不是简单粗暴地减少在校学习时间、降低学业水平要求。跨越"减负陷阱",必须厘清各类主体的责任,只有政府、市场、家庭、学校、教师承担了各自的责任,并建立问责机制,才能真正将学业负担减下来。可谓用对方法才能做到真正减负。

2. 减负对学生有益

通过三个论据依次论证减负对学生有益。

2.1 论证分析一

教育管理专家认为减负可以让学生从堆积如山的作业中解脱出来,让学生有自己的支配时间,这样可以让学生精于实践,并且多加思考,有利于学生全面发展。复旦大学室友投毒一案,归根结底,还是教育的失败,让学生在无形中将学习作为生命中的支撑,而忽略了学习以外的诸多事情,导致学生压力过大,身心不健康,才会酿成如此悲剧。所以教育应从小抓起,减负就是目前教育的重中之重。培养学生独立判断、独立思考的能力,让学生了解生活中有很多有意义的事情，让孩子的身心得到全面的发展。

2.2 论证分析二

减负可以使学生业精于思、精于实践，它还是推行素质教育的接口，促进学生的全面发展。现在学生压力越来越大，因此国家提倡教学要做到减负，上课期间，教学精讲、精练。学生有了想问题的时间，对所学的知识，课余也可以亲身实践。既开拓了思想，又锻炼了能力，还增强了学习兴趣，真可谓是一举三得。减负一旦实现，将为培养学生创造力提供良好的环境。

2.3 论证分析三

在传统教学中，作业内容单一，基本上是大量的书面作业，学生机械训练，对作业缺乏兴趣。《数学课程标准》指出：数学课程不仅要考虑数学自身的特点，更应遵循学生学习数学的心理规律，强调从学生已有的生活经验出发，让学生亲身经历将实际问题抽象成数学模型并进行解释与应用的过程。基于以上的教学理念，教师要把作业练习建立在学生已有的知识层面和生活经验之上，多设计一些富有生活情趣、动手动脑、学以致用的数学问题，最大限度地拓展学习空间，培养他们的创新精神和实践能力。因此，除了布置一些适量的巩固知识与技能的书面作业外，还要布置一些综合性和实用性强的作业，从而激发学生做作业的兴趣，促进学生的全面发展。

3. 减负对学生无益

通过以下两个论据依次论证减负对学生无益。

3.1 论证分析一

2018年，高考人数为975万，2019年已高达1031万，每年人数都在增加，每年竞争压力都在上升，这就是应试教育所存在的弊端，所以学生在这个高压的环境中如何才能提升自己的竞争力呢？大部分考生选择给自己增负来提高成绩，进而提升竞争力。正所谓努力不一定成功，但是不努力一定不会成功。随着国家对于教育机制的改革，比如这几条政策，"根据规定，2017年秋季及以后进入高中阶段一年级的学生，获得'省级优秀学生'称号的，不再具有保送资格条件"。这意味着2020年高考"省级优秀学生"保送资格取消。但是，2019年参加高考的"省级优秀学生"不受影响。"严禁高校以保送生招生形式将外国语中学推荐保送的学生录取或调整到非外语类专业。高校要安排外国语言文学类专业招收外国语中学推荐保送生，并向国家'一带一路'建设发展所需非通用语种专业倾斜。"随着这些政策的实施，虽然公平性增强了，但是压力也增加了，大家还是要凭借成绩去拼，所以减负对于学生是没有好处的。

3.2 论证分析二

在中国放慢基础教育的同时，其他国家还在拼命往前跑。例如韩国的高考选拔远比我们更残酷。他们的老师给学生训话时，有个词叫"四当五落"。意思是，如果你一天睡四小时，就能考进理想学校。要是睡五小时，就会落榜。还有人脑补，说美国孩子都不学习。事实上，你问问身边留学的朋友，就会发现在美国读研比国内难多了。美国人非常勤奋。他们和我们一样，不相信天上会掉馅饼，推崇"凌晨四点的洛杉矶"精神。再来看看我们的邻居日本，我想比其他国家都更有借鉴意义。1980年，日本政府开始推行宽松教育。决定改革的原因是：觉得经济发展了，孩子没必要这么累了。这种高强度基础教育，只能培养出考试机器。采取的减负措施是：降低课程难度，放学时间提前，不再进行排名。最终结果是，这一代人口素质发生了雪崩式下滑。所谓"填鸭式教育"体系出来的学生，涌现了十几个诺贝尔奖。但在宽松教育的这30年里，再也没出过一个诺贝尔奖得主。人均GDP从1995年的世界第三，一步步跌落到全球第二十四。日本人自己是怎么评价"宽松世代"的呢？他们把这代人叫作"平成养豚"。平成，是指1989年至今的年号。豚指什么？猪。日本当初的路线跟我们现在的情况非常相似，我们从别国的发展历史中就可以借鉴到，尤其是同为亚洲国家的日本，日本在宽松教育的30年中，那一代人口文化素质发生了雪崩式下滑。所以减负对于学生没有好处。

4. 评估和结论

4.1 对上述正反论证的比较和评估

首先我们的观点是减负的利还是大于弊的。

第一点：我们认为减负并不直接影响学生的成绩，教育专家也提出了让学生自己支配时间，这难道不就是帮助孩子们提升能力的一种方式吗？在孩子很小的时候就让他们学会自己合理分配时间，一开始肯定是需要家长花费时间来监督，但是要知道一个习惯的养成只需要21天，我们不妨放手，让孩子们在"自由"中成长。当然这中间可能会提到日本在1980年的改革，或许要小孩子拥有自由的时间可能会有很多不确定性，但是毕竟中日两国的社会环境、文化环境还有时代背景都不一样，并且中国提出的减负是在逐步进行的，每个区域都根据当地实际教育逐步做出调整，而不像日本大刀阔斧地进行改革，最终使得人口素质发生雪崩式下滑。

第二点：虽然我们中国有十四亿多人口，人口基数庞大，在面对高考竞争时压力很大，减负"可能"会对我们的学习成绩造成影响，但从另外一方面思考这种竞争的压力反而成为一种动力。这不得不让我们深思"减负"就真的是"减负"吗？虽然压缩了学生在学校的时间、减少了作业负担，但正是这种人口竞争的压力使我们不得不付出更多的努力。以前有种说法：学生成绩的好坏主要在于老师的教学能力。今时不同往日，既然不让老师多占用学生的自由时间，那么一切都要看学生自己的学习能力和学习热情了，而这种能力正是我们所需要的。随着时代的发展，国家对人才的需要并不是只会死读书或者纸上谈兵的人，而是对自己所学习的东西能够真正热爱的人，这不仅仅只是减负，而是焕发国民的热情，让我们拥有属于自己热爱的方面，并且在那里发光发热，这便是一个国家所需要的，也是我们为国家所能奉献的一份力量。

第三点：我们认为教育专家说得很有道理：教育是门科学，教学应该讲究技术和方式。面对浩瀚的知识海洋，不正确的教学方式只能说是在摧残人、毁人和愚弄人，而不是在教育人。用纸笔考试的方式不能及时测量出学生身心发展的状况，其所谓的"成绩"对人身心发展状况的"反映"是片面的，甚至不是主要的。片面追求纸笔考试成绩的结果是急功近利、忽视了人全面发展的表现。就像我们所提出的复旦大学投毒案，但那只是冰山一角，越来越多的高等学府频频爆出负面新闻，如近期北大女生去世等。国家对中小学生进行的减负，使得家长可以和孩子有更多的亲子互动，让他们在生活中感受到爱与被爱，而不是只有书本陪他们走过本该丰富多彩的童年，更不是用学习成绩说明一切。

第四点：我们认为负担过重不仅必然会导致肤浅，而且会扼杀学生的学习兴趣即学习的主动性。给学生适当宽松的学习环境，有利于学生自由发展，使其智慧潜能得到应有的滋养、生发，从而逐渐形成他们对世界的深刻、独到的感悟、体会、理解和把握。反之，过重的负担容易使孩子从小养成急功近利、目光短浅的毛病，不利于培养学生理智的好奇心、强烈的求知欲、不倦的探究精神，不利于增强学生批判精神、怀疑精神，不利于形成不唯书、不唯上，不轻信、不盲从的独立人格。一旦各个学校只攀比、追求学习的进度，略去了学习知识过程中应有的对知识的探究、质疑、批判、交流、反思和再发现的过程，以牺牲培养学生的学习兴趣、长远发展能力和身心健康为代价，获得眼前选拔性纸笔考试所需要的较多较难的知识。学生的学习方式也主要以死记硬背和强化训练为主，"动手做"和"动脑悟"的过程大大减少，主要是在考试的压力下被动学习，感觉到"负担"过重也就成为一种必然。

就此而言，学生减负是一种必然的趋势，减负可以为国家培养新一拨人才，他们不仅仅只是明白理论知识，更是对他们所从事的行业、所感兴趣的东西有着热情。不仅仅只停留在学习上，而是全面发展。在竞争激烈的社会中，学会互相帮助、团结合作，愈发重要。

4.2 图尔敏模型

2000年被视为教育的减负年，1月8日，教育部向全国各地中小学发出了《关于在中小学减轻学生过重负担的紧急通知》，作为学生的我们开始感受到了"减负"带来的好处，我们有更多的时间来合理运用，去做更有意义的事情，也能通过课余时间把压力转化为动力，有利于全面发展。尽管如此，还是有学生和家长并不重视课余之外的学习生活，造成了一些不好的结果。我们依然相信只要合理运用，"减负"之后的时间可以发挥很好的作用。

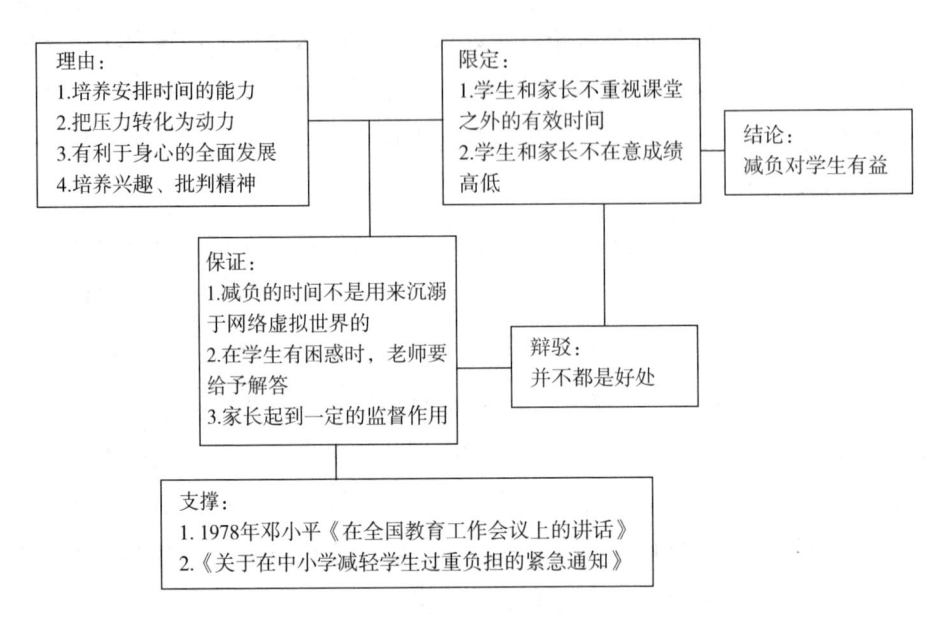

```
理由：                  限定：
1.培养安排时间的能力     1.学生和家长不重视课堂
2.把压力转化为动力          之外的有效时间           结论：
3.有利于身心的全面发展   2.学生和家长不在意成绩      减负对学生有益
4.培养兴趣、批判精神        高低

保证：
1.减负的时间不是用来沉溺
  于网络虚拟世界的
2.在学生有困惑时，老师要    辩驳：
  给予解答                 并不都是好处
3.家长起到一定的监督作用

支撑：
1. 1978年邓小平《在全国教育工作会议上的讲话》
2. 《关于在中小学减轻学生过重负担的紧急通知》
```

图16　图尔敏模型

4.3 结论

自主学习是相对于被动学习而言的；探究学习是相对于接受学习而言的；合作学习则是相对于个体学习而言的。在这三种学习方式中，探究学习是核心。与接受学习相比，探究学习类似于科学研究的情境，通过学生自主、独立地提出问题、实验、操作、调查、信息搜集与处理、表达与交流等探究活动，获得知识和技能，发展情感与态度，最终促进创新精神、提升能力的一种学习方式。真正的探究学习和合作学习一定是自主学习，而只有自主学习才能使学生获得自主的尊严和可持续发展的能力。学习如果能成为学生健康发展的一种生活方式，成为其好奇心和求知欲不断满足的过程，是在主动的"玩中""做中"和"思中"去学，即使在外人看来似乎学得很累，但在学生心理方面并没有感到太大的压力。只要合理运用，减负之后的时间一定可以发

挥好的作用，从而减轻学习负担。

所以我们认为减负对学生是有益的。

教师评语

  该组学生作业以"论减负是否对学生有好处"为主题进行正—反—正推理与论证分析，学生能够通过日常生活观察提出本次批判性思维课程大作业的选题，选题具有一定的研究意义，值得思考。作业写作中，学生能够充分掌握批判性思维知识点，准确、恰当地运用批判性思维推理、论证分析方法，对本次主题背景的介绍和问题的识别清晰、明确，对"减负"概念进行了清晰的界定，并充分表达了"是否减负"的论点并陈述立场。在论证中，分别从正面和反面两个方面进行论证分析，在正反论证中能够运用《数学课程标准》、历年高考相关数据等多角度进行充分论证。论据引用充实、合理，并结合推理方法进行论证分析，逻辑严谨、论证过程充分、合理，并能够使用具有一定可靠性的信息及其来源加以解释和评价。此外，通过图尔敏模型将本次论证过程清晰作图，进行正反论证的合理比较和充分评估，且结论和论据具有良好的对称性。从总体上看，本组作业选题具有一定研究意义，内容完整、行文流畅，文中引用大量数据和实际案例资料进行论证，论据充实、逻辑清晰、表达严谨。

（点评教师：刘宇涵）

大学生是否应该积极参加校外兼职

国商1801 孙浩 高淼 姚天思 王维梓 王鑫怡

摘要： 如今，大学生兼职是一件十分普遍的事情，虽然这可以给我们带来许多社会实践经验，但是也势必会给我们带来一些不可预知的坏处。许多大学生因为一些不正规的渠道贪图经济利益而上当受骗的事情屡屡发生。对于大学生兼职这个问题，我们应该辩证地去看待，减少自己受到伤害，从而达到正常目的。

关键词： 大学生；校外兼职；学习；工作能力

引 言

当下，校园里的各种传单、招聘广告随处可见，越来越多的大学生加入了兼职队伍，小到传单员、服务生，大到校园代理、部门负责人，到处都有他们的身影。每逢周末、国家法定节假日，尤其是寒暑假都是他们奔波忙碌的高峰期，兼职成为大学生接触社会、了解社会现实，锻炼自己以适应社会需要的最直接、最有效的手段，大大缩短了学校与社会的磨合期，因此得到了众多大学生的青睐。越来越多的大学生加入到了兼职的队伍。

1. 问题定义及立场阐述

1.1 问题背景

如今，在学校内外可以看到很多大学生发传单，做各种移动、联通、电信、驾校等业务。自1999年教育体制改革以来，高校扩招使大部分人拥有了平等接受高等教育的权利，这无疑对中国国民素质的提高起到了一定的推动作用。然而，高校扩招增加了大量的可就业人口，社会竞争力的加剧增大了高校毕业生的就业压力，高昂的教育费用越来越成为部分家庭经济支出的负担。迫于生活压力，也为满足社会对大学生能力的需求，兼职逐渐成了高校的一大热门现象。通过兼职打工，大学生可以提早接触社会，将所学运用到社会实践中去，同时使大学生获得精神和物质的双重回报。然而，不尽如人意的是大学生缺乏必要的社会经验，加之兼职市场的管理混乱、鱼龙混杂，大学生的利益得不到有效保障，大学生对兼职与学业的关系处理不到位，因此，在大学生兼职方面存在诸多问题亟待解决。

随着社会主义市场经济的不断深入发展，人才的竞争越来越激烈。为了能更好地成为社会所需要的人才，在校大学生已不满足学校一些简单的社会实践活动，强烈要求参加更广泛的社会实践活动，以便提高自己适应社会的能力。目前大学校园里存在的大学生兼职现象已司空见惯，这一现象有其存在的合理必然性。

1.2 概念界定

1999年，我国开始实施高校扩招政策，"大众化教育"取代了"精英教育"，致使近年来大学毕业生的人数屡创新高。2010年，中国大学毕业生人数达到了630万，造成了大学生就业市场上"就业难"的现象。长久以来，中国的教育体制是以应试教育为主。当大学毕业生从校园走向就业市场时，实践能力差的弊端显露无遗，而实践能力正是企业招聘时最看重的能力之一。所以，大学生"就业难"的长期、深层次原因是大学生就业能力与企业需求之间存在着差距。为了锻炼自己，增强自身的实践能力和将来的就业竞争力，一部分大学生走出校门，选择从事兼职。同时，上大学的费用对一般家庭尤其是农村家庭来说，是一笔不菲的开支，一部分同学为了减轻家庭的经济负担也加入兼职队伍中。但当前中国的相关法律不够完善，大学生作为特殊就业群体，其主体地位的不确定使得其与用人单位的关系存在较大争议，难以受到劳动法保护，其权益受损后维权困难，我国当前的教育制度也使得大学生自身缺少一定的法律基础知识，这也加大了其权益救济的难度。

1.3 论点陈述

兼职有利有弊，重点在于大学生如何对待，如何处理自己的学业与工作的关系。大学生只有通过更广泛的接触社会才能够完成理论和实践的结合，在不影响正常学习的情况下，大学生参与兼职可以有效缓解就业压力，帮助提升自身价值，从而制定好自己未来的职业规划。社会各界都应担负起自己的社会责任，制定相关法规和措施，以实际行动支持大学生参与兼职活动，给予大学生更多、更好的帮助。兼职是大学生提前融入社会的途径，可以在工作中锻炼自己与人相处、合作的能力。任何事情都是相对的，我们应本着一个客观的态度看待兼职工作，用平和的心态去面对。

2. 正方观点：大学生应积极参加校外兼职

2.1 论证分析一

观点：大学生参加校外兼职可以提升自己的能力。

企业家谭军山说过："兼职让我成功创业。"兼职，让上饶师范学院毕业的谭军山成功创业。上大学时偶然的机会，谭军山在一家婚纱影楼兼职一天赚了280元。从此以后，他爱上了兼职。由于接到的业务越来越多，这促使他萌生了一个成立专门为大学生提供兼职岗位、为企业推荐兼职人员的平台的想法。2005年6月，谭军山和几个同学成立了上饶大学生兼职中心，对学生免费提供岗位。

随着加入的同学越来越多，兼职中心的业务也随之增多，于是谭军山又和同学开发了上饶精英大学生兼职网。毕业后，又成立了上饶精英招聘网，继续介绍大学生兼职、就业。先后成立了两家公司，目前年营业额已达300万元。

由此可见，大学生兼职可以锻炼人的各方面能力，为以后步入社会打下坚实的基础。大学生不应只学习书本上的知识，还应该进行实践。

2.2 论证分析二

观点：大学生参加校外兼职可以增加经济收入，减轻家庭负担。

大学生可以类比成雏鹰。很多大学生需要家庭给予生活费，满足日常花销，相当于鹰叼虫子喂给雏鹰一样，虽然解决了温饱问题，但是雏鹰并没有自己觅食的能力。大学生参加校外兼职，可以拿到一定的报酬，也就相当于小鹰在学飞的过程中也可以自己找到食物，能够在一定程度上满足物质资料自给自足的要求。

因此大学生应该像雏鹰一样，自己寻找食物，积极参加校外兼职，是大学生慢慢走向社会的必经之路。

2.3 论证分析三

观点：大学生参加校外兼职可以提前接触社会，获取社会经验。

身为大学生，毕业后必然面临着就业的问题，而兼职为大学生提供了一个锻炼机会，可以早接触社会，积累工作经验。在学校中，对社会的接触少之又少，因为对社会环境不了解，所以在就业时会难以做出抉择。参加校外兼职，可以提前接触社会，积累社会经验，为毕业后的就业打好基础，以便更好地适应社会。

因此，大学生参加校外兼职可以为以后进入社会积累经验，对自身的职业发展是非常有利的。所以大学生应该积极参加校外兼职。

3. 反方观点：大学生不应该积极参加校外兼职

3.1 论证分析一

观点：大学生不应该参加校外兼职，会耽误学习时间。

大学生的时间有限，在有限的时间内去参加校外兼职，会减少他们在学习上的时间，导致他们学习成绩下降。所以大学生不应该参加校外兼职。

3.2 论证分析二

观点：大学生不应该参加校外兼职，容易误入歧途。

大学生社会经历与阅历欠缺，面对陌生的社会环境，兼职容易上当受骗。当受骗后，部分大学生由于自身较为单纯的理解与接受能力，往往采取激进的方式进行解决，容易发生刑事案件酿成严重后果（例如：误入传销）。社会兼职容易引发人身伤害（例如：工伤、车祸等意外事故）。

兼职多数为简单的体力劳动，虽然可以增长社会阅历，但容易偏离学习专业，误导所选专业未来的发展路线，甚至导致荒废学业。兼职期间，部分大学生面对复杂的社会环境，容易把持不住自己的方向，产生金钱至上的观念，误入歧途。

3.3 论证分析三

观点：大学生参加校外兼职也可以类比成买椟还珠，存在一定弊端。

第一，大学生积极参加校外兼职要耗费大量的时间成本，如果不能平衡学习和工作的关系，学习成绩就会下降；第二，学习对大学生来说是非常重要的，而校外兼职获得微薄的收入好似装珍珠的盒子一样微不足道，大学生还不如通过校内勤工俭学，奖学金、助学金等方式，获得一定收入。第三，参加校外兼职和买椟还珠相比，得来的可能都是无用的东西。现在市面上针对大学生校外兼职的岗位，大都是重复性劳动，对工作经验和专业知识学习的促进作用并不大。因此从以上角度看，大学生积极参加校外兼职也有一定的弊端，应谨慎参加。

总的来说，大学生参加校外兼职不仅耽误学习时间，还容易给以后人生道路带来不好的引导。所以从这方面考量，大学生不应该积极参加校外兼职。

4. 评估和结论

4.1 对上述正反论证的比较和评估

综合上述正反论证来看，大学生积极参加校外兼职，已经成为一种日益普遍的现象和趋势，大学生可以通过做校外兼职了解接触社会实现学以致用，加强自己对所学知识的理解，锻炼自己各方面的技能，进而获得物质和精神上的双重回报，从企业家谭军山的例子看来，利用兼职这种实践方式，大学生的能力能够得到一定的锻炼，就像小鹰学飞一样，是大学生慢慢走向社会的必经之路。

从反面比较来看，根据大学生采取校外兼职方式方法的问题和部分兼职岗位本身的问题，如果把握不好学习和工作之间的平衡，学习就会被耽搁，因此，参加校外兼职要注意方式方法，不建议花费过多的时间，毕竟大学生的主业是学习，兼职历练是辅助。

对于校外兼职本身的问题，主要是指现在部分校外兼职不太正规，导致大学生容易被坑蒙拐骗，发生财产的损失甚至是身心上的伤害，另外还有一部分校外兼职是一味地重复劳动，这些校外兼职岗位对大学生没有多大的好处。因此，大学生应该谨慎判断，仔细辨别，选择有益于自己的校外兼职。

4.2 图尔敏模型表达

首先，表明立场，我们认为大学生应该积极参加校外兼职。我们有足够的理由相信大学生参加校外兼职，能够得到多方面的收获。然后，我们提出建议：大学生应该懂得，要想提高自己各方面的能力，可以积极参加社会实践活动。而校外兼职作为一种主流的社会实践活动，对大学生未来参加社会工作很重要，这是对于以上观点的支撑。最后，我们提出辩驳，并非所有的校外兼职都值得参加，对于一些"黑兼职"和重复性劳动的兼职，应予以摒弃。进而对我们所要研究的主题进行限定，要在保障足够多的学习时间和不影响正常学习进度的前提下，积极参加社会校外兼职，因此，我们得出结论，大学生应当积极参加校外兼职。

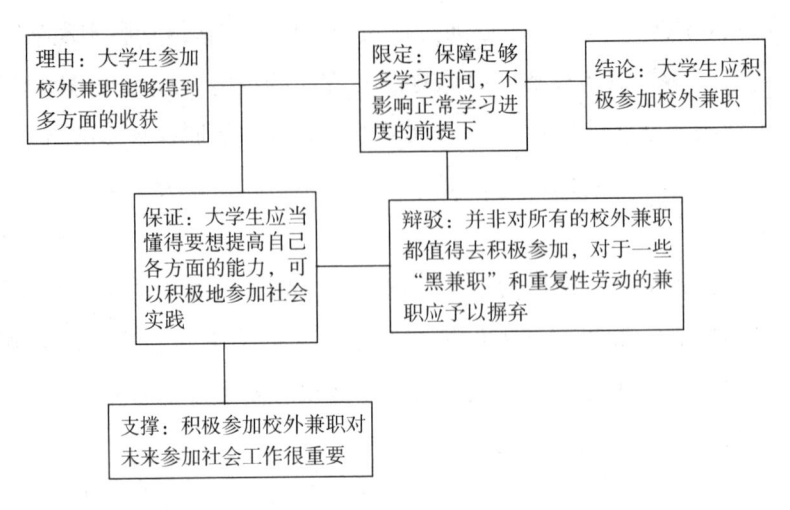

图17 图尔敏模型

4.3 总结

大学生是应该积极参加校外兼职的，但这里指的校外兼职应当是有利于大学生自己发展方向的，能够锻炼大学生各方面能力的，能促进大学生身心健康的校外兼职。另外，任何事物都有两面性，做任何事情都要掌握一个度，正所谓物极必反，大学生积极参加校外兼职没有错，但应当把握好分寸，不能荒废了自己的学业。综上所述，大学生应该积极参加校外兼职，但还应擦亮慧眼，善于寻找好的校外兼职，同时掌握好学习和工作的平衡也是非常重要的。

参考文献：

[1] 贾佳，郭威，胡智慧，等.大学生兼职的安全问题及解决对策[J].智库时代，2020（08）：166-167+207.

[2] 郑冬梅，司静文.大学生校外兼职现状实证研究——以北京某市属高校学生为例[J].教育教学论坛，2020（05）：128-129.

[3] 史可凡，邓怡然.职业生涯规划视角下大学生的兼职问题[J].西部素质教育，2020，6（02）：81.

[4] 范莉. 高职学生校外兼职问题及管理对策研究 [D]. 苏州：苏州大学, 2018.

[5] 陈前. 以提升就业能力为目标的大学生兼职行为规范教育策略 [J]. 中国成人教育, 2016（14）: 63-66.

[6] 林哲莹, 谢建周. 大学生社会兼职权益保障的研究 [J]. 广东轻工职业技术学院学报, 2013, 12（04）: 71-73+80.

[7] 毛频. 校外兼职大学生劳动权益保障研究 [D]. 长沙：湖南大学, 2011.

[8] 陈普青. 山西省在校大学生校外兼职优劣分析 [J]. 企业导报, 2011（17）: 233.

教师评语

该组学生作业以"大学生是否应该积极参加校外兼职"为主题进行正——反——正推理与论证分析，选题能够切合自身实际。知识点熟练，方法应用自如。能够灵活运用批判性思维理论，清晰、恰当明确问题背景、表明立场，同时对所持正面和反面立场，分别列举三个论证和理由来进行支持，论证充分。正面主要从校外兼职提升能力、减轻家庭负担、获取社会经验三个角度进行论证，反面主要从占用学习时间、阅历欠缺易受骗、影响学习成绩三个视角进行充分论证，且每个论证前提和推理的运用正确、有效，并能够使用具有一定可靠性的信息及其来源加以解释和评价。最后通过图尔敏模型对上述正反论证进行合理比较和充分评估，结论和证据具有良好的对称性。该组作业整体论证逻辑清晰，呈现内容完整、文笔流畅、格式规范，文中所引用的数据或资料均有完整、正确的参考文献予以支持。

（点评教师：刘宇涵）

追星是否对粉丝有积极影响

国商1801　张胤瑄　高程昊　王曼晴　朱梦瑶

摘要：追星对于非粉丝来讲是一件很难理解的事，特别是对于经济学上的"理性人"来讲，对一个未曾谋面的人不计回报的无条件付出是不符合逻辑的。但其实我们每个人或多或少都会有偶像崇拜的心理，无论男女老少、无论贫穷与富有，有追韩星的女生，也有追球星的男生，抑或有崇拜科学家、音乐家的人。如今偶像遍地生，粉丝也越来越低龄化，有的人在追星中迷失了自己，处于青春期的孩子不顾家人的反对盲目追星，严重影响了正常的生活和学习。同样是追星，有些人在不断挑剔贬低别人的过程中享受着变态的满足感，而有些人为了接近自己的梦想，为了变成更好的人，把偶像当作前进的方向，在不断提升自己中追求快乐，不断努力着。

关键词：追星；自我价值；自我实现

引　言

如今偶像遍地生，粉丝也越来越低龄化，有的人在追星中迷失了自己，处于青春期的孩子不顾家人的反对盲目追星，严重影响到了正常的生活和学习。同样是追星，有些人在不断挑剔贬低别人的过程中享受着变态的满足感，而有些人为了接近自己的梦想，为了变成更好的人，把偶像当作前进的方向，在不断提升自己中追求快乐，不断努力着。我们小组就追星是否对粉丝有积极影响展开了论证。

1. 问题定义及立场陈述

1.1 问题背景

追星对于非粉丝来讲是一件很难理解的事，特别是对于经济学上的"理性人"来讲,对一个未曾谋面的人不计回报的无条件付出是不符合逻辑的。但其实我们每个人或多或少都会有偶像崇拜的心理,无论男女老少、无论贫穷与富有,追韩星的女生与追球星的男生,以及崇拜科学家和音乐家的不同年龄段的人本质上是没有区别的。因为我们每个人,终其一生都会有无法被满足的遗憾,现实生活中被压抑的情感在追星的过程中得到弥补,通过偶像的成功,实现另一种形式的自我成长。如今偶像遍地生,粉丝也越来越低龄化,有的人在追星中迷失了自己,处于青春期的孩子不顾家人的反对盲目追星,严重影响了正常的生活和学习。同样是追星,有些人在不断挑剔贬低别人的过程中享受着变态的满足感,有些人为了接近自己的梦想,为了变成更好的人,把偶像当作前进的方向,在不断提升自己中追求快乐,不断努力着。我们小组就追星是否对粉丝有积极影响展开了论证。

1.2 概念界定

追星一般是处于青春期的少年,他们首先通过电视等传媒渠道认识偶像,继而或多或少地产生一种迷恋情绪,欣赏那位偶像本人及其作品,甚至与其有关的一切事物。比较痴迷的追星族会对偶像产生一种依赖心理,大学应用社科系教授称其为"光环效应",即把偶像身上的一切都看得尽善尽美,即使有什么缺点,也会被淡化。

追星一般有三种特征:

(1)情感表达上的单向。如今互联网发展迅速,明星与粉丝之间的互动性也在加强。近年来,选秀节目在理念设计之初便加入了互动的元素,但是情感上的表达仍然是单向的,只不过是为粉丝提供了更多表达情感的途径。

(2)崇拜对象的神圣。即便是在签售会上,明星与粉丝近距离接触时,对于粉丝而言,他们的偶像仍然是神圣的,掺杂着个人幻想。

(3)追星过程充满理想化。与其说是追星,不如说是追自己还未完成的某种梦想、欲望、缺憾,把这些投射在偶像身上,通过某种情感的投入,使自己获得满足,这个过程是充满理想化的,通过追星短暂地脱离现实生活中所扮演的角色。

1.3 论点陈述

基于互联网广泛普及的大环境下，我们针对关于"追星是否对粉丝有积极影响"这一问题，从正面"追星对粉丝有积极影响"和反面"追星对粉丝没有积极影响"两方面，并运用四种推理方法，展开论述分析。

2. 正方观点：追星对粉丝有积极影响

2.1 论证分析一

提到追星，大家都会想到"脑残粉"或是一些其他负面的词语，但在我看来并不是这样。追星可以丰富粉丝的精神世界，缓解生活带来的压力，并且明星可以成为粉丝进步的动力。

实例1：尹正在《夏洛特烦恼》的表演圈粉无数，虽然他自己是明星，但同样他也是一位张国荣的粉丝。2019年初，尹正去参加《声临其境》，直接用粤语配音张国荣在《家有喜事》中看望大嫂的片段，神还原的语气和标准的粤语，赢得了满场的连连称赞。而尹正，正是张国荣的头号迷弟。尹正小时候跟着妈妈看《纵横四海》，被桥上的张国荣先生迷住："哎哟这个叔叔好好看啊"，于是在四大天王称霸的年代，尹正独独喜欢上了张国荣。在尹正这个小迷弟心中，张国荣一直陪伴着他的成长。因为喜欢张国荣，尹正考进了星海音乐学院流行音乐系，而后又成为演员，这怎么看都很像张国荣的事业轨迹，不仅如此，在演艺事业上的精益求精也是为了向"哥哥"靠近。而他对于偶像的那份执着的思念也令人感动，成为明星之后，尹正每次有机会上综艺展示才艺都要向张国荣疯狂致敬。

实例2：浙江大学的研究生胡江华在其第一篇 SCI 论文的致谢里，向歌手林俊杰13年来对自己间接的精神支持表示感谢。胡江华同学说："作为一个勤勤恳恳的医学科研学术狗，只能通过人生的第一篇 SCI 论文致谢，来感谢偶像对自己的影响和鼓励。"而她的这一做法也得到了导师的支持与肯定。就像胡江华同学想要传递的观点一样，追星不能盲目，偶像所传播的正能量推动着我们不断进步，会让我们走得更远，成为更好的人。而胡江华同学也是追星追出了新高度，不但没有沉溺于疯狂追星，反而还把对偶像的喜欢和偶像给予自己的正向影响化为学习和生活的动力，在 SCI 论文致谢偶像也正是她努力变得优秀的证明，这样的追星真的很正能量也很值得提倡。从上述两个实例我们可以归纳出理智追星，将明星作为自己的精神动力是可以获得成功的。

2.2 论证分析二

大前提：

粉丝作为用户，在新媒体环境下的参与式行为比传统媒体环境下获得了更大的媒介接近权与使用权。

互联网，特别是移动互联网的便捷性使得粉丝的学习、社交、游戏、消费、信息获取等活动的边界逐渐消融，对于这些有着网络原住民标签的粉丝来说，追星已经成为其日常生活中的一部分。继而，涉足"粉丝文化"的每一个角落，在无形中对粉丝的情感和行为模式势必产生影响。

小前提：

用户在微博和以 B 站为代表的弹幕视频网站上发布二次创作的内容，形成了粉丝独有的应援文化。

粉丝通过观看所在社区，如微博和 B 站二次创作作品，以获得相同的价值认同。粉丝围绕偶像在社群中进行次文本和意义的创造、分享，进而使新媒体不断涌现、短视频文化逐渐发展。

结论：

通过多种形式（围绕偶像的二次创作、社群交流）实现了粉丝的自我价值，因而追星对粉丝有积极影响。

通过新媒体粉丝与偶像、粉丝与粉丝之间寻求相互关注与互动，粉丝在自我创作和分享作品中引起他人注意，获得成就感和满足感。另一方面，粉丝积极加入社群交流，增强了参与感，也是自我情感的表达。

2.3 论证分析三

提到追星，大家会想到"无脑跟风""脑残粉"之类的词句，但是我们不妨把粉丝放大看看。粉丝应援的时候我们看到了他们举着大大的横幅和巨大的海报，我们不禁思考如此重视一个根本不知道你是谁的、虚无缥缈的偶像值不值得，殊不知粉丝与偶像的给予是相互的。

也正因为相互的给予带给了粉丝许多好处，偶像给予的更多是精神上的鼓励，正向的思想会影响一个人的一生。因为粉丝对偶像的信任，为了离偶像更近，他们会把偶像的人生格言当作是自己的，这是精神上的共通。当粉丝在生活中遇到了苦难，他们想起偶像在面对流言蜚语时的淡定自若，会模仿和学习，这就是偶像的影响力。偶像的影响力更多的体现在他们的作品上，可能是音乐、舞蹈、影视作品等，用自己敬业的态度来回馈他们的期待和喜爱，告诉粉丝们正确、积极地对待自己的生活与事业，粉丝的态度就会被偶像所带领。

谁说追星是毫无意义的事呢？粉丝们不仅在精神上受到了正向鼓舞，在技能上也能够有所提升。横幅、海报上就有所体现，要知道这些都是粉丝们精心制作的，追星女孩的拍照、PhotoShop、剪辑技术都是有目共睹的，为了给自己喜爱的偶像增加话题热度，会尽自己所能去学习这些粉丝必备的技能。常言道，"技多不压身"，多一门特长何尝又不是一件好事？粉丝可以学习偶像的专业，把其变成自己的爱好，也是很不错的选择，甚至有些粉丝走上了和偶像一样的道路，和偶像比肩成就了自己。

所以我们看待问题需要辩证，不能片面地否定追星，偶像的力量远比想象的还要强大，也不要总以为偶像必须只是活跃在荧屏上的流量明星。每个能有资格成为偶像的人都像一颗星星，散发着自己的光来照亮夜空。

2.4 论证分析四

就拿我举例子，我也有很喜欢的偶像，到现在已经七年了，小时候认为喜欢一个人只是看他是否有好看的外表，但随着年龄的增长才发现真正吸引我的其实是内在的东西。他总是能说出直击我心底的话，有着自己的想法，坚守"关怀、谦让、理解"的座右铭，这些让人难以企及的品质才造就了他的今天。

所以我把他当作前进的方向，为了不愧于自己的内心，不断地努力着。在每次学韩语几近崩溃的时候，一想到我将来要是遇见他，连一句完整的话都说不出来，我便静下心继续学，毫不夸张地说，我学韩语都是因为他。而因为如此，我想去了解他的国家，想去了解他所接触的文化，在不想放弃的时候想想他就会充满干劲。

在每次没写完作业就网上冲浪的时候，一想到他在宿舍设置练习室，连休息时间也在练习，我也得提高对自己的要求才能离他稍微近一些，然后就放下手机开始学习。

还有很多人因为追星成就了自己的例子，我认为在追星的过程中学到了什么、收获了什么技能是应该骄傲的，这才是追星的意义。

3. 反方观点：追星对粉丝没有积极影响

3.1 论证分析一

实例一：杨丽娟疯狂追星刘德华的事件大家应该都不陌生。杨丽娟在16岁开始迷恋刘德华，为了见刘德华一面不惜抛下所有，家中房产变卖，父亲卖肾，只为了让她能够见上偶像一面，最终闹得家破人亡。

实例二：2003年6月21日，大连一个16岁的少女在姥姥家的暖气管上上吊自杀，起因只是母亲没有给她买偶像张国荣的CD。

以上的事件听起来匪夷所思，但经过归纳，我们可以了解到如果盲目追星，并不知悔改，一定会有着负面的影响。

3.2 论证分析二

大前提：

技术媒介观引领着用户个人主义的发展，在媒介不断发展变化的今天，用户开始将个人的私密环境带入社会的公共开放空间下，粉丝对于偶像的情感也存在多重矛盾。

小前提：

粉丝的个人环境与公共环境的界限模糊后，作为用户的粉丝更注重网络空间上的个人形象建立而抛开现实环境下的自我个体。

在造星等综艺节目中，粉丝们大多有着有序的组织和体系化的群体规范，群体内分工明确，各司其职，如打投组、数据组、控评组等，不吝啬人力物力，工作效率高，足以媲美专业艺人经纪。粉丝间通过诸如打卡、应援、投票等互动仪式，创造并强化了迷恋偶像、养成偶像的共享观念，形成紧密的共同体，个体在共同体之中获得了归属和集体认同感，进而产生集体行动。

结论：这样的群体会过度迷恋虚拟空间带来的荣誉和地位，同时对粉丝关于现实世界的认知产生消极影响。媒介技术模糊了虚拟与现实的界限，粉丝努力把偶像送上耀眼的舞台，实现了"共同的"愿望，为"共同"努力的过去而感动，在这个过程中粉丝变成了偶像成长过程中的生产者。极高的参与度对于粉丝来说，加强了归属感，在高度的共享和互动下，粉丝比以往任何时候更加全面深刻地参与制作过程，获得沉浸式满足感。但因现实与网络的割裂感，许多粉丝在回归现实后，大都感到无所适从，没有获得感。因此，追星对粉丝没有积极影响。

3.3 论证分析三

粉丝会因为追星的心理，而相应地付出自己学习或工作的时间、精力，从而导致自己在其他方面的效率水平下降，最终会本末倒置，把爱好当成生活的全部。

作为一个"饭圈女孩"，小到熬夜蹲守机场、买周边和专辑、剪辑自己偶像的视频，大到买票看演唱会、参与应援活动等等，其中需要花费的时间、精力甚至金钱都不计其数。如果是一个已经步入社会有自己收入的成年人，还可以平衡自己的工作与爱好，毕竟需要考虑生活问题。但追星群体大多数是学生且女生居多，他们不具备所需的生活技能，没有追星所需的收入，所有的花销都由父母来买单，甚至影响在该阶段最重要的学习任务。

不仅仅是表象所付出的，还有病入肌里的。好的偶像可以作为一个标杆来引领别人前行，是追星的动力，但不得不提到现如今令人担忧的问题，他们所追随的偶像真的是偶像吗？粉丝群体往往看自己的偶像带有"滤镜"，他们认为自己的偶像做什么都是正确的，不愿意看到自己心中的偶像有一点瑕疵。近来粉丝间的大战也屡见不鲜，网上的攻击言论吵得不可开交，代表自己的偶像说话，而实际上他们并不了解自己的偶像是什么样子，因为他们的三观也被"滤镜"带偏了，最后呈现的样子一定是片面的。认识一个人需要时间去验证，粉上一个偶像更需要时间，不是轻易地源于颜值或某一部剧里的角色，你们之间的距离很遥远，可能远到看不清，更需要仔细去辨认。

总而言之，粉丝追星有很大风险，付出的时间和金钱是必然，识人不清是常事。

3.4 论证分析四

偶像对于粉丝来说是精神支柱，是他们在繁忙的生活中能够停下来休息的避风港，但随着近年来饭圈文化的兴起，越来越多的青少年因为自己的偶像荒废了自己的人生。控评、打榜、投票，各家粉丝之间的较量层出不穷，让我感受到了现在的饭圈真的非常浮躁。

曾经看过一个路人只是发了一条关于自己观点的评论，却收到了无数条某明星粉丝发来的私信，私信的内容一律都是维护他家偶像的话，大多都是初中、高中生，难听的诅咒别人的脏话张口就来，路人一句不喜欢，往往引来一群人的冷嘲热讽。

还有一位妈妈在知乎上吐槽，女儿追星过于夸张，在自己经济条件不允许的情况下还要买专辑、看演唱会，大天对着手机傻笑，把时间浪费在没必要的事情上。妈妈表示十分不能理解，认为是营销手段才把偶像捧得像神一样伟大。而小女生容易在这种吹嘘下虚荣膨胀，认为自己喜欢的男孩子是完美无缺的，但其实并非如此。

与其说是追星，不如说是追他在镜头前表现出的样子。你和他在现实生活中是没有任何交集的，但情感方面却给你一种离他很近的感觉，看他演的戏、拍的综艺、签售会上的互动、演唱会上的表现，渐渐地你认为自己了解他的一切。但万一他在镜头前活泼可爱，而镜头下其实并不是这样的呢，私下里是个安静不爱说话的人，你会不会觉得自己从来都没了解过他，你还会喜欢他吗？

追星真的非常容易迷失自己，尤其是深入饭圈以后。如果你天天搜索一个人的名字，微博看他的超话，B站只看他的剪辑，很容易就认为他就是最红的、最完美的那个。但另一方面，只要看到了一些关于他不利的言论就会开始无尽地谩骂，无法自拔。但其实互相谩骂改变不了任何人的观点，只会让双方越来越不服气，让双方的粉丝认为对家没有素质。

其实所有的饭圈都是一样的，很多人因为喜欢一个人而聚集在一起，可以说完全是一个自给自足的世界，有着成熟的体系，各家都一样。但我们都应该扪心自问，是否在这个眼花缭乱的世界里迷失了自己，在无条件支持他实现梦想的日子里，怠慢了自己，那个你花费了很多心思的人可能一辈子都不会知道你的名字。

4. 评估和结论

4.1 对上述正反论证的比较和评估

4.1.1 归纳推理

归纳推理是一种由个别到一般的推理。由一定程度的关于个别事物的观点过渡到范围较大的观点，由特殊具体的事例推导出一般原理、原则的推理方法。

正方观点由演员尹正和浙江大学研究生胡江华的事例来论证追星对粉丝是有着积极的影响的。在对尹正事例的分析中，文章写到了他的演艺生涯，尹正在儿时就喜欢上了当时红极一时的张国荣，出于对张国荣的喜欢，尹正走上了学习音乐、表演的道路。而在浙江大学学生胡江华的事例中，胡江华在自己的第一篇 SCI 论文的致谢里，向歌手林俊杰 13 年来对自己间接的精神支持表示感谢。

反方观点则是由疯狂追星的杨丽娟为追星不惜让父亲卖肾，最后导致家破人亡的事例来推理出追星对粉丝是有消极影响的。

由上述事例来推断出追星对粉丝是否有积极影响的结论正是由特殊到一般的推理过程，符合归纳推理的模式。

4.1.2 演绎推理方法（三段论）

演绎推理是由一般到特殊的推理方法，与"归纳法"相对。推论前提与结论之间的联系是必然的，是一种确实性推理。

反方观点先给出了观点的前提，由现在社会粉丝的个人环境和公共环境界限不清，导致了粉丝回到现实社会中会无所适从，会将网络世界与现实世界混合来论述追星对粉丝是有消极影响的。经过论述，最终根据一般原理，对上述特殊情况进行判断。

正方观点认为粉丝在新媒体环境下的参与式行为比传统媒体环境下获得了更大的媒介接近权与使用权。由粉丝在 B 站或其他网站发布的二次创作内容为前提，实现了粉丝的个人价值来论述追星对粉丝是有积极影响的。

由上述格式来推断出追星对粉丝是否有积极影响的结论，符合由一般到特殊的推理过程，符合演绎推理的模式。

4.1.3 因果论证

因果论证就是根据客观事物之间都具有这种普遍的和必然的因果联系的规律性，通过提示原因来论证结果。

反方观点首先将追星会浪费粉丝学习工作的时间，最终导致粉丝生活陷入混乱作为原因进行论证。对某件事情过于关注会影响到日常的学习生活。在论证过程中还写到了粉丝对偶像并不了解，粉丝视角下的偶像是带有滤镜和保护的，他们会对自己的偶像十分包容，三观也会被网上的人带偏。

正方观点将公众人物的言行举止会影响粉丝来进行论证。优秀的偶像会展现出他们优秀以及努力的一面，会使粉丝在精神上受到正向鼓舞，将追星当作一种爱好，多学习一门技能，也未尝不是件好事。

由上述论证过程通过提示原因进行结果的论证，符合因果论证的模式。

4.1.4 类比论证

类比论证是一种通过已知事物（或事例）与跟它有某些相同特点的事物（或事例）进行比较类推从而证明论点的论证方法。

反方观点文中写到饭圈中的一些粉丝会认为自己的偶像是完美无缺的，他们的行为和言论都是尽善尽美的。一般来说，这样的粉丝大部分年龄不大，他们的价值观、世界观并没有成型。现在的饭圈文化十分混乱，各个偶像的粉丝出现骂战稀松平常，由饭圈中不同粉丝出现的不同问题可以类比出追星对粉丝有着消极的影响。

正方观点由自己的追星历程来类比出对偶像的喜欢不只是对他颜值或外在的喜爱，同时也是对偶像的内在和直击灵魂的话语的喜爱。对偶像的喜欢可以成为现实生活中努力的动力，也可以类比出追星对粉丝有着积极的影响。

由上述饭圈不同偶像和粉丝出现的问题或是由自身追星经历的类比可看出上述论证符合类比论证的模式。

上述四种论述方法都有着正方和反方的观点。归纳推理注重由特殊到一般的过程；三段论则是注重前提和结论的联系，也可以看成一般到特殊的过程；因果论证注重客观事物的普遍联系，通过提示来论证结果；类比论证是用已知论证来类比与它相似的事物（或事例）进行论证。四种论证方式各有利弊，需要同时使用。

4.2 图尔敏模型

理由：在追星的过程中，通过多种形式实现了粉丝的自我价值，因而追星对粉丝有积极影响

限定：在现实生活中、互联网环境下，有正确三观的明星，以及有正确三观的粉丝

保证：粉丝作为用户，在新媒体环境下的参与式行为比传统媒体环境下获得了更大的媒介接近权与使用权。粉丝在自我创作和分享作品中实现自我价值，获得成就感

辩驳：在媒介不断发展变化的今天，用户开始将个人的私密环境带入社会的公共开放空间下，粉丝对于偶像的情感也存在多重矛盾

结论：追星对粉丝有积极影响

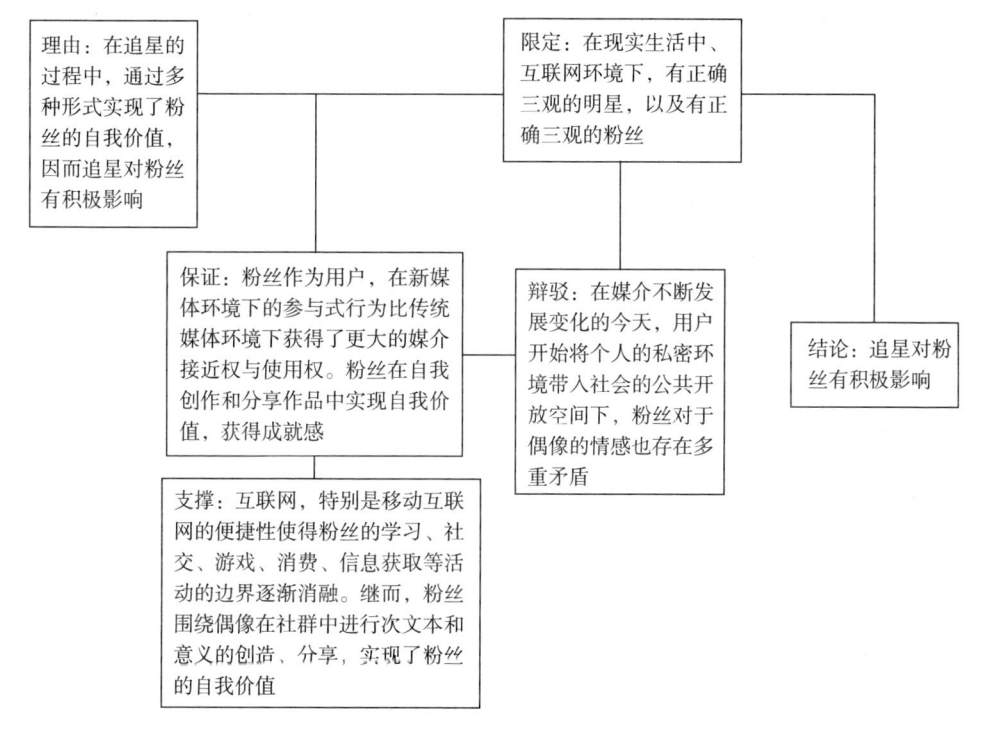

支撑：互联网，特别是移动互联网的便捷性使得粉丝的学习、社交、游戏、消费、信息获取等活动的边界逐渐消融。继而，粉丝围绕偶像在社群中进行次文本和意义的创造、分享，实现了粉丝的自我价值

图 18　图尔敏模型

图尔敏模型由六个部分组成：证据、断言、保证、支撑、辩驳和限定。将上述论证用图尔敏论证模型展示出来，可以更加明确其中的逻辑和条理。

证据是解释事实的证据和理由，上文中所提到的证据就是粉丝在追星过程中的正面实例和反面事例，故认为这两点是保证的理由。

断言是被证明的陈述、主题、观点，本文的最终观点就是追星对粉丝有积极影响。

保证是用来连接证据和结论之间的原则和假设，粉丝作为用户，在新媒体环境下的参与式行为比传统媒体环境下获得了更大的媒介接近权与使用权，在前文也有论述。

支撑是用来支持保证的理由。本文中将两点证据，分别用四个支撑来支持。

限定是对结论范围和强度的限定，在这个结论中的限定分别是：正确的三观和互联网环境下。

4.3 结论

总而言之，在现实生活以及互联网环境下，有正确人生观、世界观、价值观的人，他们在追星的过程中，对其有积极影响。我们不否认在追星过程中的确存在极端情况。但在分析中，他们大都是在青少年时期，未能树立正确的三观，因而误入歧途。因此，追星对粉丝是有积极影响的。

参考文献

[1] 赵小雷. 追星族的社会心理分析[J]. 西北大学学报（哲学社会科学版），1999（02）：105-108.

[2] 李静，杨晴，吴琪，等. 青少年的共情与自我意识：归属需要的中介作用[J]. 教育研究与实验，2019（05）：83-87+92.

[3] 胡岑岑. 从"追星族"到"饭圈"——我国粉丝组织的"变"与"不变"[J]. 中国青年研究，2020（02）：112-118+57.

[4] 蒋郁青. "粉丝文化"对娱乐明星消费市场的影响研究[D]. 南昌：南昌大学，2011.

[5] 张阅雨. 新媒体环境下的粉丝文化研究[D]. 重庆：重庆工商大学，2019.

教师评语

该组学生作业以"追星是否对粉丝有积极影响"为主题进行正—反—正推理与论证分析，学生能够根据生活中的所见所感引发思考，并确定本次选题。能够熟练掌握和运用批判性思维知识点，准确、恰当地运用批判性思维推理、论证分析方法，对主题的介绍以及对问题的识别及定义清晰、明确，并表明陈述立场，分别从正面和反面立场进行论点、论据的充分论证，论据引用了大量的实际案例，结合有效、正确的推理方法，进行充分论证分析，能够使用具有一定可靠性的信息及其来源加以解释和评价。能够准确地通过图尔敏模型表达上述论证思路，并进行正反论证的合理比较和充分评估，且结论和证据具有良好的对称性。本组作业内容完整、论据充实、逻辑清晰、文笔流畅，并对文中所引用的数据或案例给出完整、正确的参考文献，本组作业总体来看，具有一定的应用价值。

（点评教师：刘宇涵）

在街上是否要帮助身体有异样的陌生人

国商1801　李淳　李雅萱　魏宇轩　白家镁　魏晨

摘要："在街上是否要帮助身体有异样的陌生人"，这是一个值得让人深刻思考的问题。这个问题涉及了道德伦理方面的问题，更引发了全社会的热议。因为没有一条法律规定我们有帮助身体有异样的陌生人的义务，但是如果我们心怀善意扶起身体有异样的陌生人，并给予对方帮助的时候，我们也可能会面临被诬告的风险，甚至要去承担相应的法律责任。

关键词：道德；法律；责任；批判性思维

引 言

当我们在街上遇到身体有异样的陌生人的时候，我们是否应该帮助他们是个众所周知的话题，也吸引了很多人的注意。不同的人会有不一样的看法，帮助受伤的陌生人一直被视为人类珍贵的美德。另一方面，帮助别人会使我们快乐。当我们信任陌生人时，对方会感到一种莫名的成就感，当然我们也是。有些人认为不应该帮助受伤的人，因为现在有碰瓷现象，有些人摔倒了，当你把他扶起后，他却说是你把他弄倒的，这些现象引发了我们的思考，那在这种情况下我们应不应该帮助陌生人呢？

1. 问题定义及立场叙述

相信大家都看到过这样的新闻：年轻人出于热心去帮助受伤的人，结果被帮助的人反过来讹诈帮助他的人。这样的现象引发了社会的热议。所以我们要研究的问题就是究竟要不要帮助这些受伤的人呢？我们小组认为我们还是要去帮助那些受伤的人。因为你的一个举动，可能挽救了一条生命，也拯救了一个家庭，所以我们应该去帮助身体有异样的陌生人。

1.1 问题背景

目前社会上有很多好心帮助他人反过来被讹的事件,现实版的"农夫与蛇"的故事层出不穷。这样的事件过多地被报道,导致很多人在遇到他人受伤需要被帮助的时候因为担心被讹所以选择了漠视。要不要帮助身体有异样的陌生人也引发了社会的热议,所以我们就这个问题进行研究。

1.2 概念界定

批判性思维是个具有丰富内涵的概念。朱新秤突出认知技能和策略的重要性,提出批判思维是指为增大预想结果的可能性,运用认知技能和策略的思维活动。罗清旭突出自我的作用,提出批判性思维是个体对知识获得过程、理论、方法、背景、证据和对知识的评价标准是否正确,做出自我调节性判断的一种个性品质。李剑锋等认为批判性思维由认知技能和情感意向构成,认知技能包括阐释、分析等,情感意向包括寻求真理、思想开放、勇于探索等。

我们研究的问题是:是否要帮助在街上身体有异样的陌生人。而这里的特定概念就是帮助街上身体有异样的陌生人。中华民族的传统美德就是乐于助人,助人等于助己,也是我国自古以来倡导的一种优良传统。但为什么我们现在讨论是否要乐于助人,是因为现在社会上有很多帮助他人反被讹的现象,让很多人害怕去帮助他人。也就导致了现在很多人不敢去帮助他人,遇到受伤的人时选择漠视。而讨论这个问题的目的就是要让人明确我们应该要去帮助身体有异样的陌生人。

1.3 论点陈述

论点是我们应该帮助在街上身体有异样的陌生人。因为乐于助人是中华民族的传统美德,我们应该要传承下去,并且帮助他人以后自己的精神上也会得到一定的满足。虽然现在社会上也存在着一些帮助他人反被讹的现象,比如:浙江嘉兴平湖的一位老太骑车时摔倒在路边,路过的快递小哥从电动三轮车的后视镜中看到情况,便停下车往回走去扶起老太。但是老太反过来说是被快递小哥撞倒的。即使是有这样的现象发生，可毕竟是少数，还有许多人都在被帮助后表达了感激。如：郑州市一中学女生上学路上看到一位老奶奶摔倒毫不犹豫地把她扶起，事后老奶奶和老奶奶的家属都表示了感谢。

综上所述，我们认为我们应该去帮助身体有异样的陌生人。

2. 正方论证

2.1 归纳推理

前提：作为一个人，见到身体有异样的人时要帮助。

事例一：隋朝人辛公义曾任岷州（今甘肃岷县）刺史。当地的老百姓有一种陋习，凡是家里有人生了病，大家都害怕染上，谁都不肯照料，病人往往得不到照顾和治疗而病情加重，很快死去。辛公义到任后了解到这种情况，就下令将病人抬到衙门里来，自己和数百位病人住在一起，亲自安排给他们看病服药的事情。经过细心照料，这些病人都恢复了健康。辛公义的行为不仅得到了人们的赞颂，也彻底改变了当地的陋习。

通过这个事例可以看出，通过自己帮助别人的一个善举可能会带动周围的许多人做出善举，从而改变一个地区的陋习。帮助那些处于伤痛中的人，有利于促进社会风气的改变，为周围人树立榜样，所以在街上碰到身体有异样的陌生人，我们每一个人也都应该尽力去帮助他。

事例二：湖北襄阳一名中学生遇到老人骑车摔倒受伤，他飞奔上前扶起老人，挽救了老人的生命，避免了悲剧的发生。他不仅挽救了一个人的生命，也挽救了一个家庭，同时自己还收获了乐于助人的快乐，也让更多的人体会到人间处处有真情，所以我们应该帮助受伤的人。

事例三：在济南开往绥德的Z268次列车上，山东大学第二医院医务部主任、儿外科专家王若义正在3号车厢休息。这时王若义听到列车寻找医护人员的广播，王若义来不及多想，直接赶了过去。这名乘客六七十岁，脸色十分难看，表情极为痛苦。最后经过王若义医生的初步诊断排除了阑尾炎的可能，判断为肾结石。由于是在行驶的列车上，医疗条件极为有限。王若义在列车长带的急救箱上找到了暂时缓解疼痛的药物。处理完这些事情，不放心老人的王若义一直陪在老人身边，叮嘱有什么不适及时打电话给他。当周围人需要帮助的时候做一些力所能及的事情，这一小小的举动可能挽救一个人的生命。

事例四：在南京六合区古棠大道路口，一位68岁的民工受伤倒地。刚好有三名中学生骑车放学路过，他们赶紧上前救助，用纸巾帮老人止血，并借路人手机拨打120。直到医护人员把老人抬上救护车，三人才放心地离开。从这个例子中我们得出应该上前帮助倒地或者受伤的人。这三名中学生无疑给全社会做了一个很好的正面示范，他们这一次救助受伤倒地民工在学校里出了名，成了很多同学的榜样。在谈到未来的理想时，三个小男生思索了一会儿。其中一个说，他要帮助更多的人，比如路边乞讨、流浪的老人，另外两个对此也表示赞同。他们都是新时代的五好青年，对于推进社会的良好风气起了很好的作用。

综合上述的各种事例来看，帮助别人对自己来说只是付出一些小小的举动和一些时间，但是对于受到帮助的人来说却可能是给了他们生的希望。一个小善举就能换回一条生命，并为社会增添许多正能量。因此面对陌生人，人们也应当尽自己所能去帮助他们，即使是一句简单的询问也能够给予他们温暖。以自己的力量感染周围的人，从而进一步促进社会乃至国家的发展。

2.2 类比推理

棉湖有个事件：王阿姨和方大哥恰巧经过环城马路，发现一名老人和电动车都倒在地上，当时下午4点多，阳光猛烈。王阿姨担心在救护车未到之前，暴晒会对老人的身体状况造成影响，当时没有遮阳的工具，没多想就直接把电动车的挡风塑料膜拆下来，为老人遮阳，直至救护车来到，阿姨才离开。而方大哥刚好出来办事，经过时，看到很多人围观，王阿姨在为老人遮阳，通过王阿姨了解到还没有叫救护车，也未联系上老人的家属，考虑老人身上应该有家属联系方式，于是通过老人身上的手机，第一时间联系上120急救，并向老人的亲友告知情况，最后才安心离开。

故事中的王阿姨和方大哥与这位老人素昧平生，却主动为老人遮阳和联系家属，耐心等待家属的到来。这种行为显然与感情无关，他们都与老人没有丝毫交集。那么他们究竟为什么要这样做呢？《三字经》有云："人之初，性本善。"显然王阿姨和方大哥这种举动是出于对同胞的天然的善意，让他们对同胞施以援手。

在自然界中动物也有这样的行为，世界上有很多海豚救人事件。1972年9月，南非一位23岁的姑娘伊瓦诺所乘的船在离海岸40公里处的海面上，不幸被海浪打翻了，她拼命往岸边游，这时有一头鲨鱼向她游来，她甚至已经清楚地看见鲨鱼狰狞的面目了，不由得下意识地闭上了眼睛，呼吸都快停止了。就在这时，有两头海豚出现在她身边，把鲨鱼赶跑了，护送她到靠近港口的安全地带。古人常说：万物有灵。海豚救人显然不是因为救了人之后能对它们有什么好处，也并不是这位姑娘曾喂养过它们，与它们有交集，而是出于一种天然的对生命的善意。

以上两个例子中无论是王阿姨、方大哥还是海豚，都与事件的发生者没有丝毫关系，却又都不约而同地选择了救人。生命是最珍贵的，有了生命才有了精彩。无论是人、动物或者是植物，都有一种对生命的执着追求，这是最基本的，也是最根本的。

与动物不同的是，人类的善意还会转化成一种规则，道德的出现使人们心中的善被强调。所以与动物相比，也有更多的人会对生命怀有善意。中国道家思想讲求的顺应自然又何尝不是怀着对万物最大的善意，这才有了汉王朝初期的繁华与强大。人因为自己与生俱来的善意而帮助他人，被帮助的人又因为受到过帮助而帮助他人，因此人们学会了协作，这才有了道德与社会。动物因为这种自然的本性而帮助人类，实现了人与自然的和谐相处。人类也因为海豚的这种行为而更加喜爱它们，保护它们。这是一个由善意而起的关于帮助的良性循环圈。一个小小的帮助行为，可能会像蝴蝶效应一样扩大，可见帮助他人的重要性。我们也应该顺应本能，在街上遇到身体有异样的陌生人时，对他们给予帮助。

3. 反方论证

3.1 类比推理

2006年11月20日，彭宇在南京市某公共汽车站好心扶一名跌倒在地的老人起来，并送其去医院检查。不想，受伤的徐老太太及家人得知胫骨骨折，要花费数万元医药费时，一口咬定是彭宇撞了人，要其承担数万元医疗费。被拒绝后，老人向南京市鼓楼区法院起诉，要求彭宇赔偿各项损失13万多元。

这个案件曾经引起社会的广泛关注，也因这件事情的发生让道德的门槛大大降低，也让很多心存善良的人不敢去做好事。乐于助人是我们中华民族的传统美德，我们从小就被教育遇到有困难的人就要积极地去提供帮助，但有了这种恶劣事件的发生让很多人欲在帮助别人时产生了顾虑，可能出于好心的善举却反被诬陷成了冤大头，因此很多人都不再愿意去帮助别人，害怕给自己惹出祸端。

不仅现在有这样令人寒心的事件，在古时就发生过类似事件。最典型的就是农夫与蛇的故事。从前，在一个寒冷的冬天，赶集完回家的农夫在路边发现了一条蛇，以为它冻僵了，于是就把它放在怀里，让它苏醒过来。蛇受到了惊吓，等到完全苏醒了，便本能地咬了农夫，最后杀了农夫。

故事中的蛇也就代表了那些不怀好意的人，农夫则代表那些心怀善意的人们。从这则故事中我们也可看出人不能随意地帮助别人，有时候出于善良去帮助那些需要帮助的人很有可能会害了自己。

通过这两则事例可以体现出，有时候帮助别人不仅不会得到赞扬，还会为自己惹来不必要的麻烦。在这个社会中，人心复杂，我们无法判断出一个人是善是恶，虽然他们当时因为一些困难表现得很柔弱令人同情，但我们无法判断这个人背后有着一颗怎样的心。因此，我们不能轻易地去帮助身体有异样的陌生人。

3.2 归纳推理

2011年7月初，海南某镇。某部队士兵小刘完成测绘任务后，骑自行车返回宿营地途中，看到一位老大爷晕倒在路边，急忙拨通120急救电话，与医护人员一起将老大爷送到医院，使老大爷转危为安。不料，老大爷的亲属赶来后，硬说小刘是肇事者，不但要求他赔偿医药费，还扬言到部队告他。小刘担心激化矛盾，影响军民关系，只好从银行卡中取出3000多元付了医药费。

人心有善也有恶。有的人很坏，通过这种没有证据的诬告并且利用别人怜悯之心来讹钱的例子不胜枚举。通过这类事件，我认为不能帮助街上身体有异样的人。

4. 评估和结论以及图尔敏模型

4.1 评估

人们往往出于本身的善意本能、道德因素和对生命的看重而选择上前帮助受伤或者需要帮助的人。但也有时候，会有碰瓷儿这种败坏公德的现象出现，使给予帮助者受到财产的损失和心灵的创伤。很多人因而选择了漠视与旁观，这是可以理解的，但却是不可取的。《易经》和老子都告诉过我们，要顺应人心的本能。三字经曾言："人之初，性本善"，从小到大，父母、老师会告诉孩子，要乐于助人，这渐渐成了一种最基础的为人品质。出于人性和道德因素的影响，看到弱小需要帮助的人，大家都会有一种帮助的本能。我们不应该因为个别少数事例的发生就否定我们的本能和优良的道德传统。帮助了他人，对自身人格的塑造也大有裨益。现在是网络时代，信息的传播非常快捷，人们也能通过手机迅速看到新闻。我们可以看到有很多碰瓷现象和救人事件被曝出，无论是小孩还是成年人都可以通过媒体看到。坏的事件多了就会给社会带来很恶劣的影响，形成不好的价值观。助人为乐的事件多了，就会给社会传递正向的价值观。好的价值观汇聚在一起会形成一种积极正向的社会风气，从而逐渐内化成为整个国家的集体人格，这对于民族和国家意义是不言而喻的。建设性和批判性相统一，是马克思主义的理论品格，是新时代指导批判性思维课教师上好思政课必备的一种理论思维素养和对党、国家、人民勇于担当的治学精神。

4.2 结论

虽然"帮助身体有异样的陌生人"这件事情看似很小，但也会产生蝴蝶效应，造成意想不到的结果。因此，我们要上前帮助身体有异样的陌生人。

4.3 图尔敏模型

如图19所示，帮助别人出于人类的善意本能和道德约束，我们应当顺从本心。在街上帮助身体有异样的人，对于自己来说可能是件小事，但有时候可以挽救他人生命。由于这可以提高社会正能量，可以使帮助者的人格得到升华。虽然有时候会有很多碰瓷儿现象，帮助他人的人有些时候会受到损失，但我们不应因为这样的少数行为而否定我们的本能和优良的道德传统，否定生命更重要的事实。人们可以用录像、拍照等方式来保护自己。当人们的人格得到了完善，有助于社会形成良好的价值观和社会风气。

结论：在街上遇到身体有异样的陌生人时，要给予帮助。

理由：
1. 帮助别人出于人类的善意本能和道德约束，应当遵循
2. 有时可以挽救生命
3. 可提高社会正能量
4. 可以使帮助者的人格得到升华

限定：在做好保护自己的措施后（如录像、拍照）

结论：在街上遇到身体有异样的陌生人时，要给予帮助

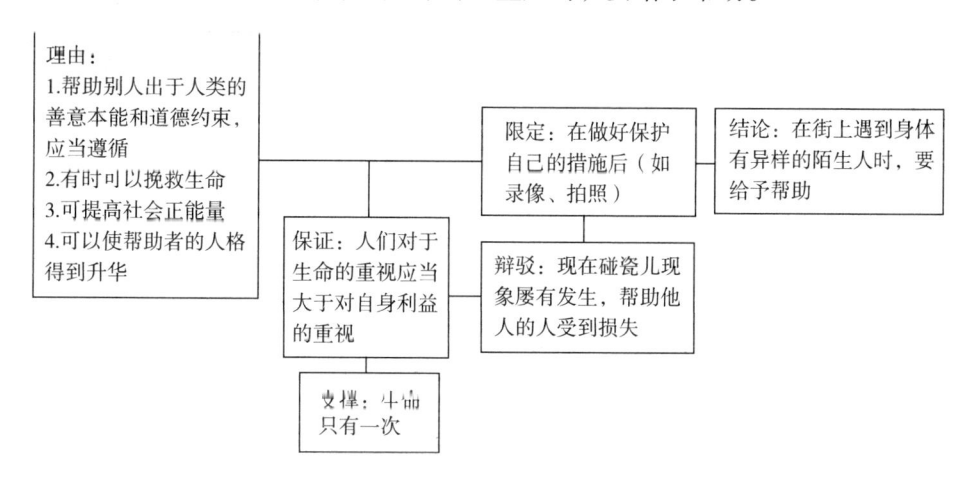

保证：人们对于生命的重视应当大于对自身利益的重视

辩驳：现在碰瓷儿现象屡有发生，帮助他人的人受到损失

支撑：生命只有一次

图19 图尔敏模型

参考文献：

[1] 程春雪. 浅谈批判性思维及其培养 [J]. 才智，2020（06）：240.

[2] 汤克德. 论高校思政课教育教学建设性和批判性相统一问题 [J]. 国际公关，2020（02）：68-70.

教师评语

该组学生作业以"在街上是否要帮助身体有异样的陌生人"为主题进行正—反—正推理与论证分析，学生能够通过日常生活观察提出本次批判性思维课程大作业的选题，选题值得一定思考。学生在作业的写作中，能够对批判性思维知识点做到灵活、合理地运用，准确、恰当地运用批判性思维推理、论证分析方法，对本次主题背景的介绍和问题的识别清晰、明确，并充分表达自己的论点和立场。在论证中，分别从正面和反面两个方面进行论证分析，且论据充分，论据引用充实、合理，并灵活运用归纳、类比等推理方法进行论证分析，逻辑严谨、论证过程充分、合理，能够使用具有一定可靠性的信息及其来源加以解释和评价。利用图尔敏模型将论证思路表达清晰，并进行正反论证的合理比较和充分评估，且结论和证据具有良好的对称性。本组作业整体内容完整，书写流畅、规范，文中引用大量数据和实际案例资料进行论证，论据充实，并给出完整、正确的参考文献，逻辑清晰、表达严谨。从本组作业整体看，提出了具有一定意义的选题，在合理论证的基础上得出结论。

（点评教师：刘宇涵）

是否应该扩大人工智能的应用范围

国商1801　戴蕾梁　安雯　田燕蒙　张昊

摘要：随着人工智能的快速发展，我们在很多领域都得到了较大程度的放松，人们也开始了新的生活方式。尤其是现在最火的AI人工智能系统，很多手机就用上了这种"人机交汇"的功能，不再像以前那种全都是亲手触碰的方式了，而是一种交谈的方式，全靠语音来解决这些难题。那么，这时社会中就会出现一个新的热点话题：是否应该扩大人工智能的应用范围？是为了给人们提供便利、高效和高品质服务而支持，还是抱有怀疑的态度去反对？我们小组先对这两个观点进行论证分析，然后去反思、比较和评估这两个观点的合理性。

关键词：人工智能；应用

引　言

本篇文章研究的主题为是否应该扩大人工智能的应用范围。由于当今的信息社会中，人工智能发展之迅速，让人类出现了或多或少的顾虑。在为提高效率而使用人工智能产品的同时，又在顾虑人工智能是否会"毁灭"他们。下文将通过一系列的论述来支撑各方观点，再做出最终的断言。

在论述中，我们小组会从人工智能在各行业给人们带来的影响出发，从影响的好坏和程度来判断人工智能是否应该扩大应用范围，并在论证分析过程中运用图尔敏模型分析法和几个典型的推理方法。

1. 定义及立场

1.1 人工智能从何而来

想要研究人工智能的应用范围问题，首先应该明确人工智能从何而来，人工智能其实并不是一个新概念。事实上，早在1950年，计算机先驱艾伦·图灵就提出过一个著名的问题："机器也能思考吗？"但直到6年后的1956年，"人工智能"这个词才被首次使用。

如今，经历了将近70年的努力和探索，人类终于把AI从一个概念发展到能真正进入大家生活的技术现实。当下，有三种创新趋势正在积极推动人工智能的加速发展和应用：

首先是大数据。爆炸式增长的移动互联网、智能设备以及物联网无时无刻不在为世界生成新的数据。在当今这个日益数字化的时代，数据已经成为新的"石油"，同时也成为企业核心价值和竞争优势的源泉。

其次是无所不在的云计算能力。现如今，无论是谁，只要你有一张信用卡，就可以启动计算服务，拥有以往只有跨国公司或政府才能拥有的计算能力。云计算正在全球范围内不断普及，并加速创新。

再次是决定人工智能的能力要素体现在软件算法和机器学习上的突破。如果说大数据是"新石油"，那么机器学习就是"新的内燃机"，能从复杂的大数据中识别出规律并加以应用。

所以，人工智能的加速普及和发展不是任何单一的技术突破所带来的，而是以上这些行业趋势所共同促成的。由此可见，人工智能来自各个行业的需求，那么我们认为人工智能应该"回馈"这些行业，理所当然地在这些行业实践。

但是，是否应该再扩大人工智能的应用范围，就需要重新思考了。

1.2 人工智能概念的界定

人工智能（Artificial Intelligence），英文缩写为AI。它是研究、开发用于模拟、延伸和扩展人的智能的理论、方法、技术及应用系统的一门新兴技术科学。

人工智能是计算机科学的一个分支，它企图了解智能的实质，并生产出一种新的能以与人类智能相似的方式做出反应的智能机器，该领域的研究包括机器人、语音识别、图像识别、自然语言处理和专家系统等。人工智能从诞生以来，理论和技术日益成熟，应用领域也不断扩大，可以设想，未来人工智能带来的科技产品，将会是人类智慧的"容器"。

1.3 论点的陈述

关于是否应该扩大人工智能的应用范围，社会上有很多种声音。有人认为人工智能会在人类不自觉的情况下逐渐取代人类，"消灭"人类，而也有人认为人工智能的不断优化对人类有极大的帮助。我们小组却认为应该扩大人工智能的应用范围，不仅仅是因为它对人类的有利影响大于不利影响，对人类而言也是一种进步和反思的机会。

2. 应该扩大人工智能的应用范围

随着全球人工智能技术的不断发展，应用范围的不断扩大，不仅推动了人类理性进步，还能够让人类生活更加美好。我们小组将用因果推理和演绎推理来分别论证这两点。

2.1 人工智能应用范围的扩大推动了人类的理性进步

人工智能研发过程本身就具有研究人脑认知与功能的需求和特性，而人类在这个过程中探索了学习的方法，从而增强人类的逻辑思维能力。

人工智能更新了人类应对问题的方法，比如依靠大数据的分析，医生可以提供对病人伤害最小的、全新的治疗手段和技能范围。尤其最近有文献指出，人工智能的应用对于中医领域的发展有着前所未有的改变和进步，也是对人工智能应用领域的丰富和拓展。中医的基础诊断方式是望、闻、问、切，很难理解在望、闻、问、切中融入人工智能，然而，如今人工智能的应用范围显然已经扩展到了中医这个领域。具体来看，人工智能对中医研究应用的意义有以下几个方面：

2.1.1 有助于推动中医的信息化发展

人工智能对发掘中医隐性知识有着得天独厚的优势。当前，以大数据为支撑的人工智能在医疗领域的应用很多，如医学影像、语音识别、病人看护等。可以利用人工智能将大量的中医诊疗数据进行深度分析，从而拓展中医人工智能的市场前景。

2.1.2 人工智能有助于推动中医诊疗智能化

诊疗过程是中医治病的重要环节，不过，传统中医在很大程度上需要依赖医生的个人经验，这意味着必然存在一定局限性。但如果利用人工智能，普通医师可以通过采集患者信息，进而借助网络实现规范化处理，后台通过人工智能模拟知名老中医的辨证治疗方式，给出一定的方剂建议，从而使一般医师也可以开出相对更有效的大处方。因此，也可以说，人工智能是拓宽中医产能的重要工具，是中医智能化发展的重要抓手。

2.1.3 有助于推动中医传承发展

传统中医在传承、推广和发展方面存在较大困难。一般情况下，知名中医的传承主要是流派传承或者人传人的方式进行，这种传承方式成长周期长，无法复制，规模化推广应用受到限制。而通过人工智能则可以有效解决以上难点，可以将知名老中医的诊疗思想、辩证逻辑和处方经验进行整合，形成在线的辅助学习和辅助诊疗系统，带动更多普通医师提升诊疗能力，也可以帮助中医的传承及推广应用。

人工智能也拓宽了人类知识技能范围，比如，人工智能根据对大数据分析得到各种新知识、新信息，将人们难以预测的洪水、地震等灾害预报的精确程度大大提高，使人类应对自然灾害的能力极大加强。

用因果推理的推理方法可知，因为在现实问题中总有诸如自然灾害、无法治疗的疾病、大数据的处理等问题，是人们在现有的知识和技术水平中无法解决的，或难以企及的，所以人工智能的应用是非常必要且有利于人类各个领域进步和发展的。又因为人脑的认知是有限的，所以必须依靠人工智能来更新人类应对问题的方法，从而增强人类的逻辑思维能力，变革人类解决问题的方式和效率。因此，扩大人工智能的应用范围在推动人类理性进步这一点上是不可或缺的。

2.2 人工智能应用范围的扩大能够让人类生活更美好

2.2.1 人工智能的使用提高了效率

比如停车的时候，计算机会立即计算角度、位置，有些车可以直接放手，让车辆自动停进车位，节省了许多"马路杀手"停车费劲而浪费的时间，提高了效率。再如在电子设备领域，人工智能的发展和应用也越来越广泛，更多的产品运用了面部识别、指纹识别、语音助手等技术，为人们省去了输入一串很长的密码所浪费的时间，让人们拿出手机就能立刻投入工作、娱乐等，一定程度上提高了效率。

2.2.2 人工智能的使用提高了安全系数

比如在驾驶上，无人驾驶的发明解放了人们的肢体，越来越多的车用上了自动挡，不再需要频繁地调节挡把，减少了分心的情况，也不用每次换挡的时候都踩离合，减少了车辆突然熄火的情况，这在一定程度上减轻了人们因为长途开车产生的疲劳感，也在一定程度上降低了事故的发生率，保证了人们的安全。

2.2.3 人工智能在一定程度上提升了人们的幸福感

生活中最常用的人工智能除了 AI 技术，还有电子地图。随着科技的发展，人们的交流程度日益加强，交通线路也越来越复杂，道路越修越多，许多人都变成了"路痴"。这促使更多的人用上了电子地图，输入出发地和目的地就能显示出多种出行方案，提供方便，也让更多的人愿意出门，不怕迷路，提升了人们的幸福感。再者，快节奏的生活往往会让人疲惫不堪，导致很少有人有时间、心甘情愿去做家务。请保姆、清洁工导致的负面新闻报道并不少见，所以在这个进退两难的时候，"扫地机器人"的发明解决了很多问题。它可以自动清理地上的脏东西，每天下班回家看见干干净净的地板，会让人心情变好，提升了人们的幸福感。

根据演绎推理可知，人们幸福感升高了才会觉得生活美好。如今，大部分人的幸福感还是处于偏低的阶段。人类的幸福感低是由于缺乏安全感，换言之就是死亡率、受伤率和事故率太高，产生了恐惧的心理；并且低下的效率导致对结果没有安全感，甚至产生焦虑、纠结等心理问题导致心情很差，幸福感低。人工智能一定程度上可以有效地解决这部分问题，减少了事故的发生，降低了受伤的概率，给人们提供了一个更安全的环境，也在一些技术的帮助下，提高了人们工作学习的效率，提升了人们的安全感，在人们的生活质量显著提高的基础上，也更加高效，进而提升了人们的幸福感，让生活变得更加美好。

3. 不应该扩大人工智能的应用范围

若考虑到人才会分化、贫富差距变大、战争变频繁或会给人类带来危险，则认为不应该扩大人工智能的应用范围。下面我们小组将运用集中推理方法对上述观点进行推理论证。

3.1 人才分化，引发贫富差距弊端

人工智能带来的人才分化极端，将会引起未来的人才争夺战。人工智能对就业的影响，会进一步加重收入的两极分化，高端人才对社会的作用越来越强，普通人的就业容易被机器所取代，即便普通人寻找出新的比较优势，也可能不是收入很高的工作，这样就会造成收入分配的扩大。而社会上更多一流的人才将会偏向一边，相对资金比较薄弱的企业或者个人，将会遭受到大规模的失业。在这种情况下会导致企业巨头的垄断，以及人才分化和贫富差距的扩大。机器人正从人类身上抢饭碗，这并不是一个新的问题。这一负面作用的影响程度将取决于社会重新分配资源和调整工作岗位的能力。

在促进经济增长、创造更多财富的同时，大量经济学家也表现出了对人工智能或者自动化可能加剧收入不平等的担忧。如果自动化会导致一部分劳动力变得多余，那么我们的主要经济问题将是分配而不是稀缺。关于人工智能如何影响收入不平等，目前有很多解释。

随着机器人技术更加成熟且物美价廉，每个人的产出将会增加，因此资本所占总收入的份额将会增大；此外，随着生产力和熟练劳动力的工资稳步增长，低技能的劳动力会受到损失，工资不平等也会进一步恶化。不平等的程度取决于一系列因素，如熟练工人和机器之间的互补程度。

用演绎推理的方法可知，人工智能的发展能够在一定程度上代替人力，如果人工智能的发展领域扩大，那么代替人力的范围也将扩大，从而人才分化逐渐严重，最终导致贫富差距。

3.2 人工技术水平下降

人工智能应用范围的扩大不仅会导致大范围的失业,同时,会导致这一类行业人们的技术水平下滑乃至消失。随着人工智能应用范围的扩大和技术的提高,人们过度依赖人工智能,使得自身的技术水平不断退化直至荒废。

就业结构调整后,低技能岗位的就业人数增长,竞争更加激烈,工资下行压力持续加大,导致高技能人群与低技能人群之间的工资差距不断扩大,最终表现为收入分配上对高学历、高技能劳动者群体的不断倾斜。

比如,随着互联网技术的普遍发展,很多实体零售、餐饮、旅游等行业受到了在线平台的巨大冲击,很多实体门店的经营者开始了线上线下同时发展的升级模式。根据类比推理的方法可知,电子商务的实行使得线下的一些职位不得不消失,而人工智能的出现也一样,人工智能将代替人类工作,人类将只会享受成果而失去思考的能力,导致技术水平的下降。

3.3 带来潜在的危险性

人工智能机器人的产生,还有一个最可怕的弊端,当人工智能被大量用于武器中,未来的战争将不会大量使用到人类,而当战争不再使用到真人,从道德的角度去考虑,人工智能的战争不会受到太多的批评,随之而来的,将会是更多的机器兵团战争。

用因果推理的方法可知,因为全球资源逐渐集中,所以未来的战争是不可避免的,又因为,人工智能在武器领域的应用范围扩大,所以导致未来的战争打响变得轻松,故认为人工智能应用范围的扩大会引来更加频繁的战争。

早在2015年,德国大众的一家汽车制造工厂,一个机器人误杀一名外包工人。而作为人工智能发展大国——日本,迄今为止,已经有20人死于机器人误杀事件,更有高达8000人被机器人致残。如果一旦人工智能机器人落到恐怖分子的手里,后果将更加不堪设想。

由此用归纳推理的方法可知,历史上曾出现过人工智能威胁人类生命的例子,而如今要继续扩大人工智能应用范围的计划就更加不可行了。

4. 结论

4.1 对正反论证的比较和评估

通过上述分析，人工智能会给人们带来更高层面的益处，比如促进人的理性进步，因为在开发人工智能的过程中，人类的理性会在不自觉中进步，如果可以扩大其应用范围，对于人类也是百利而无一害的。其次提高人们生活质量，从而提升幸福感。这些影响远远胜过不利影响。不利的人才分化，技术水平的下降，可以让人们重新反思自己的能力和地位，而在提高人们幸福感的同时，人们更加不倾向于激化矛盾，引发战争。

因此认为，可以利用人工智能在扩大应用范围给人类带来的有利影响去克服那些不利的影响，这是一个需要长期的过程才能看到的效果，但是相比抵制人工智能会更加理性。

4.2 图尔敏模型

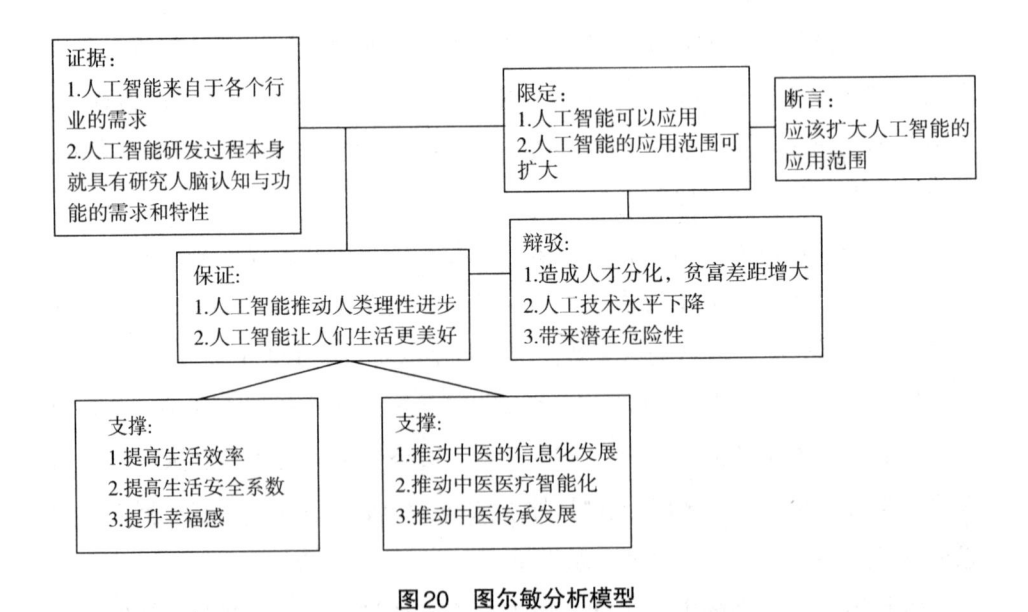

图20 图尔敏分析模型

图尔敏模型由六个部分组成：证据、断言、保证、支撑、辩驳和限定。将上述论证用图尔敏论证模型展示出来，可以更加明确其中的逻辑和条理。

证据是用来解释事实的证据和理由，上文中所提到的证据就是人工智能来自各个行业的需求，所以应该回归这些"行业"；人工智能研发过程就是研究人脑的认知与需求。故认为这两点是保证的理由。

断言是被证明的陈述、主题、观点，本文的最终观点是应该扩大人工智能的应用范围。

保证是用来连接证据和结论之间的原则和假设，推动理性进步和生活美好才是扩大人工智能范围最有说服力的原因，在前文已有论述。

支撑是用来支持保证的理由。本文中将两点证据分别用三个支撑在做支持。

限定是对结论范围和强度的限定，在这个结论中的限定分别是：应用和扩大。首先人工智能可以被应用，其次是能否扩大。

4.3 结论

在我们生活中，几乎所有的事物都有利弊，人工智能也同样是一把双刃剑，对待人工智能未来的发展，我们不仅要以乐观的态度面对，而且还要对这个时代有信心，对人工智能相关研发人员有信心。

因此，应该在一定程度上扩大人工智能的应用范围，并且在扩大范围的同时，对使用形式有所制约，避免承担不必要的风险。使用者也要避免对人工智能的依赖性。人类也可以在面对不利影响的同时，对自身进行反思和改进。这样，不仅可以让人工智能在更多的领域帮助到人们，还可以促进人和人工智能"和谐相处"。

参考文献：

[1] 苗耀锋.人工智能在中医研究中的应用研究[J].中外企业家，2020（11）：150.

[2] 张柯欣，孙艳秋.中医人工智能模型的设计要素研究[J/OL].中华中医药学刊：1-5[2020-04-21].

[3] 孙蓓.交往视域中人工智能对现实生活世界的影响[J].黑河学刊，

2020（02）：178-181.

[4] 高文. 未来已来，人工智能将如何改变我们的生活[J]. 网信军民融合，2019（08）：9-15.

教师评语

该组学生作业以"是否应该扩大人工智能的应用范围"为主题进行正—反—正推理与论证分析，学生能够针对感兴趣的领域开展深入思考，从而确定本次批判性思维课程大作业的选题，选题具有一定的研究意义。从本组作业内容看，学生对批判性思维知识点能够做到灵活、合理地运用，准确、恰当地运用批判性思维推理、论证分析方法，对主题背景的介绍和问题的识别清晰、明确，界定了人工智能的概念，并充分表达自己的论点和立场。在论证中，侧重于人工智能应用范围的扩大，推动了中医行业信息化发展、提高人类生活效率和幸福感等方面进行了正面论证，并基于人才分化、人工技术水平下降等角度进行了反面论证。论据充分，引用了较多实例，运用有效、正确的推理方法，保证了论证分析的充分性与合理性，并能够使用具有一定可靠性的信息及其来源加以解释和评价。利用图尔敏模型将论证思路表达清晰，并进行正反论证的合理比较和充分评估，且结论和证据具有良好的对称性。本组作业整体内容完整、论据充实、表达逻辑清晰，书写流畅、规范，并对文中所引用的数据或案例给出完整、正确的参考文献。总体来看，本组作业从选题、论证到结论，具有较好的研究意义。

（点评教师：刘宇涵）

大数据时代人们生活是否更自由？

会计1902　杜美昀　伏美凝　马悦颖　张鑫茹

摘要：随着科学技术的发展，大数据时代悄然来临。通过大量数据的收集与分析，人们可以轻松地获取自己想要的信息，可以说大数据时代的来临让人们的生活变得更加便利。但是大数据下的所有信息都将变得透明化，信息被记录，以海量数据样本和信息专业化处理所著称的"大数据"技术，不仅在生产领域被广泛运用，也通过信息服务逐渐渗透到我们的生活中。过去的信息垄断逐渐被瓦解，信息逐渐脱离特定群体的掌控，进而愈发贴近个人的真实需求并与其联系起来。那么，在大数据下的人们到底是否更加自由？

关键词：大数据；信息透明化；便利；生活自由；隐私

引　言

今天我们小组讨论的是大数据时代人们生活是否更自由。大数据的时代所体现的特点就是信息全面、技术发达、信息透明化，为人们的生活提供了更伸捷的条件，但是这种方式对人们来说是好是坏，是否限制了人们的自由？这引起了人们的思考，所以今天我们小组将用辩证思维来探讨这一话题，分为正方和反方两部分。

1. 正方：使人更自由

1.1 证明：在大数据时代，数据分析自动化和智能化，带给我们更多的时间自由

保证：大数据分析自动化和智能化带来生活自由。

支撑：人类自身的复杂性和技术工具的复杂性限制了我们的生活自由，

而大数据的生活方式，打破了这些局限。2003年，人类第一次破译DNA时，勤勤恳恳工作十年才完成了30亿对碱基对的排序，十年后，相同的工作，人们利用大数据，只需要用15分钟就可以，极大地缩短了时间。而这些时间可以更自由地分配到其他事情上。并且，大数据在我们的生活中也起着重要作用。根据个人大数据，健身软件可以设计专属于你的健身计划，去医院能根据智能算法快速了解患者的身体情况和病历记录，帮助沟通不畅的人群。

1.2 证明：在大数据时代，缩短了人们之间的交流距离，带给我们生活上的自由

保证：网络缩短了人们之间的交流距离。

支撑：就疫情来说，2003年和2021年对比来看，我们处于大数据时代，虽然我们身体被困在家中，但我们的言行更自由；虽然我们远隔千里万里，但我们的思维更自由。正是大数据时代的帮助，我们可以足不出户与老师交流，云端教学，在家可以知晓天下事，使得我们的沟通也更加自由。

1.3 证明：大数据时代拓宽了人们认知的边界，减少了由眼界、思维方式等带给我们认知的限制，带给我们生活自由

保证：大数据打破了认知的限制，可以人为地改善生活条件。

支撑：在大数据时代，有助于提升认知，面对一件事情就可以更主动、更自由地去行动。在古代农耕时期，人们只能依靠二十四节气指导农事，就是通常所说的"靠天吃饭"，我们要知道，二十四节气传承至今，地球环境变化很大，有一些节气并不完全适用。但限于当时认知有限，人们只能遵守二十四节气耕作，被动而且不自由。而在大数据时代，人们不但可以窥见自然界的秘密，而且可以挖掘、认识和把握隐藏在人类社会活动中的规律，使人类自主能力增强。例如，我国自主发明的农作物长势综合遥感检测方法，就是利用大数据，获取天气、农业等信息，提升了人们的认知，打破了人们的局限，使人们变得更主动，使人们更自由。

2. 反方：使人更不自由

2.1 证明：大数据会按照人们的喜好来进行推荐，使其接触到其他商品的可能性会显著降低，限制了人们消费选择的自由

保证：大数据呈现的信息，干扰人们选择的自由。

支撑：传统的消费者往往通过口碑相传、报刊推荐等方式来得知商品的评价，而在大数据的网络时代下，消费者可直接在贴吧、论坛、微博、博客等社交媒体上发表自己的主观看法，这些评价信息将毫无保留地传递给后来者。因此，大数据网络时代下的大众评价影响更加深刻和广泛，对潜在的客户有着更加直接的购买影响力。但这变相限制了我们选择的权利，当你浏览过一种类型的商品，网购平台会推荐同类型产品，降低了你浏览其他类型商品的概率，所以打破传统一览无余式购物方式，用大数据获取的信息去限制你的消费选择自由，更多的是大数据帮你做出决策。

2.2 证明：人们的行动变得更加透明，时刻处于被暴露隐私的危险中，剥夺了人们保护隐私的权利，减少了隐私自由

保证：大数据可以被人所操控，容易泄露隐私。

支撑：与大数据的应用所带来的便利和效益相伴随的最大隐患，是对人类隐私权的践踏。随着新的数据采集技术的成熟，之前需要刻意收集的数据可以被自动收集并存储，进而被分析和挖掘其价值并加以应用。当前，我们每个人的上网痕迹、生理指标、聊天记录、位置轨迹、消费记录、关注偏好等都在不知不觉中被收集、数字化和分析，人们已经开始自嘲为"透明人"。然而，与数据采集者和应用者形成强烈反差的，却是"透明人"对自己的各种数据被谁得到和如何被应用常常一无所知。显然，人类个体作为数据集的"透明"性本身就暗示了大数据的采集和应用中存在的弊端（通过非法收集、泄露、滥用等方式）对隐私权侵犯的可能性，而数据的采集或应用的"暗箱性"无疑增加了这种风险。例如Facebook用户数据泄露丑闻暴露出了大数据分析完全有可能被作为恶意武器，成为操控决策的工具。这种在大数据时代

变成"透明人"的我们，无法保护个人隐私权，限制了我们的隐私自由。

2.3 证明：大数据时代加剧了世界的信息不对称

保证：发达国家及少部分人掌握着大量信息。

支撑：随着经济全球化步伐的不断加快和我国经济的快速发展，发达国家和跨国公司对我国的技术控制也不断加剧，使我国企业在自主创新方面处于不利的位置。

科技部中国科技促进发展研究中心的一份报告指出，在信息技术领域，发达国家和跨国公司一方面通过设置技术壁垒和知识产权壁垒、制定技术标准加强对信息技术的控制，近几年发生的华为、第三代移动通信标准等技术专利案件以及 WAPI 标准事件，都表明发达国家和跨国公司对我国信息技术创新的制约；另一方面通过在我国大量申请专利占领我国市场，增加了我国信息产业技术创新的难度。

结 论

通过以上正反论证充分说明，我们要学会更理智地运用大数据，不仅要促进大数据的发展，而且要把握好自由不能够被大数据剥夺，就像它不能够被施予一般。因此，拥抱技术，保持自省，与大数据保持辩证的平衡关系，才是现实的自由之道。

参考文献：

[1] 蔡昱. 大数据与自由 [J]. 中国医学伦理学，2019，32（01）：3-9.

[2] 集世璞. 大数据时代网络信息安全及对应策略研究 [J]. 中小企业管理与科技（下旬刊），2021（04）：130-131.

[3] 方印，张海荣. 大数据时代公众环境信息传播权初探 [J]. 中国矿业大学学报（社会科学版），2021，23（01）：53-63.

教师评语

该组学生作业以"大数据时代人们生活是否更自由"为主题进行正—反—正推理与论证分析,大数据时代符合当今社会发展背景,研究选题方面具有一定的研究意义和社会价值。知识点准确,方法应用自如。能够灵活运用批判性思维理论,清晰、恰当明确问题背景、表明立场,同时对所持正面和反面立场,分别列举三个论证和理由来进行支持和论证,正面观点认为:在大数据时代,数据分析自动化和智能化,带给我们更多的时间自由;缩短了人们之间的交流距离,带给我们生活上的自由;大数据时代扩宽了人们认知的边界,减少了由眼界、思维方式等带给我们认知的限制,带给我们生活自由。反面观点认为:大数据会按照人们的喜好来进行推荐,使其接触到其他商品的可能性会显著降低,限制了人们消费选择的自由;人们的行动变得更加透明,时刻处于被暴露隐私的危险中,剥夺了人们保护隐私的权利,减少了隐私自由;大数据时代加剧了世界的信息不对称。每个论证前提和推理都运用正确、有效,并能够使用具有一定可靠性的信息及其来源加以解释和评价。结论和证据具有良好的对称性。该组作业整体论证逻辑清晰,呈现内容完整、文笔流畅、格式规范,文中所引用的数据或资料均有完整、正确的参考文献予以支持。

(点评教师:刘宇涵)

表情包是否提高了人们的沟通能力？

营销1901　王谭颖　徐钟标　刘昱彤

摘要：分析表情包所带来的积极作用与消极作用，从而全面地看待表情包给人们带来的影响。随着互联网技术和智能手机的发展，微信已经成为人们日常生活中处理工作、学习和生活中各种问题的主要工具，单纯的文字交流无法满足人们的沟通需要，各种表情包应运而生。根据语言表达，冲击力指数——等于7%的内容加38%的语调加55%的表情。人际交往中，表情的作用占到55%。表情包作为一种符号化情绪表达，是用来指代其他事物的象征物，可以表示某物、某事等具体的存在，也可以表示精神抽象的概念。

关键词：表情包；表达；沟通；含义

引　言

互联网时代的发展，信息技术的进步与网络社交软件的广泛普及，表情包也在被广泛地应用于人们的日常沟通当中，表情包随之成了当下的流行文化，受到广大群众的追捧与热爱。在社交网络当中，人们最初只能通过文字进行沟通，文字存在一定的局限性，而表情包的出现，大众选择通过赋予表情包在沟通时更丰富的情绪表达，其逐渐发展壮大。然而由于表情包的迅速发展与其广泛传播的能力，人们发现表情包可能会阻碍日常生活中的语言和文字的沟通，所以本文希望通过研究表情包的优势与劣势，找到应用表情包对沟通能力的影响，从而在日常生活中发挥其积极作用，避免消极作用对我们的影响。微信表情包作为一种符号化情绪表达，借助社交媒体的广泛性和及时性特点迅速发展。在网络交流中广泛使用，丰富了用户的社交生活，并且带动了相关的产业发展。但表情包的滥用也在一定程度上污染了社会空气，给青少年带来了不良影响。

1. 问题定义及立场阐述

1.1 问题背景

表情包是一种利用图片来表达情感的方式，随着信息技术的大力发展与网络社交软件的广泛普及，表情包的形式在不断进化，从最早的简单符号的组合再到 emoji 表情，最终演变为现在的图片或图片加文字的形式，这些都使表情包逐渐成了一种新潮的交流方式，几乎每个年轻人都会使用表情包，同时从中也衍生出了独特的表情包文化。以消遣娱乐和个性化的表达情绪为主，有表情符号和不同风格的表情包。表情符号化的情绪表达是以非语言符号为主要方式，其特征在于图像、文字、情绪三位一体的组合方式。

1.2 概念界定

"表情包"是一个汉语词，指的是一种利用图片来表示感情的方式。表情包以搞笑居多，且构图夸张，通过收藏和分享此类图片，人们可以获得趣味感，同时展现自己的藏图，或得到他人认可，实现心理上的满足。

1.3 论点陈述

正方论点：表情包提高了人们的沟通能力。
反方论点：表情包没有提高人们的沟通能力。

2. 正方论点

2.1 表情包能够充当文字表达的辅助

在日常生活的交流中，人们通过文字和语言的表达能力是有限的，通常我们会使用表情、肢体动作等方式来辅助，表情包在交流过程中具有辅助功能，有助于表达彼此的心情。

现如今，随着网络的发展与社交软件的普及，人们无法在信息的交流和沟通中使用表情、肢体动作等方式来辅助，往往单纯的文字表达出的意思会使人们产生理解的偏差，这时表情包的出现能够弥补这种不足，从而使人们的表达更加准确与完善。表情包能够帮助我们表达自己的情感，有利于双方的交流与沟通。

2.2 表情包能够拉近人们的距离

通常人们在聊天中使用表情包会给人亲近的感觉，经常使用表情包的人会给人更好相处的感觉，他们意识到仅使用文字表达可能会带来误解，所以他们通过使用合适的表情包来配合自己的文字，让对方更好地理解自己的情绪，或者更好地传达自己想表达的感情，同时适当的表情包也能够活跃气氛，并加深对方的印象。

2.3 表情包能够缓解尴尬

在日常的沟通中，难免会遇到一些尴尬的事情是难以单纯地使用语言来表达的，然而通过表情包的使用，能够更轻松地表达出一些个人难以启齿的情感，从而减轻这种尴尬的情景。当与一些不熟悉的人进行沟通的时候，我们起初都会遇到不知如何表达的情况，这时通常使用一个表情包就能缓解聊天时的僵局。

2.4 表情包能够起到保护作用

不同年龄层的人群对于表情包的喜爱也各不相同，他们习惯用群体之间更容易接受的表达方式进行交流，例如中老年群体偏爱闪闪发光、色彩艳丽、内容丰富的表情包等，年轻群体偏爱讽刺、幽默、流行的元素来表达戏谑态度。表情包的使用在社交网络上展现着每一个人的性格、审美等特点，通常人们借助表情包塑造身份认同，寻找归属感。这些表情包的背后，是人们用文字和表情创造出的虚拟形象，这或许并不是人们的真实性格，而是展示给其他人看的个人期望的形象。

3. 反方论点

3.1 表情包减少了人们用文字进行语言表达的机会

表情包虽然能够起到辅助人们表达的作用，但是表情包的使用也说明了现代人对于文字的表达和理解能力的欠缺，人们过度依赖表情包时，我们通过文字和语言准确表达自己的思想的能力也在不断被削弱。如若表情包过于好用，通常的一些情景都能用表情包来应对，那么，会让我们逐渐习惯于不再深思文字的含义。

3.2 表情包会导致沟通时含义的曲解

表情包所表达的含义在不同人之间的理解也会产生巨大差别，表情包带有的局限性是不可避免的，不同年龄、不同地域、不同阶层的人对表情包的理解是天差地别的。例如微信表情中的微笑，许多年龄层较高的人，会认为其代表着善意，而年轻人则认为其有着冷笑，甚至鄙视等含义。表情包本身是一种附加的含蓄化表达，所以表情包在不同的人之间使用可能会产生误解。

3.3 表情包导致人们不敢沟通

表情包起到了一种保护作用，但这是保护人们不去积极主动地向外沟通，人们被动地迎合着使用表情包的人群，表情包需要在适当的场合对适当的人使用，而当没有这些条件时，平常经常使用表情包的人可能会缺失主动沟通的勇气。

4. 评估与结论

综上我们发现表情包的使用具有两面性，而它所起到的作用如何与我们怎样使用是密不可分且直接关联的。但表情包也是现如今一种沟通表达的方式，每个人对表情包的理解不同，故而在沟通之中也存在着各种差异，所以学会如何合理使用表情包可以帮助我们进行有效的沟通，表情包是否能起到积极作用也取决于我们的使用方式。

4.1 对上述正反论证的比较和评估

正方论点：表情包提高了人们的沟通能力。反方论点：表情包降低了人们的沟通能力。通过两种角度分析对比，思考表情包对人们的沟通能力的作用。表情包既能够提高人们的沟通能力，也能降低人们的沟通能力。通过比较，表情包的益处在于它可以辅助文字、拉近人们的距离、缓解尴尬和保护作用，而弊端则是它在一定程度上削弱了我们的表达能力，曲解了沟通含义，让对彼此不熟悉的人们不敢沟通。所以，合理使用表情包对人们的沟通能力会起到一定的作用。表情包影响着人们的社交习惯，逐渐成了大家沟通不可或缺的一部分，表情包在沟通当中的合理使用逐渐受到关注，希望能够学会合理使用表情包，将表情包的益处最大化。

4.2 结论

在如今的新媒体时代，社交媒体广泛发展的情况下，我们使用微信来进行沟通交流已经超过了打电话或发邮件，表情包无处不在，辅助于互联网的技术快速发展和相关用户的需要。微信表情包一定程度上促进了人际间的传播，也带来了相关产业的发展、兴旺。但由于它削弱了人们的文字表达能力，会带来一些消极影响，所以，我们应该发挥表情包的优势，避免表情包带来的消极影响，带动网络风气，形成积极向上、健康的网络环境。

教师评语

该组学生作业以"表情包是否提高了人们的沟通能力"为主题进行正—反—正推理与论证分析，选题方面从大学生感兴趣的角度作为关注点展开论证，具有一定的讨论性。该组学生的批判性思维相关知识点运用熟练，灵活运用思维方法。能够灵活运用批判性思维理论，清晰、恰当明确问题背景、表明立场，同时对所持正面和反面立场，分别列举论证和理由来进行支持和论证，认为表情包能够充当文字表达的辅助工具、能够拉近人们的距离、能够缓解尴尬、起到保护作用等正面观点，同时认为表情包减少了人们的语言表达、导致沟通时含义的曲解、导致人们不敢沟通等反面观点，每个论证前提和推理均运用正确、有效，并能够使用具有一定可靠性的信息及其来源加以解释和评价。最后对上述正反论证进行合理比较和充分评估，结论和证据具有良好的对称性。该组作业整体论证逻辑清晰，呈现内容完整、文笔流畅、格式规范。

（点评教师：刘宇涵）

Is AI a Blessing or a Curse?

国贸1802 吕泽涵 刘亚楠 胡冰泫 胡嘉月

Abstract: In this fast-growing society, there are many applications of artificial intelligence (AI) in our life. At the same time, AI has caused considerable concerns. Is AI a blessing or a curse?

This essay argues that AI is a blessing for Chinese people. First, the essay introduces the development of AI. Then it analyzes the reasons why AI is a blessing. It also acknowledges the rebuttals and replies to them through data analyses. In the end, this essay draws the conclusion that AI is a blessing based on the below analyses.

Key Words: AI, blessing, curse

Introduction

In the fast-growing society, many new applications are widely used in our life, especially artificial intelligence (AI). It is well known that AI has become a crucial part of people's daily life. It is now used in multiple fields from mobile phone to diagnosing various diseases. With the development of AI, some people are in favor of it, thinking that it is a blessing. Some people are against it, fearing that it may become a potential threat. Is AI a blessing or a curse?

AI (artificial intelligence) refers to a new technical science that researches and develops the theory, method, technology and application system for simulating, extending and expanding human intelligence. Scientists, in turn, divide AI into super AI, strong AI and weak AI. Weak AI refers to any AI tool that focuses on doing one task really well. That is, it has a narrow scope in terms of what it can do. A common misconception about weak AI is that it's barely intelligent at all — more like artificial stupidity than AI. But in reality, it's very intelligent at completing the specific tasks it's programmed to do. Strong AI refers to AI that exhibits human-level intelligence. So, it can understand, think, and act the same way a human might do in any given situation. But we haven't yet had strong AI in the world. Super AI is AI that surpasses human intelligence and ability. Even the brightest human minds cannot come close to the abilities of super AI. So far, human has only achieved the first of the three types of AI — weak AI. But this kind of AI is still being used widely in our society.

In this essay, we argue that AI is a blessing for Chinese people from right now to next 10-15 years.

1. Main Argument

1.1 AI can help protect China's ancient civilization

AI can help protect China's ancient civilization. For example, as we all know, there are restricted areas in the Great Wall. Meanwhile, they're always located on the cliffs of the dangerous peak due to the long years and severe wind erosion. Imagine if people come to restore it, how dangerous the work will be. However, it is the AI technology that helps people begin to repair it. Recently, Intel and Wuhan University has collaborated to use UAVs and AI technology to capture high-angle high-precision images of the Great Wall of Jiankou, generated 3D models, automated defect detection, and finally finished the digital virtual repairing parts of the Great Wall.

What's more, with the help of AI, our cultural relics are protected well, such as, Mogao Grottoes as the representative of the easily disappearing desert civilization. The Wu Jian team of the research institute continued to do digital acquisition for the cave through AI based on the previous acquisition. When using AI, they worked more easily, and uncovered the original features of the largest and most exquisite grottoes in the early Mogao Grottoes —— Cave 285, and restored the damaged murals in Dunhuang. Until then, no one had ever seen the Chinese or murals of the cave.

Besides, according to the estimation of United Nations, there are more than 7000 languages in the world, but the rate of extinction is very fast, with an average of 2 languages disappearing every month. However, there are lots of applications of AI in these areas since it has advantages in language archiving and learning. According to Dr. Janet Wiles, a researcher from COEDL, through research with her team, she estimated that about 2 million hours are required to transcribe the audio data by traditional methods, which can be reduced to 50,000 hours by AI technology. To a large extent, AI helps people record these precious languages. For example, Deng Chunlei, a researcher of IFLYTEK, used AI to collect the voice of a Manchu old man and recorded a total of 630 minutes of sample sounds. After processing, his team got more than 2,500 sentence data and it'll help them synthesize individual language samples. It means the way of saving the disappearing Manchu is no longer far away.

Thus, AI can help protect our ancient civilization and is a blessing for us.

1.2 AI makes our life more convenient

In our life, people use AI technology to live more conveniently. People use AI to regulate indoor temperature, switch appliances, etc. For example, when shopping online, consumers can search for an item and quickly view more similar related searches. It is exactly what the webpage engineers use AI technology to design. It is an algorithm that automatically combines multiple fitting searches. Setting patterns helps to adapt to and recognize customer needs. On the home page, personalized recommendations at the bottom of the page and in e-mail are also manually generated. These all bring great convenience to people's life.

In the social and economic field, the emergence of AI has met consumers' increasingly diversified needs, especially the emergence of smart terminals such as Alipay and WeChat, which has greatly facilitated public consumption. Moreover, as far as China's economic development is concerned, according to MGI's report, AI-led automation can increase China's economic productivity, and depending on the speed of adoption, it can increase GDP by 0.8 to 1.4 percentage points per year.

1.3 AI facilitates the development of medicine and education

According to the "AI Medical White Paper" released by Shanghai Jiaotong University, it shows that China's technology for medical imaging with AI is becoming more and more mature. It means with the help of AI, more and more doctors can reduce the misdiagnosis problem. Moreover, during the covid-19, in China, some hospitals, shopping malls, subways are using the contactless infrared thermometers to check people who have a fever. And this is the application of AI technology. We have to say what a blessing it is!

The contribution of AI in education cannot be ignored as well. During the covid-19, it is the platform which researchers use AI to develop, such as Zoom, Dingtalk, Tencent meeting, so that students and teachers can open online courses and educational resources. In daily life, AI can also help both students and teachers. For students, especially when they learn languages, many apps make use of AI voice recognition function. In the process of students speaking the words, it can quickly make pronunciation evaluations and point out inaccurate pronunciations. For teachers, with the help of AI, many tedious tasks are also spared, such as automatic assignment correction and examination system.

Therefore, we believe that AI in China is a blessing to us Chinese.

Furthermore, the fact of the macro development of AI in China also supports this argument more convincingly. More and more companies are developing AI, bringing more blessings to people. According to a study of CAICT, AI has entered a stage of rapid development, industrial investment, domestic AI field investment and financing in 2011 initial scale. Besides, the "China's New Generation of AI Development Report 2019" also pointed out that the acceleration of the industrialization of AI in China in the past year is providing strong support for the high-quality development of Chinese society and national economy.

Thus, whether it is now or in the next 10-15 years, in China, AI is a blessing.

2. Rebuttals

As for whether AI is a blessing or a curse, different people hold different views. Many people are worried about the application of it.

2.1 AI is a potential danger and threat to human beings

Under the general trend of the rapid development of AI, some people think that AI is a potential danger and threat to human beings.

According to the BuzzFeed, the daily mail and media outlets, the Amazon's Echo voice assistant, Alexa, has spooked the users. "Alexa suddenly started laughing for no reason without any instructions," one user wrote that on the social media platform. Some foreign users even claimed to have told Alexa to "turn off the lights" and Alexa would laugh when it turned off the lights.

Several months ago, there was a video on YouTube, which was very popular. A small intelligent unmanned aerial vehicle (UAV) was loaded with 3 grams of explosives. The experimental results showed that a person could be killed instantly by a direct hit to the head by means of high-speed impact. The intelligent drone is only the size of a sparrow and flies in the air not much different from a normal sparrow. When not attacking, the UAV can also automatically move to avoid being locked by the attack, and when the attack command is entered, the intelligent robot can automatically identify the attack target and kill the target like lightning.

As we watch the results of the experiments and the on-screen demonstrations, we cannot imagine that AI, if it were to form its own civilization, would be more than just a threat to humanity. Hawking, as a wise man, once predicted that AI would become the greatest risk to mankind, and if mankind were unable to manage the development of AI, the emergence of this technology might be the worst moment in the history of human civilization.

2.2 AI will make unemployment rate rise significantly

Seen from the present stage, the most worrying is that the development of AI will replace many industries, so the unemployment rate will rise significantly. AI will replace many blue collar and a large number of white-collar workers.

Recently, a well-known AI expert and CEO of innovation works, made a public speech: "based on the development level of current technology and reasonable speculation, I believe that within 15 years, AI and automation will have the technical ability to replace 40%-50% of the jobs." Foxconn Group, which has been OEM for Iphone, said that it is expected to replace 80% of the group's employees with robots in the next 5 years.

2.3 AI will make the poor poorer

Others believe that the current high price of AI is not only no good for people without economic power, but also may cause the reverse effect. Some of them may be attracted by the big trend and buy AI products they can't afford. Instead of bringing convenience to their lives, they are troubled by high debts. Some of them also believe that AI will make the poor poorer, and it is only developed for the rich, and they have not received any benefit from AI.

3. Reply to Rebuttals

However, when we collected data from lots of studies, we found that, at least for the time this essay is concerned, in the next 10-15 years, the above concerns are unnecessary.

3.1 The current AI is not intelligent enough to be a threat to humans

Firstly, let's come back to the clarification. The AI that can generate self-awareness is strong AI, which may pose a threat to humans (we mentioned at the beginning that strong AI will think independently and have biological instincts.). However, nowadays, the AI we develop is weak AI. Weak AI is a simulation of human cognitive function, which can carry out human orders but cannot actually be conscious in any sense of the word.

Secondly, we all know that social perception is one of the premises for the formation of civilization, but it is difficult for AI to form social perception in the next 10-15 years. Especially the current weak AI, according to its development, before it generates perception, it needs to perform independent calculations, then AI will consume silicon chips. It is well known that humans are carbon-based organisms. Experiments show that when doing the same calculations, the energy of the silicon chip will be hundreds of millions of times than that of carbon-based organisms. Therefore, the current AI does not have the ability of forming independence, autonomy and mobility at the same time. In other words, it is not intelligent enough to be a threat to humans.

In addition, it is worth noting that Hawking did predict that AI will become the greatest risk for humans, but this is only part of his prediction. Many people overlook the other part, "If humans are not capable of managing the development of AI, then the emergence of this technology may be the worst moment in the history of human civilization." According to the mentioned above, the mainstream development in the next 10-15 years will focus on how AI be more helpful to humans, especially in our country, China, there will be more and more methods for managing AI in the future. According to the "New Generation AI Development Plan" promulgated by the State Council of China, in 2025, initially establish AI laws, regulations, ethics and policy systems to form AI security assessment and control capabilities.

Thus, we do not have to worry about AI forming self-awareness and threatening humanity.

3.2 AI will create more job opportunities

When we collected the data, we found that according to PwC's analysis of China's overall employment, AI and related technologies will generate its replacement rate of 26% in the next 20 years, but the report also shows that AI will also create 38% of China's job opportunities. In addition, Chinese government has paid attention to the phenomenon that repetitive operations will be replaced by AI. On November 24, 2019, the State Council issued the "Opinions on Further Doing a Good Job in Stabilizing Employment", which puts vocational skills promotion into the core issue of employment stability, and proposed to vigorously promote vocational skills upgrading actions, expand and strengthen its training scale.

Table 6　Jobs that are expected to be replaced / added by AI and related technologies in China (2017-2037)

表6　按行业预计由人工智能及相关技术取代/新增的中国岗位（2017—2037年）

	取代岗位		新增岗位		净影响	
	(%)	(百万)	(%)	(百万)	(%)	(百万)
服务业	-21	-72	50	169	29	97
建筑业	-25	-15	48	29	23	14
工业	-36	-59	39	63	3	4
农业	-21	-57	16	35	-10	-22
总计	-26	-204	38	297	12	93

资料来源：普华永道分析（百分比是指以2017年为基准年的就业情况变化）。

Therefore, the job opportunities created are greater than the amount of unemployment.

3.3 AI will help alleviate the poverty in China rather than aggravate it

In addition, we don't agree with the view that AI will make the poor poorer.

First of all, it is the emergence of AI industry that makes the poor people have more employment platforms. For example, in 2019, Alibaba has launched the "AI bean program", releasing a large number of employment opportunities through the AI industry. Alibaba is responsible for providing talent training, technology output, vocational assessment and certification, and AI labeling industry service platform, so that the poor, especially the women in trouble, can become "AI trainers", and achieve employment and poverty alleviation at home.

Secondly, with the help of AI, poverty alleviation through education has been realized. Many enterprises take AI technology into remote mountainous areas, so that the future strength of the mountainous areas—teenagers can enjoy high-quality education. Thus, AI helps reduce the imbalance of educational resources. For example, iFLYTEK's "AI education public welfare plan" has successfully entered Tibet, Sichuan, Anhui, Henan, Shanxi, Xinjiang and other six places, bringing AI education products to 37 schools. Since September 2019, XRS online school has used AI to help Daliangshan education in poverty alleviation. "Baidu little orange lamp" has established the Red Army primary school, using AI technology to solve education and information inequality for children in remote mountainous areas and poverty-stricken areas.

Besides, in terms of rural medical care, AI also contributes to poverty alleviation. For example, in October 2019, the health poverty alleviation "AI doctor into the countryside" project of Guangdong Provincial Health and Health Commission was launched in an all-round way, and all 2277 health stations in poor villages in Guangdong Province were equipped with intelligent health equipment packages. "Imagine technology", and an AI company also provides medicine to millions of Chinese in rural areas.

So, AI will help the poor in China. It is a blessing for them, rather than aggravating their poverty.

Conclusion

The first argument indicates that AI can help protect China's ancient civilization. We also objectively acknowledge the well-known rebuttal, that is, AI may pose a threat to our mankind. Then we reply to the rebuttal by analyzing the current situation, future trends and related policies of AI.

The second argument is that AI makes our life more convenient and the third one is that AI facilitates the development of medicine and education. The second rebuttal is that AI will replace some jobs and make unemployment rate rise significantly. The third rebuttal is that AI makes the poor poorer. Then this article uses the collected data to reply to them. The survey shows that AI will bring more job opportunities. Chinese government makes many policies about poverty alleviation based on AI industries, which is a counter evidence for the rebuttal.

Through the above analyses, we draw the conclusion that whether now or in the next 10-15 years in China, under the regulations of Chinese government, AI is a blessing to Chinese people.

References

[1] WIKIPEDIA

[2] https://www.thinkautomation.com

[3] MGI Report *The future of China's AI industry*

[4] *AI Medical White Paper*

[5] DT future technology experience center

[6] Documentary Film *Hello AI*

[7] 2016 CCF-GAIR Conference[1] Report

[8] Thesis of Professor Zhou Zhihua at China Computer Conference

教师评语

This is a well-organized argumentative essay with a basically sound line of reasoning.

The issue discussed in the essay is whether AI is a blessing or a curse. First, the authors make a clear statement of the issue in the introductory section, and clarify the major concepts. Then in the main argument, they provide three reasons to support their position: AI is a blessing for Chinese people. They also acknowledge three rebuttals that support contrary positions. Most importantly, they reply to the rebuttals reasonably with relevant examples and statistics to further reinforce their argument.

The major strength of the essay lies in unity and coherence. Almost all the points the authors make are connected with the issue, and more importantly, the reasons to support the argument are backed up by relevant examples and statistics. Besides, the replies to the rebuttals are relatively powerful. They are direct response to the rebuttals and the line of reasoning is basically sound.

The major weakness lies in the part of conclusion. Instead of strengthening or qualifying the conclusion by weighing the pros and cons of AI, it is just a repetition of what has been covered. Besides, some of the references provided are not complete. Language proficiency needs to be improved, too.

（点评教师：贾增艳）

Should Young Adults Live with Their Elderly Parents?

国贸1802　康妮　童子轩　张欣宇　刘雨嫣　刘溥青

Abstract: In recent years, an increasing number of young adults live with their parents, the advantages and disadvantages of which are not only limited to the family relationship, but also to the whole society. This paper will analyze the negative effect of young adults living with their elderly parents to explain why young adults should live independently.

Key Words: young adults, elderly parents, financial pressure, independence

Introduction

On October 9th 2007, Xuxiang came home from work in the afternoon. He saw his son Xu Yang lying on the sofa and watching TV as usual, who refused to go to work. They had a big fight. In desperation, Xu Xiang, the father, pushed his son out of the house through legal procedures—this is a piece of news from ZhongGu Statute Website.

Such news is becoming more and more common. Considering the socio-economic implications of the phenomenon, it has become a controversial issue: Should young adults live with their elderly parents?

According to U.S. census data in 2015, 55% of young people, aged from 18 to 24, were still living with their parents, which increased by 11% from 2005. The number of young people who were still living with their parents, aged from 25 to 34, had increased by 40% since 2005. In addition, some studies suggested that about 40% to 50% of young people would return to their parents' homes after the first time they left home.

The above data shows that for nearly half a century, it's more and more common for young adults to live with their parents. Some other investigation suggested reasons that for nearly half a century, the age of marriage and childbearing has been delayed beyond the age of 25. It is becoming more and more common for young adults to receive a higher level of education after college, so that they spent more time in school than ever before and need more help from parents. At the present stage, young adults' independence and stability were delayed. They are adults but not yet mature enough to fully take on adult responsibilities. They live a mixture of "independent living" and "continuing dependence on parents".

According to the "Mid-and Long-Term Youth Development Plan 2016-2025", we can see that the age range of Chinese youth is defined as 14-35. Psychologist Jeffery divided young adults into the emerging adulthood and the young adulthood. The ages of the two stages are limited to 18-25 and 25-30, respectively. "young adults" in this paper refers to the age range of young adults as 18-28.

This paper argues that young people should not live with their elderly parents. The following analysis will demonstrate the argument from three aspects: intergenerational differences, the financial pressure on parents to live with their adult children, and the limitations to young adults' growth.

1. Main argument

1.1 The existence of the generation gap

People of different generations may have a wide range of differences in terms of life style, consumption, education, etc., which may lead to friction in life and family conflicts. For example, elderly people usually prefer a quiet and peaceful environment, while young people prefer to have more fun in their houses. Young people are more energetic and sociable. The result of living together would probably lead to disturbance for each other. For another example, people of different generations have quite different views and values. What is normal to the young people may be totally unacceptable to their elderly parents. If they live together, they may disagree with each other on nearly everything. There might be disputes and quarrels, or an unhappy atmosphere created within the house if young people live with their elderly parents.

1.2 The financial pressure on parents to live with their adult children

A study shows that young adults living with their parents will cause financial pressure on their parents. In Michelle Maroto's article "When the Kids Live at Home: Coresidence, Parental Assets, and Economic Insecurity" published in the Journal of Marriage and Family, he used National Longitudinal Survey of Youth with tracking data for 7 period from 1994 to 2012. According to sample statistics, about 36%-43% of parents said they were living with adult children every year. The main research conclusions are as follows: Compared with those years when they lived differently (when the same person lived with an adult child VS when the same person lived without an adult child), when their parents lived with their adult children in the same year, their financial assets and savings had a substantial reduction.

1.3 The limitations to young adults' growth

Meanwhile, the growth of young people is also limited if they live with their parents. The financial assistance given by parents reduces the young people's experience of poor life, which reduces their motivation to work hard, and is not conducive to the development of stress resistance. Besides, adult children love independence and freedom. If their parents always consider them as children and interfere in their life, they may miss many opportunities of growing up or feel frustrated. The situation would be even worse after young people get married.

2. Rebuttals and reply to rebuttals

Some people may hold that we have ignored family ties, especially the memories of two generations and children's duty of filial piety when their parents are sick.

Besides, the high rents in first-and second-tier cities will bring great economic pressure to these young people. For example, China's renting population has gradually increased in recent years, rising from 198 million in 2017 to 235 million in 2021, and young people account for the largest proportion, as is shown in the chart below.

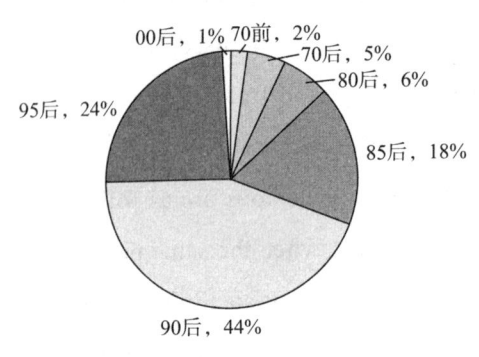

Fig. 21　Age distribution of the rental population

Therefore, the pressure of rent on young people cannot be ignored.

However, these concerns about family ties and economic conditions can be addressed without the two generations living in the same house, which will be demonstrated later.

2.1 Reply to concerns about family ties

First of all, the key factor for promoting family relationship is not the length of time spent with family but the quality of the company, which means learning to communicate with parents and understand each other sincerely is a more effective method to maintain the family. Secondly, we may not be able to do better than the professional medical staff to take care of seriously ill parents.

If the parents only have minor illnesses, we can also try to live with them in the same block or street if we are worried about distance.

2.2 Reply to concerns about economic conditions

It's true that the pressure of rent on young people cannot be ignored, but in recent years, the country has also adopted a long-term rental policy to alleviate this situation. Li Keqiang has proposed to promote the monetization of public rental housing in the State Council Executive Meeting, on May 4, 2016. The government would provide subsidies to newly-employed college students and other objects who meet the conditions. Moreover, the "House Rental Report 2018" shows that, with the tightening of real estate policies, the monthly rent increase control of 28 cities has been strengthened, and most of which are controlled within 5%.

Therefore, these policies are benefits and motivation for young people to work hard, and reduce pressure on young people to rent housing and the burden on families.

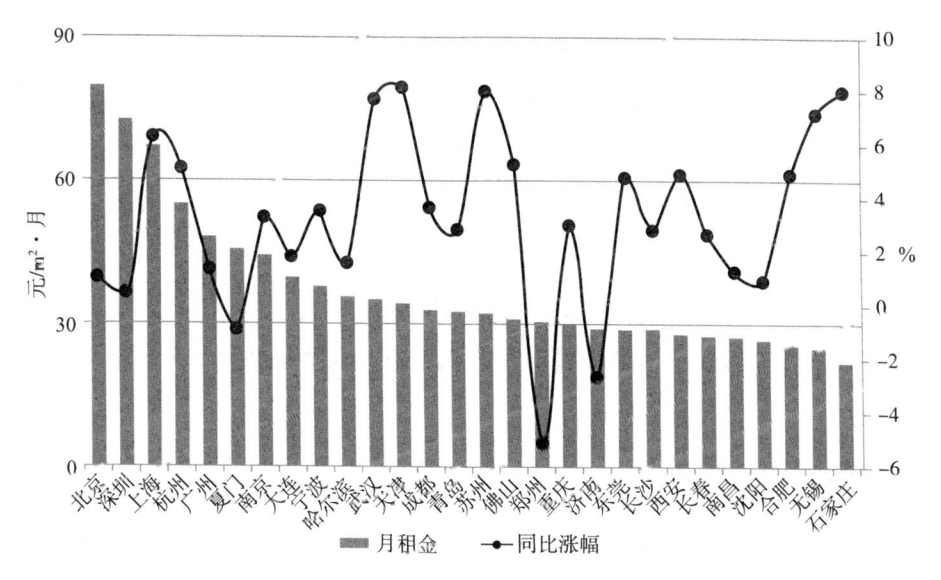

Fig. 22 The monthly rent and year-on-year increase in 28 cities nationwide from January to November, 2018.

数据来源：58安居客房产研究院。

Conclusion

According to the analysis above, generation gap is a kind of more general view involving knowledge like biology, sociology and economics. Considering replies to the two most powerful rebuttals, the first reply pointed out the key factor of family ties and provided some practical advice, and the second reply cited a large number of detailed data and materials. These replies can give strong support to the argument that living together will cause burdens on the growth of both young adults and their parents. In conclusion, in case that economic condition is not too poor, young adult should not live with their elderly parents. However, this by no means spares the adult children's responsibility of taking good care of their parents, especially those in need. Familial love, after all, is the tie between children and their parents.

References

[1] Maroto M. When the Kids Live at Home: Coresidence, Parental Assets, and Economic Insecurity[J]. Journal of Marriage & Family, 2017, 79（5）: 1041-1059.

[2] 许琪. 扶上马再送一程: 父母的帮助及其对子女赡养行为的影响[J]. 2017, 37（2）: 216-240.

[3]《中长期青年发展规划2016—2025》[R].

[4]《中国互联网+长租公寓商业模式创新与投资战略规划分析报告》[R].

教师评语

This is a relatively well-organized argumentative essay with a basically sound line of reasoning.

The essay focuses on the issue of whether young adults should live with their elderly parents. First, the authors make a clear statement of the issue and give a "roadmap" of how the argument will proceed. Then in the main argument, they give reasons to support their position: young adults should not live with their elderly parents. More importantly, they acknowledge the well-known rebuttals and also reply to them. Finally, they qualify their conclusion in the concluding section: young adults should not live with their elderly parents, but it by no means spares the adult children's responsibility of taking good care of their parents.

The major strength of the essay lies in the part of main body. Almost all the points the authors make are connected to the issue under discussion, which either support, explain, or emphasize their position, or serve as replies to anticipated rebuttals.

One of the weaknesses of the essay lies in language proficiency. Some expressions are not clear enough, and some sentences are not grammatically correct. Besides, in the introductory section, there are some irrelevancies and dangling thoughts that should be eliminated or removed to the part of "Main argument". The concept of "elderly parents" should be further clarified, too.

（点评教师：贾增艳）

Should Young People Who Commit Serious Crimes Be Punished in the Same Way as Adults?

国贸 1902　邹琼　李梅　张凌辉　于敬伟　樊玉洁

Abstract: In recent years, it has been obviously seen that an increasing number of juveniles commit crimes, but are exempted from criminal responsibility because of their young age. Many of the sentence results of the juvenile criminals have aroused public discontent and stirred up heated discussion in society, which leads to the debate of whether young people should be punished in the same way as adults. In this paper, we argue that they should be punished in the same way as adults especially in some serious cases. We list three main reasons supporting our view. Then we acknowledge three rebuttals and reply to the rebuttals respectively. Finally, we conclude the discussion and summarize some feasible suggestions for juvenile delinquency.

Key Words: juvenile delinquency, adults, criminal responsibilities, punishment

Introduction

In recent years, it has been obviously seen that an increasing number of juveniles commit crimes, but are exempted from criminal responsibility because of their age.

In Dalian, a 13-year-old boy brutally killed a 10-year-old girl living in the same community and threw her body into the bush. Although he committed such an abominable crime, he was only detained for 3 years because he did not reach the age of legal criminal responsibility. Many netizens were shocked by this and said that the boy should have gotten criminal punishment in the same way as adults. Otherwise, there would be countless young people following his example in the future.

In this paper, we argue that young people should be punished in the same way as adults especially in some serious cases.

"young people" here refers to the juveniles aged between 12 to 18. And "the serious crimes" refers to crimes of intentional homicide, intentional injury resulting in serious injury or death of another person, rape, robbery, trafficking in narcotic drugs, arson, explosion or poisoning.

1. Main Argument

Nowadays, the occurrence of criminal cases has been increasingly frequent, and the juveniles have gradually been the leading roles of some serious cases. Meantime the age of juvenile delinquents is getting smaller and smaller (as the figure below shows), causing social concern.

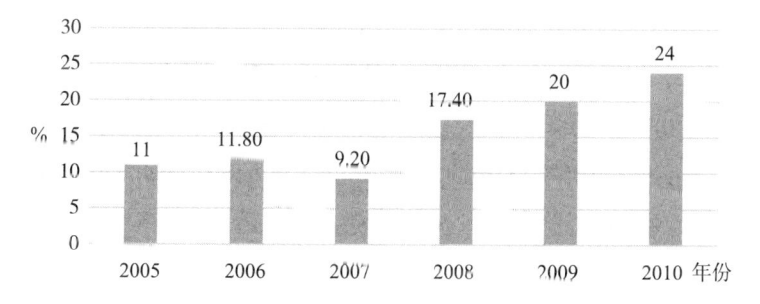

Fig.23　The proportion of 14 to 15-year-olds in all juvenile criminal suspects

There are several reasons why young people who commit crimes should be punished in the same way as adults.

Firstly, the quantity of juvenile delinquency has been increasing in recent years, which should be curbed to alert the juveniles.

From 2016 to 2019, procuratorial organs examined and arrested 43,039,

42,413, 44,901 and 48,275 juvenile criminal suspects respectively, and after the decrease in 2016 and 2017, the year-on-year increases were 5.87% and 7.51% in 2018 and 2019. The total number of juvenile criminal suspects was 59,077, 59,593, 58,307 and 61,295 respectively, which remained stable from 2016 to 2018 and increased by 5.12% year-on-year in 2019.

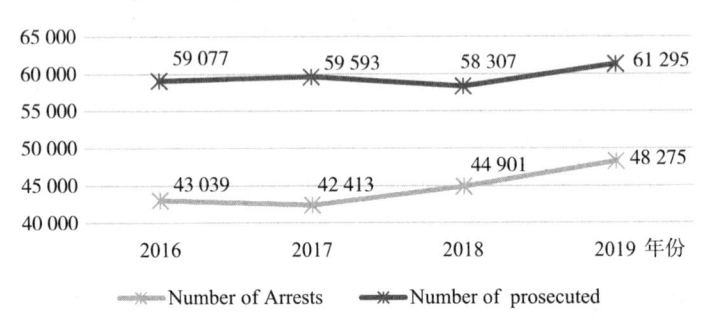

Fig.24　Quantity of juvenile delinquency from 2016 to 2019

Juveniles have a weak sense of self-protection and are easily tricked into committing crimes by others. Therefore, juveniles who commit crimes should be given the same punishment as adults as a warning to other juveniles to curb this tendency.

Secondly, there has been little difference between the cognitive level of juveniles and that of the adults with the development of the internet. Almost everything, including the Internet, is a double-edged sword. The Internet brings us convenience but causes plenty of troubles at the same time. When surfing the Internet, the juveniles will receive the information no matter it is positive or negative directly without the filter provided by adults. Due to their limited ability to distinguish right from wrong, they may imitate some of the bad behaviors. That is to say, the Internet may induce juvenile delinquency.

Thirdly, the harm to the victims is the same even if the criminals are "young people". We can imagine what will happen if the protection of "juveniles" turns out to be freeing criminals of heinous crimes from responsibilities or detaining them for up to three years after they cause the same harm to the victims as adult criminals do. Obviously, it's not fair to the victims, because what they have to bear is the same even if the perpetrators of the crimes are a group of people who are aged below 18. The meaning of law itself is to sanction crime, not to cover up crime.

2. Rebuttals and reply to rebuttals

Despite the analysis above, some rebuttals still need to be taken into consideration.

Firstly, juveniles are still in their mental growth period, so they may not receive adequate education to realize the consequences of their actions.

Juveniles are in the period of mental growth and are more likely to make mistakes. For younger children, and are they do not have the ability to recognize and control their own actions, unable to recognize the essence and significance of their actions. Punishing them like adults does not serve the purpose of criminal law, so they cannot be sentenced the same as adults for their criminal actions.

However, although juveniles are in the period of mental growth, not all the juveniles who commit crimes have not received adequate education.

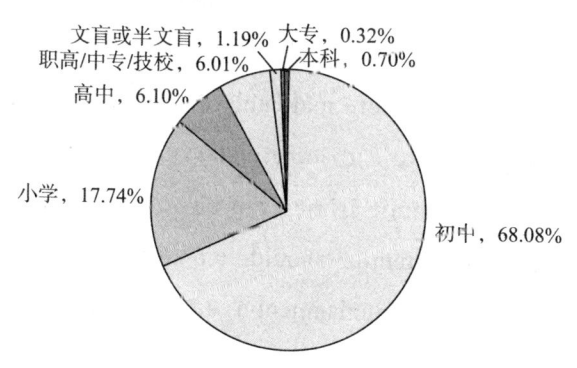

Fig. 25 The cultural characteristics of the juvenile delinquents

文盲或半文盲, 1.19% 大专, 0.32%
职高/中专/技校, 6.01% 本科, 0.70%
高中, 6.10%
小学, 17.74%
初中, 68.08%

According to the figure, 68.08% of the juvenile criminals have received junior high school education. Illiterate or semiliterate juveniles only account for a very small proportion, 1.19%. The majority of juveniles who commit crimes have received a junior high school education, which is enough to make them aware of the consequences of what they do. Therefore, lack of adequate education is no an excuse for juvenile delinquency.

Secondly, juveniles are vulnerable groups compared with adults.

It is right that the law should provide protection for juveniles in vulnerable groups. The Law on the Protection of Juveniles says that juveniles belong to a vulnerable group and should not be punished too harshly. The same punishment measures have a greater deterrent effect on them, so juvenile criminals do not need to be punished the same as adult criminals.

However, vulnerable groups should be protected under the premise of fairness and justice.

Apparently, it is not fair for the victims, who suffer the same harm no matter the criminal is an adult or a juvenile aged below 18. As a Korean movie says, "There's nothing special about age. A crime is a crime. Even if the perpetrator is a juvenile, he or she should be put on a criminal trial and go to prison, so as to educate those who rely on the protection of the law to commit crimes."

Thirdly, it is easier for juveniles to return to the right path, so they should be given more opportunities.

The mind of a juvenile is more malleable than that of an adult and can be corrected. If the family, school and society educate them well and guide them well, the juveniles who commit crimes can be reformed and go back to the right path. Therefore, more attention should be paid to the education of juvenile delinquents rather than the same punishment as adults in order to really solve this social problem.

However, there is evidence demonstrating that not all young offenders get back on the right track after being given a tolerant punishment.

Many previous cases have indicated that current punishment for juvenile delinquency does not necessarily lead to sincere repentance. What's more, they may act out of line because they are not punished severely. A 13-year-old boy who was arrested after raping a 14-year-old girl was released by police because of his age. But he then broke into the girl's home and stabbed her mother in front of her. In the end, he was sentenced to only one year and nine months.

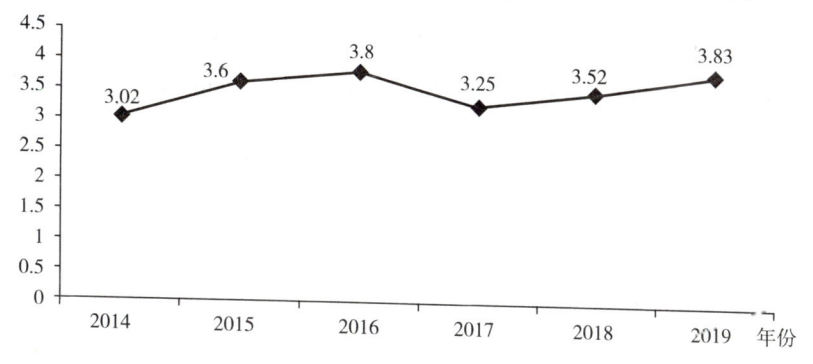

Fig. 26 The recidivism rate of juveniles from 2014 to 2019

According to the figure, in recent years the rate of juvenile recidivism generally increased. If there is no change of punishment for juveniles who commit crimes, it is likely for them to commit a crime again, and also there is no warning for other potential criminals.

Conclusion

To sum up, juveniles should be punished in the same way as adults when they commit serious crimes, because the serious crimes have much prolonged social impact to better alert those who want to "try" a crime. Age is nothing special and a crime is a crime. To go further, crime does not differentiate between adults and juveniles. Generous consideration of their age will only encourage them to commit more serious crimes later. Just as Higashino Keigo said in his book *Hesitating Blade*, "the evil once done can never disappear, even if the abuser reformed, the evil they created will still remain in the victim's heart, forever eroding their hearts." Giving juveniles the same punishment for their crimes as adults is partly to save them, to put their lives back on track and to prevent them from committing even more unforgivable crimes in the future.

In the end, we have to emphasize that although we argue that juveniles should be punished in the same way as adults, this is only a more effective method in the current options. In the future, it is more important to improve the social environment and better educate the juveniles, making them turn from "I don't dare to commit crimes" to "I should not do this", and ultimately to "I don't want to do this."

References

[1] 张蓉. 未成年人犯罪刑事政策概述 [M]. 北京: 中国人民公安大学出版社, 2011: 24.

[2] 姬玮. 有关统计显示: 未成年人犯罪低龄化特点明显 [N]. 法制晚报, 2010: 10-25.

[3] 最高人民检察院网上发布厅. 未成年人检察工作白皮书（2014—2019）[R]. 中国人民共和国最高人民检察院, 2020: 6-1.

[4] 但宜昆. 挽救少年敲警钟 法治进步一春风 [N]. 企业家日报, 2021-04-01（003）.

[5] 中华人民共和国最高人民法院. 司法大数据专题报告之未成年人犯罪 [R]. 司法大数据研究院, 2017: 11-30.

教师评语

This is a relatively good argumentative essay with a basically sound line of reasoning.

The essay focuses on the issue of whether young people who commit serious crimes should be punished in the same way as adults. First, the authors make a clear statement of the issue in the introductory section, and clarify the major concepts. Then in the main argument, they provide three reasons to support their position: young people who commit serious crimes should be punished in the same way as adults. They also acknowledge three rebuttals that support contrary positions, and most importantly, they reply to the rebuttals reasonably with relevant examples and statistics to further reinforce their argument.

The major strength of the essay lies in unity and coherence. Almost all the points the authors make are connected to the issue under discussion, which either support, explain, or emphasize their position, or serve as replies to anticipated rebuttals. In addition, the replies they make to the rebuttals are powerful. They are direct response to the rebuttals and the line of reasoning is basically sound.

Moreover, in the concluding section, the authors go further to develop the topic by suggesting that we should improve the social environment and better educate the juveniles, making them turn from "I don't dare to commit crimes" to "I should not do this", and ultimately to "I don't want to do this."

（点评教师：贾增艳）

Should Men and Women Share Household Tasks Equally?

国贸1902 安芯仪 梁馨月 任新千 孙艳琪 邓智丽

Abstract: The fact that the permeability between family and work scopes produces work-family conflict (WFC) is well established. This essay aims to discuss whether men and women should share household tasks equally. Results show that traditional gender roles still affect the way men and women manage household tasks. Although the increased WFC due to involvement in household tasks is not exclusive to women, it also occurs in men. Some recommendations are made on the basis of these results to cope with these conflicts in order to achieve equal involvement in household tasks.

Key Words: gender inequality, household tasks, work-family conflict (WFC)

Introduction

In September 1791, the "Declaration on Women's Rights", the world's first declaration demanding women's rights, was born. After that, the feminist movement began vigorously in the West. After more than 200 years of movement, women have maximized their freedom of marriage, equal wages, the right to education, the right to participate in political power, the right to vote, and the right not to be discriminated against and materialized. However, in the field of "housework equality", it is almost another story.

In 2018, the Organization for Economic Cooperation and Development surveyed the time spent on household tasks in 28 countries around the world. The results show that women spend an average of 163 minutes on household tasks a day and men spend only 73 minutes on household tasks. Women spend 2.2 times as much time on household tasks as men (Qiao, 2018).

In 2019, the United Nations International Labor Organization reported that about 600 million women in the world take on household tasks "full-time" without any income, while there are only 41 million men in the same situation. It will take 209 years to achieve equality between men and women in housework hours (Liu, 2019).

According to a survey conducted by a Japanese research institute, between 1988 and 2018, the proportion of married men who agreed that men should share household tasks increased from 38% to 81.7%. But did they actually try to improve the situation? No. Husbands who cook frequently account for only 13.7%, and wives who cook frequently account for 97.1% (Wang, 2018). According to a survey of about 6000 women conducted by the Advanced Institute of Business Administration in Spain, 96% of mothers said that they are responsible for their children's clothes, and 84% of mothers are responsible for grocery, shopping and cooking at home (Chen, 2019). The employment rate of Chinese women ranks the first in the world, while the time Chinese men spend on household tasks ranks the fourth lowest in the world (Shi, 2019).

The phenomenon of housework inequality has become so prominent, and the discussion of the division of household tasks has a deeper meaning. The big issue of inequality in household tasks is a structural social phenomenon and a microcosm of human civilization.

In many countries today, both men and women need to work full time. Therefore, we argue that men and women should share household tasks equally (eg. cleaning and looking after children). Men and women are equal.

1. Main Argument

In this essay, we argue that men and women should share household tasks equally. The reasons are as follows.

1.1 Promoting social harmony

First and foremost, the equal distribution of household tasks by men and women conforms to the concept of equality between men and women in the society, which is conducive to freeing women from heavy household tasks, achieving equality between men and women and promoting social harmony. The contact-based approach holds that when people are exposed to the ideology and actual expression of gender equality through personal experience, education, socialization and other channels, they may change their views on the position of women in society and develop a more inclined concept of gender equality (Wu, 2017).

1.2 Reducing conflicts among family members

Equal distribution of household tasks can reduce conflicts caused by family affairs. Men and women who do the same amount of household tasks will have fewer quarrels because someone takes on too much, which is conducive to creating a harmonious family atmosphere. In a survey of 682 married female workers in Jinzhou, nineteen percent of female workers said housework was the main cause of family conflicts. A female teacher, aged 38, said, "we often quarrel, mainly because he refuses to do housework, he always wants others to serve him"; a 40-year-old female worker wrote: we often quarrel, because he doesn't like to wash dishes after dinner.

1.3 The equal importance of men and women to social development

According to a survey by the United Nations Statistics Division and the

Division for the Advancement of Women, in most countries, about three-quarters of domestic work is carried out by women. Data from the second survey on the status of Chinese women in 2001 show that Chinese urban women, most of whom are full-time workers, spend an average of 21 hours a week on household tasks, whereas men only spend 8.7 hours (Gu, 2005). However, in the society today, more and more women join the work force. They participate in social activities in a comprehensive way by a wide range of employment, just as men do. In other words, nowadays both men and women play important roles in social development. Therefore, household tasks should also be shared between men and women, especially when they both work full time.

2. Rebuttals and Reply to Rebuttals

2.1 Rebuttals

Some people may argue that men do not have to share household tasks equally.

Firstly, there is traditional conception about women—women prefer to do and be able to do housework better. Some women, influenced by the traditional concept, tend to pay more attention to family responsibility. They are often willing to spend more time with their children and give them more love. Some women are willing to clean the room to maintain a better family environment. A study found that 53% of respondents believe that the time mothers spend on work will affect children's growth (Qing, 2017). Most mothers do not think that men can do better in nursery. This is what is known as "the guilt of working mothers". The results reflect the expectation of the society for women—to be responsible.

Secondly, women undertaking more household tasks can make more contribution to a happy marriage and family life. Some women think that taking on more household tasks can also improve their family happiness and show their female charm. The traditional sharing of household tasks may not be equal, but the mutual gratitude of contribution to the family prove the value of both men and women, and also strongly promotes the relationship of them.

Thirdly, even for professional men or women, their income is different and their abilities to support their families is different. This is the result of mutual negotiation and compromise between the two sides. It is common to see that men earns far more in Chinese society. Meanwhile, there is a study to prove the relationship between economic dependence and labor time through sample survey: before a certain zero point, when a wife's income decreases, her housework time will increase accordingly(Liu, 2015).

In addition, Sometimes men work longer hours than women. A study shows that there is a negative correlation between working time and housework time. For every 10 minutes increase in daily working time, men's housework time will decrease by 0.85 minutes, and women's housework time will decrease by 1.28 minutes(Liu, 2015). So in this case, women should be responsible for household tasks.

All in all, in most cases, man is the main breadwinner of a family because of their large amount of income and working hours, which actually happens in China's history. Therefore, it is reasonable that they don't do household tasks.

2.2 Reply to Rebuttals

Firstly, with the development of society and the improvement of women's education, the traditional concept of women has gradually changed. Contemporary professional women are more willing to share household tasks with their husbands, including child rearing, house cleaning and so on. Some people think that mothers going out to work will affect children's growth, but they ignore the fact that fathers also have a great influence on the growth of the children. Theoretically speaking, apart from breast-feeding, parents can participate equally in other childcare affairs. In recent years, some people have noticed that some families have a combination of "anxious mother and absent father", which is due to the great challenge of postpartum mother's physiology and psychology (Dai, 2020). It is really necessary for the husbands to participate, not only with economic support, but also with emotional understanding. And the husband taking the initiative to undertake household tasks is a kind of expression that he supports his wife.

Secondly, although women may be willing to contribute to the family by undertaking household tasks, some studies show that their husbands' involvement has a positive effect on the wife's well-being. According to the research, fairness perception is an important channel to affect the happiness of wife. If husband's housework time is higher than the average level of community, it will significantly improve the happiness of wife. To improve the proportion of husband's housework time can alleviate the wife's time poverty and improve her happiness level (Du, 2020). Therefore, husband's participation in household tasks is also an expression of emotional support, which can relieve the pressure of wife and promote family happiness.

Thirdly, with the development of economy and the enhancement of women's economic autonomy, more and more women participate in workforce. According to the world bank, the labor participation rate of women in China in 2019 is 60.45%, men about 80.31% (Du, 2020). Nowadays, the traditional pattern of "male dominating outside and female dominating inside" has become the pattern of "male and female jointly dominating the outside", so the division of household tasks should also make corresponding changes. In the case of both men and women making economic contributions to the family, they can negotiate and divide their work through personal characteristics and jointly undertake household tasks, which is also conducive to improving the happiness of husband and wife.

Conclusion

Overall, home-work interaction has been the focus of a wide range of scientific literature during the past decades. It is generally accepted that both the family and the work scope affect each other in a different way. However, it was not studied to what degree the involvement of women and their husbands in family issues affects different kind of work-home conflict from a gender point of view(Javier Cerrato, 2018).

In addition, what's really happened in reality and the future trend about the gender equality of household tasks and other sides could reconstruct the topic. Public support for a traditional division of gender roles within the home and the workplace has declined substantially over the last three decades, a change that goes hand in hand with the marked increase in the labor force participation of women and mothers(Scott, J. 2010). Changes in attitudes have been driven in part by generational replacement, indicating that we might expect a continuing decline of support for the traditional gender division of household tasks in the future. However, even if dual-earner households are now the norm, it is wrong to think that the gender role revolution is anywhere near complete.

Gender equality in terms of who does the bulk of the chores and who is primarily responsible for looking after the children has made very little progress in terms of what happens in people's homes. Men's uptake of unpaid domestic work is slow, and women continue to feel that they are doing more than their fair share.

Whether women's "double shift" – both doing a paid job and the bulk of family care and housework chores – is sustainable is an important question for the future. Gender inequalities at home undoubtedly make it difficult to achieve gender equality in the workplace. This is a cause for public concern. To conclude, we argue that men and women should share the household tasks, but not necessarily mechanically equally, which can be analyzed in the following Toulmin Model.

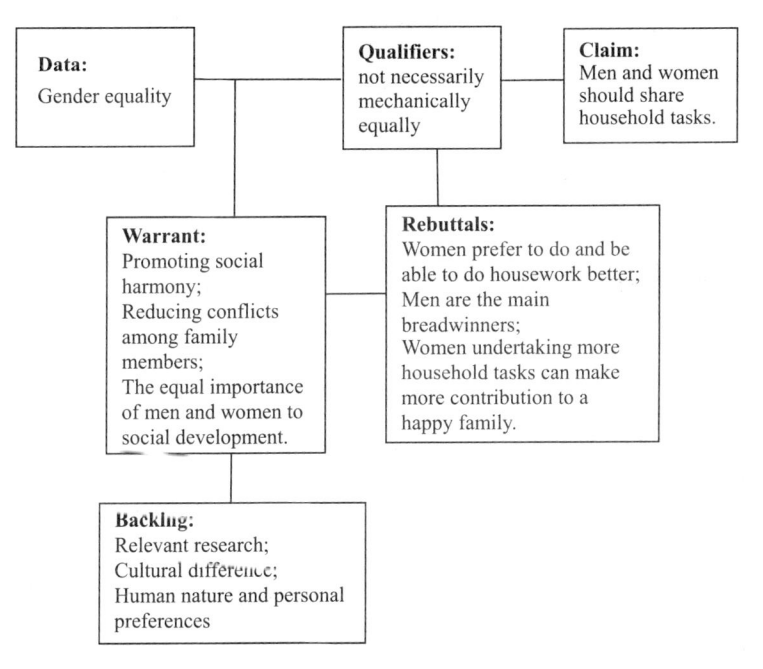

```
┌─────────────┐      ┌─────────────┐      ┌─────────────┐
│ Data:       │      │ Qualifiers: │      │ Claim:      │
│ Gender      ├──────┤ not         ├──────┤ Men and     │
│ equality    │      │ necessarily │      │ women       │
│             │      │ mechanically│      │ should share│
│             │      │ equally     │      │ household   │
│             │      │             │      │ tasks.      │
└─────────────┘      └─────────────┘      └─────────────┘
       │                    │
┌─────────────────┐   ┌─────────────────────┐
│ Warrant:        │   │ Rebuttals:          │
│ Promoting social│   │ Women prefer to do  │
│ harmony;        │   │ and be able to do   │
│ Reducing        ├───┤ housework better;   │
│ conflicts among │   │ Men are the main    │
│ family members; │   │ breadwinners;       │
│ The equal       │   │ Women undertaking   │
│ importance of   │   │ more household      │
│ men and women to│   │ tasks can make more │
│ social          │   │ contribution to a   │
│ development.    │   │ happy family.       │
└─────────────────┘   └─────────────────────┘
       │
┌─────────────────┐
│ Backing:        │
│ Relevant        │
│ research;       │
│ Cultural        │
│ difference;     │
│ Human nature and│
│ personal        │
│ preferences     │
└─────────────────┘
```

Fig. 27　The Toulmin Model of equal involvement in household tasks

References

[1] Esping-Andersen, G. The Incomplete Revolution: Adapting to Women's New Roles, Cambridge: Polity Press, 2009.

[2] Ingelhart, R. and Norris, P. Rising Tide: Gender Equality and Cultural Change Around the World, Cambridge: Cambridge University Press, 2003.

[3] Javier Cerrato. Gender Inequality in Household Chores and Work-Family Conflict, Front Psychol, 2018.

[4] Scott, J. "Changing gender role attitudes" in Scott, J., Dex, S. and Joshi, H. (eds.), Women and Employment: Changing Lives and New Challenges, Cheltenham: Edward Elgar, 2010.

[5] 陈隽. 家务多、压力大……各国呼吁帮妈妈减轻家庭重担 [Z]. 参考消息, 2019.

[6] 乔颖. 做家务时间还是女多男少 [Z]. 新华社新媒体, 2018.

[7] 代秋影. 父亲在合作育儿中的重要性和影响力 [N]. 中国妇女报, 2020-06-08.

[8] 杜凤莲, 宿景春, 杨鑫尚. 家务分工与幸福感 [J]. 劳动经济研究, 2020, 8（06）.

[9] 谷景志. 对家务劳动的社会性别分析 [J]. 黄职业技术学院学报, 2005（04）.

[10] 刘爱玉, 佟新, 付伟. 双薪家庭的家务性别分工: 经济依赖、性别观念或情感表达 [J]. 社会, 2015, 35（02）.

[11] 刘婕. 联合国报告: 职场性别不平等明显, 家务劳动是主因 [Z]. 中国新闻网, 2019.

[12] 刘新, 余申芳. 调查: 韩国双职工夫妇女性做家务时间远超男性 [Z]. 中国新闻网, 2019.

[13] 卿石松. 性别角色观念、家庭责任与劳动参与模式研究 [J]. 上海社会科学院: 社会科学. 2017（11）.

[14] 施宇翔. 中国女性就业率高居世界第1, 而中国男性做家务的时间却排倒数第4？ [J]. 三联生活周刊, 2019.

[15] 王欢. 日调查显示8成日本丈夫愿分担家务, 但实际上做饭的还是妻子 [Z]. 环球网, 2018.

[16] 吴娟. 中国社会男女平等吗——性别不平等的认知差异与建构 [A]. 学术研究, （2017）01-00.

教师评语

This is a relatively well-organized argumentative essay. In the essay, the authors argue that men and women should share household tasks equally, especially when they both work full time. First, the authors make a clear statement of the issue in the introductory section. Then in the main argument, they give three reasons to support their position. They also acknowledge three rebuttals that support contrary positions, and reply to them with evidences and statistics. Finally, they clarify their conclusion in the concluding section.

The major strength of the essay lies in the part of "Rebuttals and Reply to Rebuttals". Almost all the points the authors make are connected to the issue under discussion, which are supported by different examples and statistics.

The major weakness of the essay lies in language proficiency. Some expressions are not clear enough, and some sentences are not grammatically correct. Besides, in the concluding section, there are some dangling thoughts that should be eliminated or removed to the part of "Introduction" or the part of "Main argument".

（点评教师：贾增艳）

Is Cloning a Blessing or a Curse

国贸 2002　王明悦　刘元园　吕嘉仪　廖婉婷　方扬

Abstract: Whether cloning is a blessing or a curse has always been a hot topic. This essay argues that cloning is a blessing to human beings, but it should be supervised by establishing the scientific and technological ethic guidelines, regulating the cloning technology and preventing it from being abused. First, the essay points out the benefits of cloning. Then it puts forward the reasons why some people are against cloning, and also replies to them. Finally, the essay comes to the conclusion that cloning is a blessing to human beings.

Key Words: cloning, blessing, curse

Introduction

Regarding cloning, Baidu Encyclopedia introduces it as follows: cloning refers to the asexual reproduction of organisms through somatic cells, and the offspring of exactly the same genotype formed by asexual reproduction. It usually refers to the use of biotechnology to produce individuals or populations that have exactly the same genes as the original individual from asexual reproduction. If people feel strange or even afraid of cloning technology where it appears, then today, after the emergence and development of cloning technology for half a century, we have established a basic understanding of it, and the evaluation of it by experts and scholars at home and abroad is still mixed.

Just as there are two sides to every coin, everything should be viewed dialectically, and cloning technology is no exception. It is proud that cloning technology has brought benefits to human beings in some aspects, such as protecting species, especially endangered species, detecting fetal genetic defects, and applying to medicine, mainly referring to the reproduction of valuable genes, and treating nervous system damage. But it is undeniable that cloning technology has also brought about concerns in terms of ecology, social structure, social relations, and ethical dilemmas as never before. But will these drawbacks necessarily bring harm to human society?

The productive forces determine the relations of production, and the economic base determines the superstructure. In the long process of human social development, countless conclusions have been overturned and repeated because of the passage of time, with the development of science and technology. Taking IVF as an example. since the beginning of the establishment of this technology, the academic community has not stopped questioning, and ethicists have made a big fuss about it, but now looking at this technology, mature IVF technology has made up for the regrets of countless families and achieved the integrity and happiness of countless families. Similarly, how do we know that today's cloning techniques cannot be like IVF?

Time will pass, science and technology, and human cognition will also develop. Today, we think that the disadvantages of cloning technology are only limited to the current time stage and the prejudice of human social values on cloning technology, and perhaps in the near future, the drawbacks we now consider will become the main driving force of cloning technology to human society. Therefore, this paper argues that within the framework of established legal permission, cloning technology is a blessing to human beings.

1. Main argument

This essay argues that within the established framework of legal permission, cloning technology brings the blessing to human beings, so what blessing does cloning technology bring to humans? We will make an argument from the following aspects.

1.1 Application in biology

Cloning is usually used in two ways: cloning a gene or a species. It is important for the protection of endangered species and the restoration of extinct species.

Moreover, cloning technology is widely used in different aspects of biology, such as RFC cloning technology, which can be used in gene replacement and transformation, co-expression vector construction, multi-component assembly, complex gene library construction, screening protein expression scheme, etc.

1.2 Application in basic medicine

Cloning technology and its technical achievements applied to basic medicine greatly reduce the incidence of many diseases, and by improving treatment, it improves the cure rate. Now it is mainly used in the treatment of tumor and psoriasis, rheumatoid arthritis, lupus erythematosus, multiple sclerosis and other autoimmune diseases, but also can be used for infectious diseases, cardiovascular disease, transplant rejection, ophthalmology, orthopedics, asthma, etc.

1.3 Application in the conservation of the species

Due to the increasing environmental pollution, plant germplasm resources are greatly threatened, and a large number of useful genes are destroyed, especially the precious species. Plant germplasm conservation has attracted wide attention from scientists and governments around the world. Research has been done by cell and tissue culture. Cell suspension from plants such as carrots and tobacco, stored at low temperatures from $-20°C$ to $-196°C$ for several months, can restore growth and regenerate plants. If the southern rubber reservoir can be protected in this way, it will provide a steady stream of raw materials for production and research.

Animal cloning can be beneficial to the preservation and development of animal varieties with excellent traits and rescue endangered animals. For example, once an endangered group of animals has only one animal left, even if the animal is extinct, but still leaves tissue or cells, it can be saved or regenerated by cloning. Chinese government has spent a lot of money on the protection of wild animals, but the effect is not good. If the technology of somatic cell cloning animals is relatively perfect, the ground somatic cells can be transplanted to recapitulate the species

2. Rebuttals

Some people may have different opinions. They think cloning has many technical problems and is not yet mature, which is mainly reflected in the high cost and low success rate of experiments.

2.1 Cloning technology is immature

In the article *A Brief Analysis of the Pros and Cons of Cloning Technology*, Yang Junjie, Han Bo and Bai Min found that in practice, a large number of cloned animals have developmental deformities, early pregnancy deaths or premature death after birth, and the success rate is very low. Dolly sheep, for example, succeeded after 277 failures. After Dolly's appearance, scientists conducted many similar experiments, and the final results showed that the probability of cloning failure was as high as 70%. The low success rate of cloning is bound to lead to an increase in the cost of related experiments, with the average cost of cloning livestock around $6,000 to $15,000, according to the U.S. Department of Agriculture. If this huge amount of money is invested in normal production, it will produce more than 10 times the benefit, and it is obvious that normal production will bring more benefits to humans than cloning experiments that are rich in great risk.

At the same time, the drawbacks of cloning technology will bring great ethical and moral impacts to human society, and we should not support the development of cloning technology.

2.2 Cloning violates the principle of equality

Cloning breaks the traditional combination of exchange of genetic material such as gender cells, and humans can use technology to intervene in the birth of clone men, and the consequences will be immeasurable.

Firstly, cloning human beings would pose a great challenge to the existing ethical system. For thousands of years, human beings have followed the traditional method of sexual reproduction, but clone man is a product of the laboratory, a life created under human manipulation, and we cannot determine the kinship of clones through blood, which also dooms clones to the fate of not being included in the existing ethical system.

Secondly, cloning provokes a moral crisis. Wang Yuchen, ong Shou, Zhu Ling, Liang Yupeng, Li Mingzhu, Li Ruiqun (2017) proposed in the *relationship between science and technology and ethics from the perspective of clning* that there is a relationship between the designer and the designee in the cloning activity, and the cloned person as the designer is determined by the state, doctors or parents. But people cannot answer the question of why they or others have the right to rely on their own subjective ideas to design and create a person. If humans create clones in their capacity as life-makers, life will not be respected and will eventually lead to social moral chaos.

Thirdly, Cloning violates the principle of autonomy. The genes of clones are destined to be the same as those of the ontology, and they lose the contingency and uniqueness that humans have. In the movie *Escape from Clone*

Island, Lincoln, a clone, exists only to provide various replacement body parts for his "prototype". The film echoes a conjecture in response to human cloning that it is immoral to prolong human life by cloning organs. Clone man has his thoughts and life, and the practice of cloning human beings as a backup of organs is clearly contrary to human autonomy. Cloning technology violates the moral bottom line of human beings, in order to ensure social order and avoid moral decline, we should firmly oppose cloning technology.

3. Reply to rebuttals

In response to the above rebuttals that "cloning has many disadvantages and thus assert that cloning is a curse", the replies are as follows.

3.1 Equality and inequality of cloning are only people's subjective judgment

It has been suggested that cloning, instead of the traditional mode of fertility, will change the kinship and violate the principle of equality. But people are born from different starting points. Some are born with defects, some are gifted, and cloning technology can erase the injustice caused by birth. Most importantly, the so-called "equality" and "inequality" of cloning are only people's views. Another way of thinking or not tangled here, cloning is not completely contrary to the principle of equality as people say.

3.2 There are risks in the application of any emerging technology

Some people say that cloning technology is immature, with low success rate and high side effects. When applied to organ transplantation, livestock breeding and human cloning, abnormal species may be created, resulting in a large number of abortions and disabled infants, which is not only harmful to the clones and the cloned, but also disrespectful to life. He Zuoxiu, an academician of the Chinese Academy of Sciences, once said, "we should face up to the ethical problems of human cloning, but there is no reason to oppose the progress of science and technology." The natural development of human society tells us that it is historical progress for science and technology to drive people's concept renewal, while it is rigid to restrict the development of science and technology with old ideas. The practical application of any emerging technology has two sides at the beginning. We should bear the risks, and we can never deny its benefits. In the history of blood transfusion, organ transplantation and test tube baby, which of these precedents is not at high risk? Which one is not difficult? How many people opposed it in the ethics circle at that time? But from the perspective of modern people, these attempts are undoubtedly the progress of science, technology and medicine, and have brought the progress of ideas! Moreover, scientists have proved that cloning organisms does not necessarily lead to premature aging. American scientists use nuclear transfer technology to cultivate cloned mice with adult somatic cells, and continue cloning on the basis of cloned mice. A total of six generations of cloned mice have been successfully bred. The health status of the first five generations of cloned mice is normal and there are no signs of premature aging. The only sixth generation cloned mouse died when it was eaten by other experimental mice. The reason why people use cloning technology to clone organs in the field of medicine to treat diseases and save people is that they are full of respect and precious life. Therefore, under the trend of the development of science and technology, people need to constantly update their ideas, which should not hinder the pace of science and technology to benefit mankind. Of course, cloning technology needs to be improved. Only when it is mature and applied to practice can it reduce the risk and the harm to life.

3.3 Human clone also has its own ideology

Opponents believe that clone is deprived of freedom by the same gene, which makes them lose their due contingency and uniqueness. But clone is not "complete" replication, it is not absolutely the same! Materialists put forward that "there are no two identical leaves in the world". Even if the clone is genetically consistent with the cloned person, time will never stop, history continues to develop, and real life is still full of unknowns and accidents, such as unpredictable weather, unprepared emergencies, and strangers to encounter at the next intersection. These uncertainties will have an impact on human cloning, resulting in "variation". Even if the body is the same, the soul is different. In the sci-fi film *THE ISLAN*, the cloned Lincoln and Jordan also have their own ideas, which can create a new world for the clone community.

Conclusion

From what has been discussed above, it can be concluded that cloning is a blessing to human beings within the framework of established legal permission. Cloning plays a significant role in the protection of endangered species and the restoration of extinct species. In addition, the application of cloning in basic medicine has greatly reduced the incidence of a lot of diseases and will help overcome many difficult and complicated diseases. Some people may have different opinions, such as cloning violating the principle of equality, leading to a large number of disabled babies and the loss of freedom of cloned human being. But we have argued that although cloning technology is risky, the benefits it brings cannot be ignored.

Cloning technology should be well utilized. As human beings who take advantage of the cloning need to be regulated and guided so that the world will be more vivid and beautiful because of the existence of human beings. We should strengthen humanistic care, attach importance to scientific and technological ethical risks, legislate and improve laws and regulations at the national level to regulate human behavior as soon as possible. Only by establishing the scientific and technological ethics guidelines, regulating the cloning technology and preventing it from being abused, can the use of cloning continue to develop towards the blessing of human beings.

References

[1] Jiang Hui, Hu Zhiqiang. Technological development and application progress of monoclonal antibody drugs [J]. *Shandong Chemical Industry*, 2020, 49(06): 77-78.

[2] Cao Huan, Wang Jingbo, Wang Shu, et al. Application of monoclonal antibody technology in the detection of aquatic animal diseases [J]. *Beijing Agriculture*, 2015, (02).

[3] 杨俊杰, 韩波, 白敏. 浅析克隆技术之利弊 [J]. 云南科技管理, 2001(06).

[4] 王雨辰, 董寿, 朱铃, 等. 从克隆人看科学技术与伦理道德的关系 [D]. 科教导刊: 电子版, 2017.

[5] 施卫星, 何伦, 黄钢. 生物医学伦理学 [M]. 杭州: 浙江教育出版社, 1999.

[6] 吕映辉. 专访著名"两栖院士"何祚麻: 我允许克隆我![N]. 沈阳今报, 2003.4.25.

教师评语

This argumentative essay focuses on the issue of whether cloning is a blessing or a curse. First, the authors make a statement of the issue in the introductory section. Then in the main argument, they give reasons to support their position: Cloning is a blessing to human beings. They also acknowledge the well-known rebuttals and reply to them with examples and statistics. Finally, they clarify their conclusion in the concluding section.

The major strength of the essay lies in the main argument. Almost all the points the authors make are connected to the issue under discussion, which either support, explain, or emphasize their position.

The major weakness of the essay lies in the reply to the rebuttals concerning the ethic problems of cloning, which needs to be further strengthened. Besides, in the introductory section, there are some irrelevancies and dangling thoughts that should be eliminated or removed to the part of "Main argument". Language proficiency needs to be improved, too.

(点评教师：贾增艳)